课堂实录

Dreamweaver+ASP
动态网页开发 课堂实录

刘贵国 / 编著

清华大学出版社

北京

内 容 简 介

　　随着国内 Internet 技术的不断提高，越来越多的人意识到了动态网页的重要性。动态网页的编写也逐渐替代静态页面的编写，成为当今站点的主流。本书全面、翔实地介绍了使用 Dreamweaver+ASP 进行动态网站开发的具体方法与步骤。本书从网站基础知识开始，由浅入深、循序渐进地介绍了动态网站的相关知识，引导读者从零开始，一步步了解、掌握动态网页制作和动态网站设计的全过程，详细介绍了 Dreamweaver 的使用方法、ASP 动态网页编程技术、数据库的基本操作和典型动态模块的创建方法等。

　　全书共 18 章，主要内容包括动态网站建设基本流程、添加丰富多彩的页面内容、使用表格和模板布局网页、使用 CSS 样式美化和布局网页、Photoshop 设计网页图像、制作网页 Flash 动画、动态网页脚本语言 VBScript、动态网页开发语言 ASP、使用 SQL 语言查询数据库中的数据、创建动态网站开发环境和数据库、使用 Dreamweaver 创建动态网页基础、设计制作搜索查询系统、设计制作网上调查系统、设计制作留言板系统、设计制作新闻发布管理系统、设计制作会员注册管理系统、企业形象展示网站及在线购物网站的设计制作和开发。

　　本书语言简捷，实例丰富，适合网页设计与制作人员、网站建设与开发人员、大中专院校相关专业师生、网页制作培训班学员以及个人网站爱好者阅读。

图书在版编目（CIP）数据

Dreamweaver+ASP 动态网页开发课堂实录 / 刘贵国编著 . —— 北京 ： 清华大学出版社，2017

（课堂实录）

ISBN 978-7-302-46495-2

Ⅰ . ①D… Ⅱ . ①刘… Ⅲ . ①网页制作工具 Ⅳ . ① TP393.092

中国版本图书馆 CIP 数据核字（2017）第 025584 号

责任编辑：陈绿春
封面设计：潘国文
责任校对：胡伟民
责任印制：沈　露

出版发行：清华大学出版社
　　　　　网　　　址：http://www.tup.com.cn，http://www.wqbook.com
　　　　　地　　　址：北京清华大学学研大厦 A 座　　　邮　　编：100084
　　　　　社 总 机：010-62770175　　　　　　　　　邮　　购：010-62786544
　　　　　投稿与读者服务：010-62776969，c-service@tup.tsinghua.edu.cn
　　　　　质量反馈：010-62772015，zhiliang@tup.tsinghua.edu.cn
　　　　　课件下载：http://www.tup.com.cn,010-62795954
印 刷 者：北京富博印刷有限公司
装 订 者：北京市密云县京文制本装订厂
经　　销：全国新华书店
开　　本：188mm×260mm　　　　　印　　张：21.5　字　　数：635 千字
版　　次：2017 年 10 月第 1 版　　　印　　次：2017 年 10 月第 1 次印刷
印　　数：1 ～ 3000
定　　价：59.00 元

产品编号：069885-01

随着国内 Internet 技术的不断提高，越来越多的人意识到动态网页的重要性。动态网页的编写也逐渐替代静态页面的编写，成为当今站点的主流。Dreamweaver 将 Web 应用程序的开发环境与可视化创作环境结合，帮助用户快速进行 Web 应用程序开发。它具有最优秀的可视化操作环境，又整合了最常见的服务器端数据库操作，能够快速生成专业的动态页面。

而 ASP 环境，因为语法简单且功能强大，同时能与 Windows 操作系统无缝结合，一经推出就得到广大用户的欢迎，并迅速成为各类网站制作的主流开发环境。网络上大大小小的网站大都采用 ASP 技术制作。目前，各种类型的 ASP 网站源代码在网络上随处可见，这样极大地降低了网站制作的门槛。

本书主要内容

本书全面、翔实地介绍了使用 Dreamweaver +ASP 进行动态网站开发的具体方法与步骤。本书从网站基础知识开始，由浅入深、循序渐进地介绍了动态网站的相关知识，引导读者从零开始，一步步了解、掌握动态网页制作和动态网站设计的全过程，详细介绍了 Dreamweaver+ASP 动态网页编程技术、数据库的基本操作和典型动态模块的创建等。

全书共 18 章，分成 6 部分。

第 1 部分：动态网站建设基本流程、添加丰富多彩的页面内容、使用表格和模板布局网页、使用 CSS 样式美化和布局网页。

第 2 部分：设计网页图片和动画，包括 Photoshop 设计网页图像、制作网页 Flash 动画。

第 3 部分：动态网站开发语言，包括动态网页脚本语言 VBScript、动态网页开发语言 ASP、使用 SQL 语言查询数据库中的数据。

第 4 部分：动态网页开发工具环境篇，包括创建动态网站开发环境和数据库、使用 Dreamweaver 创建动态网页基础。

第 5 部分：动态网页常见模块制作，讲述了设计制作搜索查询系统、设计制作网上调查系统、设计制作留言板系统、设计制作新闻发布管理系统、设计制作会员注册管理系统。

第 6 部分：网站综合案例制作，从综合应用方面讲述了典型的企业形象展示网站及在线购物网站的设计制作和开发过程。

本书主要特点

● 本书最大的特点就是让那些不懂 ASP 的读者，也能利用 Dreamweaver 在不需要或者只需要修改少量代码的情况下，制作出 ASP 动态网页。而那些熟悉 ASP 的读者也可以参考本书，使用 Dreamweaver 简化编写 ASP 代码时需要做的简单性重复工作。

● 系统全面：本书全面、系统地介绍了 Dreamweaver 与 ASP 的使用方法和技巧，通过大量实例，让读者一步一步掌握动态网页的创建方法，真正完成从入门到精通的转变。

● 动态语言的讲解：动态网页脚本语言、ASP 开发语言、SQL 查询语言的使用等，使读者能掌握动态网站的开发原理。

● 实战性强：采用循序渐进的方式对制作流程进行讲解，全面剖析动态网站的制作方法，使读者在短时间内轻松上手、举一反三。读者只需要根据这些步骤一步一步地操作就能制作出各种功能的动态网站。

● 实例丰富，效果实用：全书由不同行业中的应用组成，书中各实例均经过精心挑选，操作步骤清晰简明，技术分析深入浅出，实例效果精美实用。

● 随着网站设计人员技术的提升，会对代码有越来越深刻的研究，本书对于关键程序代码也进行了详细的说明，指导用户如何利用现有的代码和如何修改现有的代码，以提高用户自己书写脚本代码的能力。

本书读者对象

本书语言简捷，实例丰富，适合网页设计与制作人员、网站建设与开发人员、大中专院校相关专业师生、网页制作培训班学员以及个人网站爱好者阅读。

本书能够在这么短的时间内出版，是与很多人的努力分不开的。在此，我要感谢很多在我写作的过程当中给予帮助的朋友们，他们为此书的编写和出版做了大量的工作，在此致以深深的谢意。

本书由国内著名网页设计培训专家刘贵国编写，参加编写的还有冯雷雷、晁辉、何洁、陈石送、何琛、吴秀红、何本军、乔海丽、孙良军、邓仰伟、孙雷杰、孙文记、倪庆军、胡秀娥、赵良涛、刘桂香、葛俊科、葛俊彬等。由于作者水平有限，加之创作时间仓促，本书不足之处在所难免，欢迎广大读者批评指正。

刘贵国

2017 年 7 月

目录
CONTENTS

第1章

动态网站建设基本流程

本章导读 通过本章的学习可以了解网站的静态网页与动态网页的区别、网站的前期规划、动态网站技术和开发动态网站功能模块等网站建设的基础知识，这对以后的具体动态网站建设工作有很大的帮助。

技术要点:

- ◆ 了解动态网页和静态网页
- ◆ 网站的前期规划
- ◆ 选择网页制作软件
- ◆ 创建与管理本地站点
- ◆ 制作网页图像和网页

- ◆ 动态网站技术
- ◆ 开发动态网站功能模块
- ◆ 网站的测试与发布
- ◆ 网站的推广
- ◆ 网站的优化

1.1 静态网页和动态网页的区别

网页一般又称"HTML 文件"，是一种可以在互联网上传输，能被浏览器认识、翻译成页面并显示出来的文件。文字与图片是构成一个网页的两个最基本的元素，除此之外，网页的元素还包括动画、音乐、程序等。网页是构成网站的基本元素，是承载各种网站应用的平台。通常我们看到的网页大都是以 .htm 或 .html 后缀结尾的文件。除此之外，网页文件还有以 .cgi、.asp、.php 和 .jsp 后缀结尾的。目前网页根据生成方式大致可以分为静态网页和动态网页两种。

1.1.1 静态网页

静态网页是网站建设初期经常采用的一种形式。网站建设者把内容设计成静态网页，访问者只能被动地浏览网站建设者提供的网页内容，其特点如下。

- 网页内容不会发生变化，除非网页设计者修改了网页的内容。

- 不能实现和浏览网页的用户之间的交互。信息流向是单向的，即从服务器到浏览器。服务器不能根据用户的选择调整返回给用户的内容。静态网页的浏览过程如图 1-1 所示。

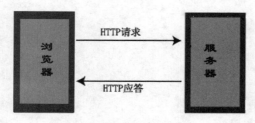

图 1-1 静态网页的浏览过程

1.1.2 动态网页

所谓"动态网页"，就是根据用户的请求，由服务器动态生成的网页。用户在发出请求后，从服务器上获得生成的动态结果，并以网页的形式显示在浏览器中。在浏览器发出请求指令之前，网页中的内容其实并不存在，这就是其动态名称的由来。换句话说，浏览器中看到的网页代码原先并不存在，而是由服务器生成的。根据不同人的不同需求，服务器返回给他们的页面可能并不一致。

动态网页的最大应用在于 Web 数据库系统。当脚本程序访问 Web 服务器端的数据库时，将得到的数据转变为 HTML 代码，发送给客户端的浏览器，客户端的浏览器就显示出了数据库中的数据。用户要写入数据库的数据，可填写在网页的表单中并发送给服务器，然后由脚本程序将其写入到数据库中。

如图 1-2 所示为动态网页。

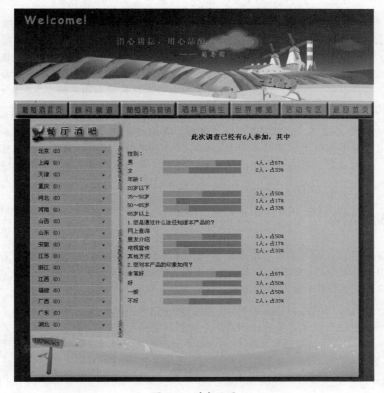

图 1-2　动态网页

动态网页的一般特点如下。

● 动态网页以数据库技术为基础，可以大幅降低网站维护的工作量。

● 采用动态网页技术的网站可以实现更多的功能，如用户注册、用户登录、搜索查询、用户管理、订单管理等。

● 动态网页并不是独立存在于服务器上的网页文件，只有当用户请求时服务器才会返回一个完整的网页。

● 动态网页中的"？"不利于搜索引擎检索，搜索引擎一般不可能从一个网站的数据库中访问全部网页，因此采用动态网页的网站在进行搜索引擎推广时，需要做一定的技术处理才能适应搜索引擎的要求。

1.2　网站的前期规划

建设网站之前就应该有一个整体的战略规划和目标，规划好网页的大致外观后即可着手设计了。

1.2.1　确定网站目标

在创建网站时，确定站点的目标是第一步。设计者应清楚建立站点的目标，即确定它将提供什么样的服务，网页中应该提供哪些内容等。要确定站点目标，应该从以下 3 个方面考虑。

- 网站的整体定位。网站可以是大型商用网站、小型电子商务网站、门户网站、个人主页、科研网站、交流平台、公司和企业介绍性网站、服务性网站等。首先应该对网站的整体进行一个客观的评估，同时要以发展的眼光看待问题，否则将带来许多升级和更新方面的不便。

- 网站的主要内容。如果是综合性网站，那么对于新闻、邮件、电子商务、论坛等都要有所涉及，这样就要求网页要结构紧凑、美观大方；对于侧重某一方面的网站，如书籍网站、游戏网站、音乐网站等，则往往对网页美工要求较高，使用模板较多，更新网页和数据库较快；如果是个人主页或介绍性的网站，那么一般来讲，网站的更新速度较慢、浏览率较低，并且由于链接较少，内容不如其他网站丰富，但对美工的要求更高，可以使用较鲜艳、明亮的颜色，同时可以添加 Flash 动画等，使网页更具动感、充满活力，否则网站没有吸引力。

- 网站浏览者的教育程度。对于不同的浏览者群，网站的吸引力是截然不同的，如针对少年儿童的网站，卡通和科普性的内容更符合浏览者的品位，也能够达到网站寓教于乐的目的；针对学生的网站，往往对网站的动感程度和特效技术要求更高；对于商务浏览者，网站的安全性和易用性更为重要。

1.2.2 规划站点结构

合理地组织站点结构，能够加快对站点的设计，提高工作效率，节省工作时间。当需要创建一个大型网站时，如果将所有网页都存储在一个目录下，当站点的规模越来越大时，管理起来就会变得很困难，因此合理地使用文件夹管理文档就显得很重要。

网站的目录是指在创建网站时建立的目录，要根据网站的主题和内容来分类规划，不同的栏目对应不同的目录，在各个栏目目录下也要根据内容的不同对其划分不同的子目录，如页面图片放在 images 目录下、新闻放在 news 目录下、数据库放在 database 目录下等，同时要注意目录的层次不宜太深，一般不要超过 3 层，另外给目录命名的时候要尽量使用能表达目录内容的英文或汉语拼音，这样会更加方便日后的管理和维护。如图 1-3 所示为企业网站的站点结构图。

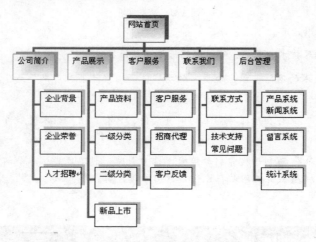

图 1-3　企业网站的站点结构图

1.2.3 确定网站风格

站点风格设计包括站点的整体色彩、网页的结构、文本的字体和大小、背景的使用等，这些没有一定的公式或规则，需要设计者通过各种分析、创意决定。

一般来说，适合于网页标准色的颜色有 3 大系：蓝色、黄/橙色、黑/灰/白色。不同的色彩搭配会产生不同的效果，并可能影响访问者的情绪。在站点整体色彩上，要结合站点目标来确定。如果是政府网站，就要在大方、庄重、美观、严谨上多下工夫，切不可花哨；如果是个人网站，则可以采用较鲜明的颜色，设计要简单而有个性。

如图1-4所示的购物网站，其结构紧凑、布局合理，页面文字和图片的搭配完美，并且页面很有层次感，符合人们的审美观，同时总体页面风格是丰富多彩的。

图1-4　电子商务网站页面结构

1.3　选择网页制作软件

设计网页时首先要选择网页设计工具软件。虽然用记事本手工编写源代码也能做出网页，但这需要对编程语言相当熟悉，并不适合广大的网页设计爱好者采用。由于目前可视化的网页设计工具越来越多，使用也越来越方便，所以设计网页已经变成了一件轻松的工作。Flash、Dreamweaver、Photoshop、Fireworks这4款软件相辅相成，是设计网页的首选工具组合，其中Dreamweaver用来排版布局网页，Flash用来设计精美的网页动画，Photoshop和Fireworks用来处理网页中的图形图像。

1.3.1　图形图像制作工具——Photoshop

网页中如果只是文字，则缺少生动性和活泼性，也会影响视觉效果和整个页面的美观。因此在网页的制作过程中需要插入图像。图像是网页中重要的组成元素之一，使用Photoshop可以设计制作出精美的网页图像。

Photoshop是Adobe公司推出的图像处理软件，目前已被广泛应用于平面设计、网页设计和照片处理等领域。随着计算机技术的发展，Photoshop已历经数次版本更新，功能越来越强大。如图1-5所示为Photoshop设计的网页整体图像。

图 1-5 Photoshop 设计网页整体图像

1.3.2 网页动画制作工具——Flash

Flash 是一款多媒体动画制作软件。它是一种交互式动画设计工具，用它可以将音乐、动画以及富有新意的界面融合在一起，制作出高品质的动态视听效果。

由于良好的视觉效果，Flash 技术在网页设计和网络广告中的应用非常广泛，有些网站为了追求美观，甚至将整个首页全部用 Flash 方式设计。从浏览者的角度来看，Flash 动画的内容比起一般的文本和图片网页，大大增加了其艺术性，对于展示产品和企业形象具有明显的优越性。如图 1-6 所示为 Flash 制作的网页动画。

图 1-6 Flash 制作的动画

1.3.3 网页编辑工具——Dreamweaver

使用 Photoshop 制作的网页图像并不是真正的网页，要想真正成为能够正常浏览的网页，还需要用到 Dreamweaver 进行网页排版布局、添加各种网页特效。用 Dreamweaver 还可以轻松开发新闻发布系统、网上购物系统、论坛系统等动态网页。

Dreamweaver 是创建网站和应用程序的专业之选，它组合了功能强大的布局工具、应用程序开发工具和代码编辑工具等。Dreamweaver 的功能强大且稳定，可以帮助设计人员和开发人员轻松创建和管理任何站点，如图 1-7 所示为 Dreamweaver 中文版的工作界面。

图 1-7　Dreamweaver 中文版的工作界面

1.4　动态网站技术

仅仅学会了网页制作工具的使用，还不能制作出动态网站，还需要了解动态网站技术，如网页标记语言 HTML、网页脚本语言 JavaScript 和 VBScript，以及动态网页编程语言 ASP。

1.4.1　搭建动态网站平台

动态网页大多是由网页编程语言写成的网页程序，访问者浏览的只是其生成的客户端代码。而且动态网页要实现其功能还必须与数据库相连。

目前国内比较流行的互动式网页编程语言有：ASP、PHP、JSP、CGI、ASP.NET。

● HTML 网页适用于所有环境，它本身也相当简单。

● ASP 网页的主流环境为：Windows Server（包括 NT、2000、2003）的 IIS+Access/SQL Server。本书主要讲述这种环境下的网站开发，关于其创建过程读者可以参考第 5 章，这里不再赘述。

● PHP 网页的主流环境为：Linux/UNIX+Apache+MySQL+PHP4+Dreamweaver。

1.4.2　网页标记语言 HTML

网页文档主要是由 HTML 构成的。HTML 的全名是 hyper text markup language，即超文本置标语言，是用来描述互联网上超文本文件的语言。用它编写的文件扩展名是 .html 或 .htm。

HTML 不是一种编程语言，而是一种页面描述性标记语言。它通过各种标记描述不同的内容，说明段落、标题、图像、字体等在浏览器中的显示效果。浏览器打开 HTML 文件时，将依据 HTML 标记去显示内容。

HTML 能够将互联网上不同服务器的文件连接起来，可以将文字、声音、图像、动画、视频等媒体有机地组织起来，展现给用户五彩缤纷的画面。此外，它还可以接受用户信息，与数据库相连，实现用户的查询请求等交互功能。

　　HTML 的任何标记都由 "<" 和 ">" 括起来，如 <html><l>。在起始标记的标记名前加上符号 "/" 便是其终止标记，如 </l>。夹在起始标记和终止标记之间的内容受标记的控制，例如 <l> 幸福永远 </l>，夹在标记 "l" 之间的 "幸福永远" 将受标记 "l" 的控制。HTML 文件的整体结构也是如此，下面就是最基本的网页结构，如图 1-8 所示。

```
<html>
<head>
<title></title>
<style type="text/css">
<!--
body {
    background-image: url(images/45.gif);
}
.STYLE1 {
    color: #EF0039;
    font-size: 36px;
    font-family: "华文新魏";
}
-->
</style></head>
<body>
<span class="STYLE1"> 幸福永远 </span>
</body>
</html>
```

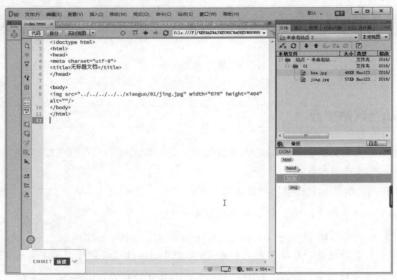

图 1-8　基本的网页结构

　　下面讲述 HTML 的基本结构。

html 标记

　　<html> 标记位于 HTML 文档的最前边，用来标识 HTML 文档的开始。而 </html> 标记恰恰相反，它放在 HTML 文档的最后边，用来标识 HTML 文档的结束。两个标记必须同时使用。

head 标记

　　<head> 和 </head> 构成 HTML 文档的开头部分，在此标记对之间可以使用 <title></title>、<script></script> 等标记对，这些标记对都是描述 HTML 文档相关信息的标记。<head></head> 标记对之间的内容不会在浏览器的框内显示出来。两个标记必须同时使用。

body 标记

<body></body> 是 HTML 文档的主体部分,在此标记对之间可包含 <p></p>、<h1></h1>、
</br> 等众多的标记,它们所定义的文本、图像等将会在浏览器内显示出来。两个标记必须同时使用。

title 标记

使用过浏览器的人可能都会注意到浏览器窗口最上边蓝色部分显示的文本信息,那些信息一般是网页的"标题"。要将网页的标题显示到浏览器的顶部其实很简单,只要在 <title></title> 标记对之间加入要显示的文本即可。

1.4.3 网页脚本语言 JavaScript 和 VBScript

使用 JavaScript、VBScript 等简单易懂的脚本语言,结合 HTML 代码即可快速地制作网站的应用程序。

脚本语言(JavaScript、VBScript 等)介于 HTML 和 C、C++、Java、C# 等编程语言之间。脚本是使用一种特定的描述性语言,依据一定的格式编写的可执行文件,又称作"宏"或"批处理文件"。脚本通常可以由应用程序临时调用并执行。各类脚本目前被广泛地应用于网页设计中,因为脚本不仅可以减小网页的规模、提高网页浏览速度,而且可以丰富网页的表现形式,如向网页中加入动画、声音等。

脚本同 VB、C 语言的主要区别如下。

● 脚本语法比较简单,比较容易掌握;

● 脚本与应用程序密切相关,所以包括相对应用程序自身的功能;

● 脚本一般不具备通用性,所能处理的问题范围有限;

● 脚本语言不需要编译,一般都有相应的脚本引擎来解释执行。

下面通过一个简单的实例熟悉 JavaScript 的基本使用方法。

```
<html>
<head>
<title>JavaScript</title>
</head>
<body>
<script language="javascript">
document.write("<font size=10 color=#fchfdm>JavaScript 的 基 本 使 用 方 法 !</
font>");
</script>
</body>
</html>
```

在代码中加粗部分的代码就是 JavaScript 脚本的具体应用,显示效果如图 1-9 所示。

图 1-9 JavaScript 脚本

以上代码是简单的 JavaScript 脚本,它分为 3 部分。第一部分是 <script language="javascript">,它告诉浏览器下面是 JavaScript 脚本。开头使用 <script> 标记,表示这是一个脚本的开始,在 <script> 标记里使用 language 指明使用哪一种脚本,因为不止存在 JavaScript 一种脚本,还有 VBScript 等脚本,所以这里就要用 language 属性指明使用的是 JavaScript 脚本。第二部分就是 JavaScript 脚本，用于创建对象，定义函数或直接执行某一个功能。第三部分是 </script>，它用来告诉浏览器 JavaScript 脚本到此结束。

1.4.4 动态网页编程语言 ASP

ASP 是 Active Server Page 的缩写，意为"活动服务器网页"。ASP 是微软公司开发的代替 CGI 脚本程序的一种应用，它可以与数据库和其他程序进行交互，是一种简单、方便的编程工具。ASP 的网页文件后缀是 .asp，现在常用于各种动态网站中。ASP 是一种服务器端脚本编写环境，可以用来创建和运行动态网页或 Web 应用程序。ASP 网页可以包含 HTML 标记、普通文本、脚本命令，以及 COM 组件等。利用 ASP 可以向网页中添加交互式内容，也可以创建使用 HTML 网页作为用户界面的 Web 应用程序。与 HTML 相比，ASP 网页具有以下特点。

- 利用 ASP 可以突破静态网页的一些功能限制，实现动态网页技术；

- ASP 文件是包含在 HTML 代码所组成的文件中的，易于修改和测试；

- 服务器上的 ASP 解释程序会在服务器端执行 ASP 程序，并将结果以 HTML 格式传送到客户端浏览器上，因此使用各种浏览器都可以正常浏览 ASP 所产生的网页；

- ASP 提供了一些内置对象，使用这些对象可以使服务器端脚本功能更强。例如可以从 Web 浏览器中获取用户通过 HTML 表单提交的信息，并在脚本中对这些信息进行处理，然后向 Web 浏览器发送信息；

- ASP 可以使用服务器端 ActiveX 组件来执行各种各样的任务，例如存取数据库、收发 Email 或访问文件系统等；

- 由于服务器是将 ASP 程序执行的结果以 HTML 格式传回到客户端浏览器的，因此使用者不会看到 ASP 所编写的原始程序代码，可防止 ASP 程序代码被窃取。

1.5 设计网页图像

在确定好网站的风格并搜集完资料后就需要设计网页图像了，网页图像设计包括 Logo、标准色彩、标准字、导航条和首页布局等。可以使用 Photoshop 或 Fireworks 软件来具体设计网站的图像。有经验的网页设计者通常会在使用网页制作工具制作网页之前，设计好网页的整体布局，这样在具体设计过程中将会胸有成竹，大大节省工作时间。如图 1-10 所示为利用 Adobe Fireworks 设计的网页图像。

图 1-10 设计网页图像

1.6 制作网页

网页制作是一个复杂而细致的过程，一定要按照先大后小、先简单后复杂的顺序制作。所谓"先大后小"，就是说在制作网页时，先把大的结构设计好，然后再逐步完善小的结构设计；所谓"先简单后复杂"，就是先设计出简单的内容，然后再设计复杂的内容，以便在出现问题时修改。在制作网页时要灵活运用模板和库，这样可以大大提高制作的效率。如果很多网页都使用相同的版面设计，就应为这个版面设计一个模板，然后即可以此模板为基础创建网页。以后如果想要改变所有网页的版面设计，只需简单地改变模板即可。如图 1-11 所示为利用 Dreamweaver CC 制作的网页。

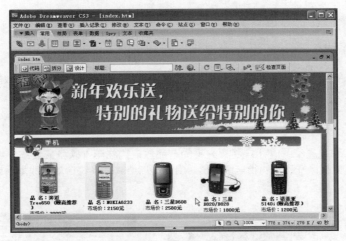

图 1-11　利用 Dreamweaver CC 制作的网页

1.7 开发动态网站功能模块

页面设计制作完成后，如果还需要动态功能，就需要开发动态功能模块，网站中常用的功能模块有搜索功能、留言板、新闻信息发布、在线购物、技术统计、论坛及聊天室等。

1．搜索功能

搜索功能是使浏览者在短时间内，快速地从大量的资料中找到符合要求的资料。这对于资料非常丰富的网站来说非常重要。要建立一个搜索功能，就要有相应的程序及完善的数据库支持，可以快速地从数据库中搜索到所需要的内容。

2．留言板

留言板、论坛及聊天室是为浏览者提供信息交流的地方。浏览者可以围绕个别的产品、服务或其他话题进行讨论。顾客也可以提出问题、提出咨询，或者得到售后服务。但是聊天室和论坛是比较占用资源的，一般不是大中型的网站没有必要建设论坛和聊天室，如果访问量不是很大，做好了也没有人来访问。如图 1-12 所示为留言板页面。

图 1-12　留言板页面

3.新闻发布管理系统

新闻发布管理系统提供方便、直观的页面文字信息的更新维护界面，提高工作效率、降低技术要求，非常适合用于经常更新的栏目或页面。如图 1-13 所示为新闻发布管理系统。

4.购物网站

购物网站可以实现电子交易，用户将感兴趣的产品放入购物车，以备最后统一结账。当然用户也可以修改购物的数量，甚至将产品从购物车中取出。用户选择结算后系统自动生成本系统的订单。如图 1-14 所示为购物系统。

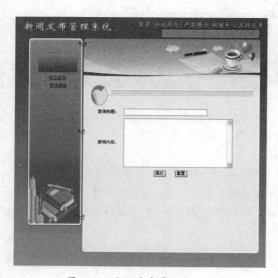

图 1-13　新闻发布管理系统

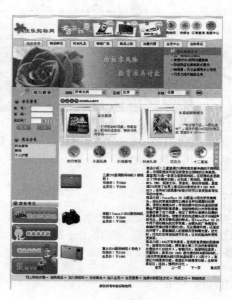

图 1-14　购物网站

1.8　网站的测试与发布

在将网站的内容上传到服务器之前，应先在本地站点进行完整的测试，以保证页面外观和效果、链接和页面下载时间等与设计的初衷相同。站点测试主要包括：检测站点在各种浏览器中的兼容性、检测站点中是否有断掉的链接等。用户可以使用不同类型和不同版本的浏览器预览站点中的网页，检查可能存在的问题。

1.8.1 网站的测试

在完成了对站点中页面的制作后,就应该将其发布到互联网上供大家浏览和观赏了。但是在此之前,应该对所创建的站点进行测试,对站点中的文件进行逐一检查,在本地计算机中调试网页以防止包含在网页中的错误,以便尽早发现问题并解决问题。

在测试站点过程中应该注意以下几个方面。

● 在测试站点过程中应确保在目标浏览器中网页如预期地显示和工作、没有损坏的链接,以及下载时间不宜过长等。

● 了解各种浏览器对 Web 页面的支持程度,不同的浏览器观看同一个 Web 页面会有不同的效果。很多制作的特殊效果,在有些浏览器中可能看不到,为此需要进行浏览器兼容性检测,以找出不被其他浏览器支持的部分。

● 检查链接的正确性,可以通过 Dreamweaver 提供的检查链接功能,检查文件或站点中的内部链接及孤立文件。

1.8.2 域名和空间申请

域名是连接企业和互联网网址的纽带,它像品牌、商标一样具有重要的识别作用,是企业在网络上存在的标志,担负着标识站点和形象展示的双重作用。

域名对于开展电子商务具有重要的作用,它被誉为网络时代的"环球商标",一个好的域名会大大增加企业在互联网上的知名度。因此,企业如何选择域名就显得十分重要。

在选取域名的时候,首先要遵循两个基本原则。

● 域名应该简明易记、便于输入。这是判断域名好坏最重要的因素。一个好的域名应该短而顺口、便于记忆,最好让人看一眼就能记住,而且读起来发音清晰,不会导致拼写错误。此外,域名选取还要避免同音异义词。

● 域名要有一定的内涵和意义。用有一定意义和内涵的词或词组作域名,不但可增强记忆性,而且有助于实现企业的营销目标。如企业的名称、产品名称、商标名、品牌名等都是不错的选择,这样能够使企业的网络营销目标和非网络营销目标达成一致。

提示

选取域名时有以下常用的技巧。

● 用企业名称的汉语拼音作为域名;

● 用企业名称相应的英文名作为域名;

● 用企业名称的缩写作为域名;

● 用汉语拼音的谐音形式为企业注册域名;

● 以中英文结合的形式为企业注册域名;

● 在企业名称前后加上与网络相关的前缀和后缀;

● 用与企业名不同但有相关性的词或词组作为域名;

● 不要注册其他公司拥有的独特商标名和国际知名企业的商标名。

如果是一个较大的企业,可以建立自己的机房,配备技术人员、服务器、路由器、网络管理软件等,再向电信局申请专线,从而建立一个属于自己的独立网站。但这样做需要较大的资金投入,而且日常费用也比较高。

如果是中小型企业，可以采用以下几种方法。

● 虚拟主机：将网站放在 ISP 的 Web 服务器上，这种方法对于一般中小型企业来说将是一个经济的方案。虚拟主机与真实主机在运作上毫无区别，特别适合那些信息量和数据量不大的网站。

● 主机托管：如果企业的网站有较大的信息和数据量，需要很大空间时，可以采用这种方案。将已经制作好的服务器主机放在 ISP 网络中心的机房内，借用 ISP 的网络通信系统接入互联网。

1.8.3 网站的上传发布

网站的域名和空间申请完毕后即可上传网站了，可以采用 Dreamweaver 自带的站点管理功能上传文件。

01 执行"站点"｜"管理站点"命令，弹出如图 1-15 所示的"管理站点"对话框。

02 在该对话框中单击"新建站点"按钮，弹出"站点设置对象"对话框，在该对话框中选择"服务器"选项卡，如图 1-16 所示。

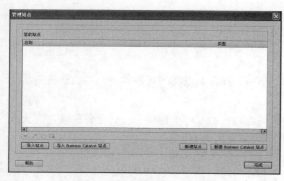

图 1-15 "管理站点"对话框

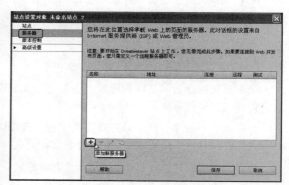

图 1-16 "服务器"选项卡

03 单击（+）按钮，弹出如图 1-17 所示的对话框。在"连接方法"下拉列表中选择 FTP，用来设置远程站点服务器的信息。

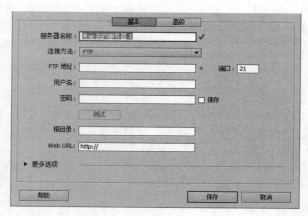

图 1-17 设置"远程信息"

● 服务器名称：指定新服务器的名称。

● 连接方法：从"连接方法"下拉列表中选择 FTP 选项。

● FTP 地址：输入远程站点的 FTP 主机的 IP 地址。

● 用户名：输入用于连接到 FTP 服务器的登录名。

● 密码：输入用于连接到 FTP 服务器的密码。

- 测试：单击"测试"按钮，测试 FTP 地址、用户名和密码。
- 根目录：在"根目录"文本框中，输入远程服务器上用于存储公开显示的文档的目录。
- Web URL：在该文本框中，输入 Web 站点的 URL。

04 设置完相关的参数后，单击"保存"按钮完成远程信息设置。在"文件"面板中单击"展开 / 折叠" 按钮，展开站点管理器，如图 1-18 所示。

05 在站点管理器中单击"连接到远端主机" 按钮，建立与远程服务器的连接，如图 1-19 所示。

图 1-18　"文件"面板

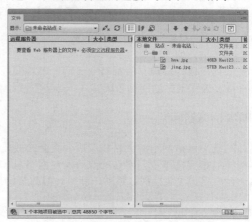

图 1-19　与远程服务器连通后的网站管理窗口

　　连接到服务器后， 按钮会自动变为闭合 状态，并在一旁亮起一个小绿灯，同时左窗格会列出远端网站的接收目录，右窗格显示为"本地文件"。在本地目录中选择要上传的文件，单击"上传文件" 按钮，上传文件。

1.9　网站的推广

　　互联网的应用和繁荣提供了广阔的电子商务市场和商机，但是互联网上大大小小的各种网站数以百万计，如何让更多的人都能迅速地访问到你的网站是一个十分重要的任务。企业网站建好以后，如果不进行推广，那么企业的产品与服务在网上就仍然不为人所知，起不到建立站点的作用，所以企业在建立网站后即应着手利用各种手段推广自己的网站。网站的宣传有很多方式，下面讲述一些主要的方法。

1．注册到搜索引擎

　　经权威机构调查，全世界 85% 以上的互联网用户都采用搜索引擎来查找信息，而通过其他推广形式访问网站的只占不到 15%。这就意味着当今互联网上最为经济、实用和高效的网站推广形式就是注册到搜索引擎。目前比较有名的搜索引擎主要有：百度（http://www.baidu.com）、雅虎（http://www.yahoo.com.cn）、搜狐（http://www.sohu.com）、新浪网（http://www.sina.com.cn）、网易（http://www.163.com）等。

　　注册时尽量详尽地填写企业网站中的信息，特别是关键词，尽量写得普遍化、大众化，如"公司资料"最好写成"公司简介"。

2．交换广告条

　　广告交换是宣传网站的一种较为有效的方法。登录到广告交换网站，填写一些主要的信息，如广告图像、网站网址等，之后它会要求将一段 HTML 代码加入到网站中。这样广告条就可以在其他网站上出现。当然，网站上也会出现别的网站的广告条。

另外也可以跟一些合作伙伴或者朋友公司交换友情链接。当然合作伙伴网站最好是点击率比较高的。友情链接包括文字链接和图像链接。文字链接一般就是公司的名字。图像链接包括 Logo 链接和 Banner 链接。Logo 和 Banner 的制作与上面的广告条一样，也需要仔细考虑怎样去吸引客户的点击。如果允许尽量使用图像链接，将图像设计成 GIF 或 Flash 动画，将公司的 CI 体现其中，使客户印象深刻。

3．专业论坛宣传

互联网上各种各样的论坛都有，如果有时间，可以找一些与公司产品相关并且访问人数比较多的论坛，注册、登录并在论坛中输入公司的一些基本信息，如网址、产品等。

4．直接向客户宣传

一个稍具规模的公司一般都有业务部、市场部或者客户服务部。可以通过业务员，在与客户打交道的时候直接将公司网站的网址告诉客户，或者直接给客户发邮件等。

5．不断维护更新网站

网站的维护包括网站的更新和改版。更新主要是网站文本内容和一些小图像的增加、删除或修改，总体版面的风格保持不变；网站的改版是对网站总体风格进行调整，包括版面、配色等各方面。改版后的网站让客户感觉改头换面、焕然一新，一般改版的周期要长些。

6．网络广告

网络广告最常见的表现方式是图像广告，如各门户站点主页上部的横幅广告。

7．公司印刷品

公司信笺、名片、礼品包装都要印上企业的网址，让客户在记住公司名字、职位的同时，也看到并记住网址。

8．报纸

报纸是使用传统方式宣传网址的最佳途径。

1.10 网站的优化

网站优化也叫 SEO，是一种利用长期总结出的搜索引擎收录和排名规则，对网站进行程序、内容、版块、布局等的调整，使网站更容易被搜索引擎收录，在搜索引擎相关关键词的排名中占据有利的位置。

下面介绍优化网站的主要步骤。

1．关键词优化

关键词选错了，后面做的工作就等于零，所以进行网站优化前，先要锁定自己网站的关键词。关键字、关键词和关键短语是 Web 站点在搜索引擎结果页面上排序所依据的词。根据站点受众的不同，可以选择一个单词、多个单词的组合或整个短语。关键词优化策略只需两步，即可在关键词策略战役中取得成功。第一步：选择关键词，判断页面提供了什么内容；第二步：判断潜在受众可能使用哪些词来搜索你的页面，并根据这些词创建关键词。

2. 网站构架完善

优化网站的超链接构架，主要需要做好以下几方面。

- URL 优化：把网站的 URL 优化成权重较高的 URL。
- 相关链接：做好站内各类页面之间的相关链接。此条非常重要，这方面做好可以先利用网站的内部链接，为重要的关键词页面建立众多反向链接。

这里要特别强调一下，反向链接是网页和网页之间的链接，不是网站和网站之间的链接。所以网站内部页面之间相互的链接，也是相互的反向链接，对排名也是有帮助的。

3. 网站内容策略

- 丰富网站的内容：将网站内容丰富起来，这是非常重要的，网站内容越丰富，说明你的网站越专业，用户喜欢，搜索引擎也喜欢。
- 增加部分原创内容：因为采集系统促使制作垃圾站变成了生产垃圾站，所以完全没有原创内容的网站，尽管内容丰富，搜索引擎也不会很喜欢。所以一个网站尽量要有一部分原创内容。

4. 网页细节的优化和完善

- title 和 meta 标签的优化：按照 SEO 的标准，把网站的所有 title 和 meta 标签进行合理的优化和完善，以达到合理的状态。 切记：千万不要盲目地在 title 中堆积关键词，这是大部分人经常犯的错误。一个真正 SEO 非常合理的网站，是一个看不出有刻意优化痕迹的网站。
- 网页排版的规划化：主要是合理地使用 H1、strong、alt 等标签，在网页中合理地突出核心关键词。切记：千万不要把网页中所有的图片都加上 alt 注释，只需要将最重要的图片加上合理的说明就可以了。

5. 建立好的导航

人们进入站点之后，需要用链接和好的导航将他们引导到站点的深处。如果一个页面对搜索友好，但是它没有到站点其他部分的链接，那么进入这个页面的用户就不容易在站点中走得更远。

6. 尽可能少使用 Flash 和图片

在站点的重要地方使用 Flash 或图片会对搜索引擎产生不良的影响。搜索引擎蜘蛛无法抓取 Flash 或图片里的内容。

第2章

添加丰富多彩的页面内容

本章导读　本章将学习使用文本、图像、多媒体和超级链接制作华丽且动感十足的网页的方法。图像有着丰富的色彩和表现形式，恰当地利用图像可以加深人们对网站的印象。这些图像是文本的说明及解释，可以使文本清晰易读更加具有吸引力，而随着网络技术的不断发展，人们已经不再满足于静态网页，而目前的网页也不再是单一的文本，图像、声音、视频和动画等多媒体技术更多地应用到了网页之中。

技术要点：

◆ 掌握文本的输入和编辑　　　　　　◆ 掌握链接的设置方法

◆ 掌握在网页中插入图像　　　　　　◆ 掌握各种媒体文件的插入方法

实例展示

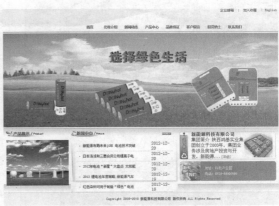

插入鼠标经过图像　　　　　　　　　　　　　插入 Flash 动画

插入网页背景音乐　　　　　　　　　　　　　图文混排

2.1　文本的输入和编辑

在 Dreamweaver 中可以通过直接输入、复制和粘贴的方法将文本插入到文档中，可以在文本的字符与行之间插入额外的空格，还可以插入特殊字符和水平线等。

2.1.1　输入文本

文本是基本的信息载体，是网页中的基本元素。浏览网页时，获取信息最直接、最直观的方式就是通过文本。在 Dreamweaver 中添加文本的方法非常简单，如图 2-1 所示为添加文本后的效果，具体操作步骤如下。

图 2-1　输入文本

01 打开网页文档，如图 2-2 所示。

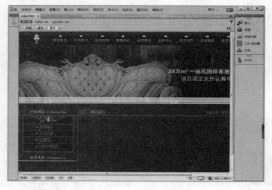

图 2-2　打开网页文档

02 将光标置于要输入文本的位置，输入文本，如图 2-3 所示。

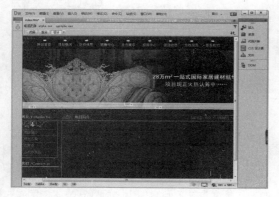

图 2-3　输入文本

03 保存文档，按 F12 键在浏览器中预览，效果如图 2-1 所示。

提示

插入普通文本还有一种方法，从其他应用程序中复制，然后粘贴到 Dreamweaver 的文档窗口中。在添加文本时还要注意根据用户语言的不同，选择不同的文本编码方式，错误的文本编码方式将使中的文字显示为乱码。

2.1.2　设置文本属性

输入文本后，可以在"属性"面板中对文本的大小、字体、颜色等进行设置。设置文本属性的效果如图 2-4 所示，具体操作步骤如下。

图 2-4　设置文本属性

01 打开网页文档，选中文本，如图 2-5 所示。

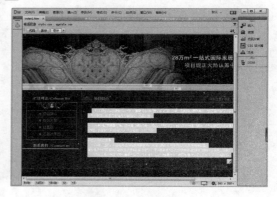

图 2-5　选中文本

02 打开"属性"面板，单击"大小"右边的文本框，在弹出列表中选择字体大小，如图 2-6 所示。

03 在"属性"面板中单击"字体"右边的文本框，在弹出的列表中选择"管理字体"选项，打开"管理字体"对话框，如图 2-7 所示。

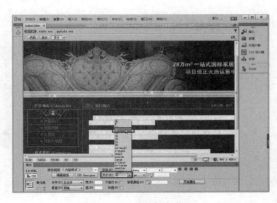

图 2-6　设置字体大小

图 2-7　"管理字体"对话框

04 在该该对话框中选择相应的字体,单击"确定"按钮,设置字体,如图 2-8 所示。

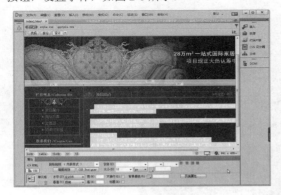

图 2-8　设置字体

05 保存文档,按 F12 键在浏览器中预览,效果如图 2-4 所示。

2.1.3　输入特殊字符

制作网页时,有时要输入一些键盘上没有的特殊字符,如日元符号、注册商标标志等,这就需要使用 Dreamweaver 的特殊字符功能。下面通过版权符号的插入讲述特殊字符的添加方法,效果如图 2-9 所示,具体操作步骤如下。

图 2-9　输入特殊字符

01 打开网页文档,将光标置于要插入特殊字符的位置,如图 2-10 所示。

图 2-10　打开网页文档

02 执行"插入"|HTML|"字符"|"版权"命令,如图 2-11 所示。

图 2-11　执行"版权"命令

03 选择命令后插入特殊字符，效果如图2-12所示。

04 保存文档，按F12键在浏览器中预览，效果如图 2-9所示。

图2-12 插入特殊字符

提示

执行"插入"｜HTML｜"特殊字符"｜"其他字符"命令，弹出"插入其他字符"对话框，在该对话框中选择相应的特殊符号，单击"确定"按钮，也可以插入特殊字符。

2.2 在网页中插入图像

美观的网页是图文并茂的，一幅幅图像和一个个漂亮的按钮、标记不但使网页更加美观、形象和生动，而且使网页中的内容更加丰富多彩。可见，图像在网页中的作用是多么重要。

2.2.1 插入图像

图像是网页构成中最重要的元素之一，美观的图像会为网站增添生命力，同时也加深了人们对网站的印象。下面讲述在网页中插入图像的方法，如图2-13所示，具体操作步骤如下。

图2-13 插入图像

01 打开网页文档，将光标置于要插入图像的位置，如图 2-14 所示。

图 2-14　打开网页文档

02 执行"插入"｜"图像"命令，弹出"选择图像源文件"对话框，选择图像 images/about2，如图 2-15 所示。

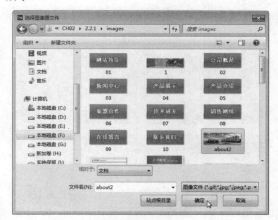

图 2-15　"选择图像源文件"对话框

03 单击"确定"按钮，插入图像，如图 2-16 所示。

图 2-16　插入图像

04 保存文档，按 F12 键在浏览器中预览，效果如图 2-13 所示。

指点迷津

单击"常用"插入栏中的 ▦ 按钮，弹出"选择图像源文件"对话框，选择相应的文件，也可以插入图像。

2.2.2　设置图像属性

插入图像后，其四周会出现可编辑的缩放手柄，这说明该图像被选中了，同时属性面板中显示出关于图像的属性设置，这时就可以根据需要设置图像的属性了。下面通过实例讲述图像属性的设置，如图 2-17 所示，具体操作步骤如下。

图 2-17　设置图像属性

01 打开网页文档，选中图像，如图 2-18 所示。

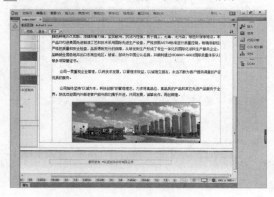

图 2-18　选中图像

02 右击，在弹出的菜单中选择"对齐"｜"右对齐"命令，如图 2-19 所示。

图 2-19　选择"右对齐"命令

03 设置图像为"右对齐"，如图 2-20 所示。

图 2-20　设置为"右对齐"

04 执行"窗口"｜"属性"命令，在打开的属性面板中，可以设置图像的大小，如图 2-21 所示。

图 2-21　设置图像大小

05 保存文档，按 F12 键在浏览器中预览，效果如图 2-17 所示。

2.2.3　插入鼠标经过图像

在浏览器中查看网页时，当鼠标指针经过图像时，该图像就会变成另外一幅图像；当鼠标移开时，该图像又会变回原来的图像。这种效果在 Dreamweaver 中可以非常方便地做出来。

鼠标未经过图像时的效果如图 2-22 所示，当鼠标经过图像时的效果如图 2-23 所示，具体操作步骤如下。

图 2-22　鼠标未经过图像时的效果

图 2-23　鼠标经过图像时的效果

01 打开网页文档，如图 2-24 所示。

图 2-24　打开网页文档

02 将光标置于插入鼠标经过图像的位置，执行"插入"｜HTML｜"鼠标经过图像"命令，弹出"插入鼠标经过图像"对话框，如图2-25所示。

图2-25 "插入鼠标经过图像"对话框

提示

在"常用"插入栏中单击回按钮右边的小三角按钮，在弹出的菜单中选择"鼠标经过图像"，弹出"插入鼠标经过图像"对话框，也可以插入鼠标经过图像。

03 单击"原始图像"文本框右边的"浏览"按钮，弹出"原始图像"对话框，在该对话框中选择相应的图像，如图2-26所示。

图2-26 "原始图像"对话框

04 单击"确定"按钮，如图2-27所示。

05 单击"鼠标经过图像"文本框右边的"浏览"按钮，在弹出的对话框中选择图像2.jpg，单击"确定"按钮，如图2-28所示。

06 单击"确定"按钮，插入鼠标经过图像，如图2-29所示。

图2-27 添加图像

图2-28 添加图像

图2-29 插入鼠标经过图像

提示

在插入鼠标经过图像时，如果不为该图像设置链接，Dreamweaver将在HTML源代码中插入一个空链接（#），该链接上将附加鼠标经过的图像行为，如果将该链接删除，鼠标经过图像将不起作用。

07 保存文档，按F12键在浏览器中预览，鼠标未经过图像时的效果如图2-22所示，鼠标经过图像时的效果如图2-23所示。

2.3 链接的设置

网站实际上是由很多网页组成的，那么网页之间是如何联系的呢？这就是网页的"链接"。

2.3.1　链接的类型

　　"链接"，又称"超级链接（Hyperlink）"，它作为网页之间的桥梁，起着相当重要的作用。网页中的很多对象都可以加入"链接"的属性。超级链接是从一个网页或文件到另一个网页或文件的链接，包括图像或多媒体文件，还可以指向电子邮件地址或程序。当网站访问者单击超级链接时，将根据目标的类型执行相应的操作，即在 Web 浏览器中打开或运行相应的页面或程序等。

　　要正确创建链接，就必须了解链接与被链接文档之间的路径。每个网页都有一个唯一的地址，称为"统一资源定位符"（URL）。然而，当在网页中创建内部链接时，一般不会指定链接文档的完整URL，而是指定一个相对当前文档或站点根文件夹的相对路径。

　　在网页中的链接按照链接路径的不同可以分为3 种形式：绝对路径、相对路径和基于根目录路径。

　　这些路径都是网页中的统一资源定位，只不过后两种路径将 URL 的通信协议和主机名省略了。后两种路径必须有参照物，一种是以文档为参照物，另一种是以站点的根目录为参照物。而第一种路径就不需要有参照物，其是最完整的路径，也是标准的 URL。

2.3.2　设置文本链接和图像链接

　　当浏览网页时，鼠标经过某些文本会出现一个手形图标，同时文本也会发生相应的变化，提示浏览者这是带链接的文本。此时单击鼠标会打开所链接的网页，这就是文本超级链接。创建文本链接的效果如图 2-30 所示，具体操作步骤如下。

图 2-30　设置文本链接和图像链接

01 打开网页文档，选中要创建链接的图像，如图 2-31所示。

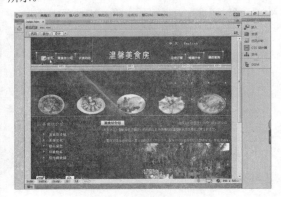

图 2-31　打开网页文档

02 打开"属性"面板，在该面板中单击"链接"文本框右边的"浏览文件"按钮，弹出"选择文件"对话框，选择要链接的文件，如图 2-32 所示。

图 2-32　"选择文件"对话框

03 单击"确定"按钮，添加链接文件，如图 2-33 所示。

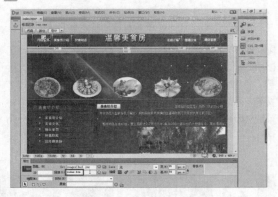

图 2-33　添加链接文件

04 在文档中选择文本，在"属性"面板中单击"链接"文本框右边的"浏览文件"按钮，如图 2-34 所示。

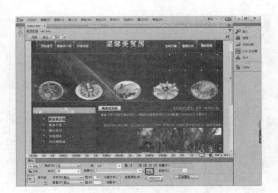

图 2-34 选择文件

05 在弹出的"选择文件"对话框中，选择链接文件后的效果，如图 2-35 所示。

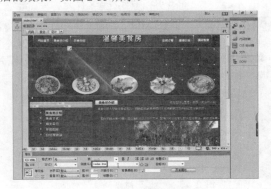

图 2-35 选择链接的文件

06 保存文档，按 F12 键在浏览器中预览，效果如图 2-30 所示。

2.3.3 创建图像热点链接

创建图像热点效果如图 2-36 所示，具体操作步骤如下。

图 2-36 创建图像热点效果

01 打开网页文档，选中创建热点链接的图像，如图 2-37 所示。

图 2-37 打开网页文档

02 执行"窗口"｜"属性"命令，打开"属性"面板，在"属性"面板中单击"矩形热点工具"按钮 □，选择"矩形热点工具"，如图 2-38 所示。

图 2-38 选择"矩形热点工具"

指点迷津

除了可以使用"矩形热点工具"外，还可以使用"椭圆形热点工具"和"多边形热点工具"来绘制"椭圆形热点区域"和"多边形热点区域"，绘制的方法和"矩形热点"一样。

03 将光标置于图像上要创建热点的部分，绘制一个矩形热点，并在"属性"面板中输入链接地址，如图 2-39 所示。

04 同以上步骤绘制其他的热点并设置热点链接，如图 2-40 所示。

图 2-39　输入链接地址

图 2-40　设置热点链接

05 保存文档，按 F12 键在浏览器中预览，如图 2-36 所示。

2.3.4　创建电子邮件链接

E-mail 链接也称为"电子邮件链接"，电子邮件地址作为超链接的链接目标与其他链接目标不同。创建电子邮件链接的效果如图 2-41 所示，具体操作步骤如下。

图 2-41　电子邮件链接效果

01 打开网页文档，将光标置于要创建电子邮件链接的位置，如图 2-42 所示。

图 2-42　打开网页文档

02 执行"插入"｜HTML｜"电子邮件链接"命令，弹出"电子邮件链接"对话框，在该对话框的"文本"文本框中输入"电子邮件"，在"电子邮件"文本框中输入电子邮件地址，如图 2-43 所示。

图 2-43　"电子邮件链接"对话框

03 单击"确定"按钮，创建电子邮件链接，如图 2-44 所示。

图 2-44　创建电子邮件链接

04 保存文档，按 F12 键在浏览器中预览，单击"电子邮件"链接文字，效果如图 2-41 所示。

2.3.5　创建下载文件的链接

如果要在网站中提供下载资料，就需要为文件提供下载链接，如果超级链接指向的不是一个网页文件，而是其他文件，例如 zip、mp3、exe 文件等，单击链接的时候就会下载该文件。创建下载文件的链接效果如图 2-45 所示，具体操作步骤如下。

图 2-45 下载文件链接效果

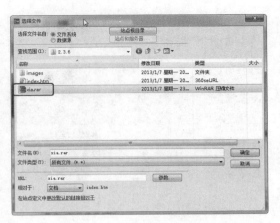

图 2-47 "选择文件"对话框

01 打开网页文档，选中要创建链接的文字，打开"属性"面板，如图 2-46 所示。

03 单击"确定"按钮，添加到"链接"文本框中，如图 2-48 所示。

图 2-46 打开网页文档

图 2-48 添加到"链接"文本框中

02 在该面板中单击"链接"文本框右边的 按钮，弹出"选择文件"对话框，在该对话框中选择要下载的文件，如图 2-47 所示。

04 保存文档，按 F12 键在浏览器中预览，单击"下载文件"文字，效果如图 2-45 所示。

2.4 插入媒体

多媒体技术的发展使网页设计者能轻松地在页面中加入声音、动画、影片等内容，给访问者增添了几分欣喜。媒体对象在网页上一直是一道亮丽的风景线，正因为有了多媒体，网页才丰富起来。使用 Dreamweaver 可以在网页中插入多媒体对象，如 Flash 影片、ActiveX 控件、Flash 视频、Java Applet 小程序或声音文件等。

2.4.1 插入 Flash 动画

下面通过如图 2-49 所示的实例讲述在网页中插入 Flash 影片的方法，具体操作步骤如下。

图 2-49　插入 Flash 影片的效果

01 打开网页文档，将光标置于要插入 Flash 影片的位置，如图 2-50 所示。

图 2-50　打开网页文档

02 将光标置于要插入 Flash 影片的位置，执行"插入"｜HTML｜Flash SWF 命令，弹出"选择 SWF"对话框，如图 2-51 所示。

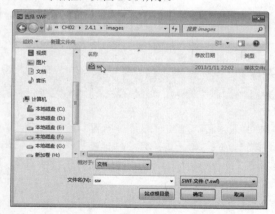

图 2-51　"选择 SWF"对话框

03 在该对话框中选择 images/sw.swf，单击"确定"按钮，插入 Flash 影片，如图 2-52 所示。

图 2-52　插入 Flash 影片

高手支招

插入 Flash 动画还有两种方法。

- 单击"常用"插入栏中的 Flash 按钮 **[图标]**，弹出"选择 SWF"对话框，也可以插入 Flash 影片。
- 拖曳"常用"插入栏中的 **[图标]** 按钮至所需要的位置，弹出"选择 SWF"对话框，也可以插入 Flash 影片。

04 保存文档，按 F12 键在浏览器中预览，效果如图 2-49 所示。

2.4.2　插入视频

随着宽带技术的发展和推广，出现了许多视频网站。越来越多的人选择观看在线视频，同时也有很多的网站提供在线视频的服务。

下面通过如图 2-53 所示的实例，讲述在网页中插入视频方法，具体操作步骤如下。

图 2-53　插入视频效果

01 打开网页文档，将光标置于要插入视频的位置，如图 2-54 所示。

图 2-54　打开网页文档

02 执行"插入"｜HTML｜Video 命令，弹出"插入 FLV"对话框，如图 2-55 所示。

图 2-55　"插入 FLV"对话框

03 在该对话框中单击 URL 后面的"浏览"按钮，在弹出的"选择 FLV"对话框中选择视频文件，如图 2-56 所示。

图 2-56　"选择 FLV"对话框

04 单击"确定"按钮，返回到"插入 FLV"对话框，在该对话框中进行相应的设置，如图 2-57 所示。

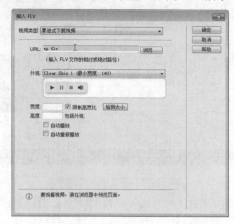

图 2-57　"插入 FLV"对话框

05 单击"确定"按钮，插入视频，如图 2-58 所示。

图 2-58　插入视频

06 保存文档，按 F12 键在浏览器中预览效果如图 2-53 所示。

提示

当插入的视频格式不同时，查看的视频控制器也会发生变化。

2.5　综合实战——制作图文混排的多媒体页面

　　文字和图像是网页中最基本的元素，在网页中插入图像可以使网页更加生动、形象，在网页中创建图文混排网页的方法非常简单，如图 2-59 所示为图文混排的效果，具体操作步骤如下。

图 2-59 图文混排的效果

01 打开网页文档，将光标置于要插入图像的位置，如图 2-60 所示。

图 2-60 打开网页文档

02 执行"插入"｜"图像"命令，弹出"选择图像源文件"对话框，在该对话框中选择图像"水果.jpg"，如图 2-61 所示。

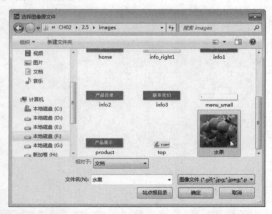

图 2-61 "选择图像源文件"对话框

03 单击"确定"按钮，插入图像，如图 2-62 所示。

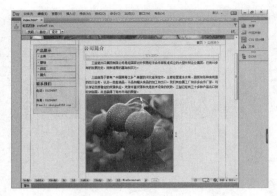

图 2-62 插入图像

04 选中插入的图像，右击，在弹出菜单选择"对齐"｜"右对齐"选项，如图 2-63 所示。

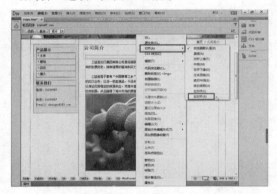

图 2-63 选择对齐方式

05 单击"确定"按钮，设置对齐方式，如图 2-64 所示。

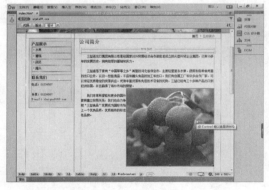

图 2-64 设置对其方式

06 保存文档，按 F12 键在浏览器中预览效果，如图 2-59 所示。

第3章

使用表格和模板布局网页

本章导读

表格是网页排版设计的常用工具，表格在网页中不仅可以用来排列数据，而且可以对页面中的图像、文本等元素进行准确定位，使页面在形式上既丰富多彩又有条理，从而也使页面显得更加整齐有序。

为了提高网站的制作效率，Dreamweaver提供了模板和库，可以使整个网站的页面设计风格一致，使网站维护更轻松。只要改变模板，就能自动更改所有基于这个模板创建的网页。

技术要点：

◆ 掌握插入表格的方法　　　　　　　　　◆ 掌握创建可编辑区域的方法
◆ 掌握选择表格元素的方法　　　　　　　◆ 掌握应用模板创建网页的方法
◆ 掌握表格的基本操作　　　　　　　　　◆ 掌握创建与应用库项目的方法
◆ 掌握创建模板的方法

实例展示

应用库项目

利用模板创建的网页

3.1　创建表格

表格由行、列和单元格3部分组成。行贯穿表格的左右，列则是上下排列的，单元格是行和列交汇的部分，它是输入信息的地方。单元格会自动扩展到输入信息的对应尺寸。

3.1.1　插入表格

插入表格的具体操作步骤如下。

01 打开网页文档，将光标置于相应的位置，执行"插入"｜"表格"命令，如图3-1所示。

02 弹出Table对话框，在该对话框中将"行数"设置为6，"列"设置为2，"表格宽度"设置为95，"边框粗细"设置为1，"单元格边距"设置为3，"单元格间距"设置为3，如图3-2所示。

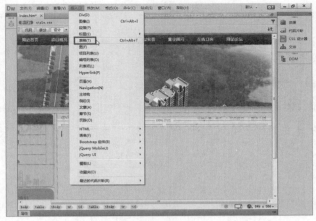

图 3-1 打开网页文档

图 3-2 Table 对话框

提示

如果没有明确指定单元格间距和单元格边距，大多数浏览器都会将单元格边距设置为 1，单元格间距设置为 2 来显示表格。若要确保浏览器不显示表格中的边距和间距，可以将单元格边距和间距设置为 0。大多数浏览器会按边框设置为 1 显示表格。

03 单击"确定"按钮，插入表格，如图 3-3 所示。

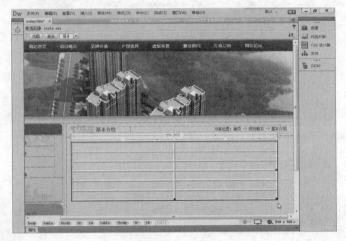

图 3-3 插入表格

3.1.2 设置表格属性

可以在表格"属性"面板中对表格的属性进行详细设置，在设置表格属性之前首先要选中表格，表格的"属性"面板如图 3-4 所示。

图 3-4 表格属性面板

在表格"属性"面板中可以设置以下参数。

- "表格"文本框:表格的名称。

- "行"和Cols:表格中行和列的数量。

- "宽":以像素为单位的宽度或表示为占浏览器窗口宽度的百分比。

- CellPad:单元格内容和单元格边界之间的像素数。

- CellSpace:相邻的表格单元格之间的像素数。

- Align:设置表格的对齐方式,该下拉列表中共包含4个选项,即"默认""左对齐""居中对齐"和"右对齐"。

- Border:用来设置表格边框的宽度。

- Class:对该表格设置一个CSS类。

- :用于清除行高。

- :将表格的宽由百分比转换为像素。

- :将表格的宽由像素转换为百分比。

- :从表格中清除列宽。

3.2 选择表格元素

在网页中表格用于网页内容的排版,如文字放在页面的某个位置就可以使用表格。下面讲述表格的基本操作方法。

3.2.1 选择表格

要想在文档中对一个元素进行编辑,那么首先要选择它;同样,要想对表格进行编辑,首先也要选中它。主要有以下几种方法选取整个表格。

01 单击表格上的任意一条边框线,如图3-5所示。

02 将光标置于表格内的任意位置,执行"修改"|"表格"|"选择表格"命令,如图3-6所示。

图3-5　单击边框线选择表格

图3-6　执行"选择表格"命令

03 将光标置于表格的左上角,按住鼠标左键不放拖曳到表格的右下角,将所有的单元格选中,右击,在弹出的菜单中选择"表格"|"选择表格"命令,如图3-7所示。

04 将光标置于表格内任意位置，单击文档窗口底部的 \<table> 标签，如图3-8所示。

图3-7 右击选择命令

图3-8 单击 \<table> 标签

3.2.2 选择行或列

选择表格的行与列也有两种不同的方法。

01 当鼠标位于要选择行首或列顶时。鼠标指针形状变成了黑箭头时，单击鼠标即可以选中列或行，如图3-9和图3-10所示。

图3-9 选择列

图3-10 选择行

02 按住鼠标左键不放从左至右或者从上至下拖曳，即可选中列或行，如图3-11和图3-12所示。

图3-11 选择列

图3-12 选择行

3.2.3 选择单元格

选择表格中的单元格有两种方式，一种是选择单个单元格，另一种是选择多个单元格。

- 按住Ctrl键，然后单击要选中的单元格即可。

- 将光标移到要选中的单元格中并单击，按住Ctrl＋A组合键，即可选中该单元格。

- 将光标置于要选中的单元格中，执行"编辑"|"全选"命令，即可选中该单元格。

- 将光标置于要选择的单元格内，单击文档窗口左下角的 <td> 标签可以将单元格选中。

- 按住Shift键不放并单击选择多个单元格中的第一个和最后一个，可以选择多个相邻的单元格。

- 按住Ctrl键不放，单击并选择多个单元格，可以选择多个相邻或不相邻的单元格，如图3-13所示。

图 3-13　选择不相邻的单元格

3.3　表格的基本操作

除了可以在网页中插入基本图像外，还可以插入背景图像、跟踪图像、鼠标经过图像和导航条等，下面就具体讲述这些图像的插入方法。

3.3.1　添加或删除行或列

在网页文档中添加行或列的具体操作步骤如下。

01 打开原始网页文档，如图3-14所示。

02 将光标置于第1行单元格中，执行"修改"|"表格"|"插入行"命令，即可插入一行，如图3-15所示。

图 3-14　打开文档

图 3-15　插入一行

03 将光标置于第1行第1列单元格中，执行"修改"|"表格"|"插入列"命令，即可插入一列，如图3-16所示。

图 3-16 插入列

04 将光标置于第2行第1列单元格中,选择"修改"|"表格"|"插入行或列"命令,弹出"插入行或列"对话框,如图3-17所示。

图 3-17 "插入行或列"对话框

05 在该对话框的"插入"单选按钮中选择"列","列"设置为1,"位置"选择"当前列之后",单击"确定"按钮插入列,如图3-18所示。

图 3-18 插入列

在网页文档中删除行或列的具体操作步骤如下。

01 将光标置于要删除行的任意一个单元格中,执行"修改"|"表格"|"删除行"命令,即可删除当前行。

02 将光标置于要删除列的任意一个单元格,执行"修改"|"表格"|"删除列"命令,即可删除当前列。

提示

还可以右击,在弹出的菜单中选择"表格"□"删除列"选项,即可删除列。

3.3.2 拆分单元格

在使用表格的过程中,有时需要拆分单元格以达到所需的效果。拆分单元格就是将选中的表格单元格拆分为多行或多列,具体操作步骤如下。

01 将光标置于要拆分的单元格中,执行"修改"|"表格"|"拆分单元格"命令,弹出"拆分单元格"对话框,如图3-19所示。

图 3-19 "拆分单元格"对话框

02 在该对话框的"把单元格拆分"中选择"列","列"设置为2,单击"确定"按钮,即可将单元格拆分,如图3-20所示。

图 3-20 将单元格拆分

3.3.3 合并单元格

合并单元格就是将选中的多个单元格合并为一个单元格。

合并单元格,首先将要合并的单元格选中,执行"修改"|"表格"|"合并单元格"命令,将多个单元格合并成一个单元格。或选中多个单元格单击右键,在弹出的菜单中选择 "表格"|"合并单元格"选项,将多个单元格合并成一个单元格,如图3-21所示。

提示

合并单元格还有两种方法。

● 选中要合并的单元格，在"属性"面板中单击"合并单元格" 按钮，即可合并单元格。

● 选中要合并的单元格，右击，在弹出的菜单中选择"表格"|"合并单元格"选项，即可合并单元格。

图 3-21　合并单元格

3.4　创建模板

在 Dreamweaver 中，可以将现有的 HTML 文档保存为模板，然后根据需要加以修改，或创建一个空白模板，在其中输入需要的文档内容。模板实际上也是文档，它的扩展名为 .dwt，并存放在根目录的模板文件夹中。

3.4.1　新建模板

从空白文档直接创建模板的具体操作步骤如下。

01 启动 Dreamweaver CC，执行"文件"|"新建"命令，弹出"新建文档"对话框，在该对话框中选择"空模板"|"HTML 模板"|"无"选项，如图 3-22 所示。

02 单击"创建"按钮，即可创建一个空白模板，如图 3-23 所示。

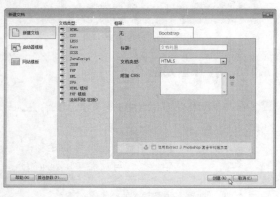

图 3-22　"新建文档"对话框

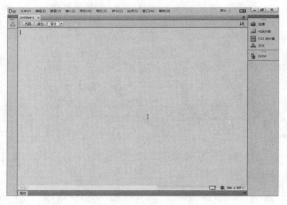

图 3-23　新建文档

03 执行"文件"|"另存模板"命令，弹出"另存模板"对话框，如图 3-24 所示。

04 在该对话框中的"另存为"文本框中输入 moban，单击"保存"按钮，即可完成模板的创建，如图 3-25 所示。

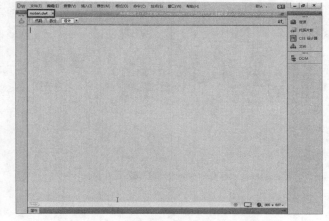

图 3-24 "另存模板"对话框 　　　　　　　图 3-25 另存模板

3.4.2 从现有文档创建模板

从现有文档创建模板的具体操作步骤如下。

01 打开网页文档，如图 3-26 所示。

图 3-26 打开网页文档

02 执行"文件"｜"另存为模板"命令，弹出"另存模板"对话框，在该对话框中的"站点"下拉列表中选择 3.4.2，在"另存为"文本框中输入 moban，如图 3-27 所示。

03 单击"保存"按钮，弹出 Dreamweaver 提示框，提示是否更新链接，如图 3-28 所示。

图 3-27 "另存模板"对话框 　　　　　　　图 3-28 Dreamweaver 提示框

04 单击"是"按钮，即可将现有文档另存为模板，如图 3-29 所示。

图 3-29　另存为模板

3.5　创建可编辑区域

可编辑区域就是基于模板文档的未锁定区域，是网页套用模板后，可以编辑的区域。在创建模板后，模板的布局就固定了，如果要在模板中针对某些内容进行修改，即可为该内容创建可编辑区。

3.5.1　插入可编辑区域

模板实际上就是具有固定格式和内容的文件，文件扩展名为 .dwt。模板的功能很强大，通过定义和锁定可编辑区域可以保护模板的格式和内容不被修改，只有在可编辑区域中才能输入新的内容。创建可编辑区域的具体操作步骤如下。

01 打开网页文档，将光标置于要创建可编辑区域的位置，如图 3-30 所示。

图 3-30　打开网页文档

02 执行"插入"|"模板"|"可编辑区域"命令，弹出"新建可编辑区域"对话框，如图 3-31 所示。

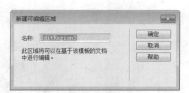

图 3-31　"新建可编辑区域"对话框

03 单击"确定"按钮，创建可编辑区域，如图 3-32 所示。

图 3-32　插入可编辑区域

提示

模板中除了可以插入最常用的"可编辑区域"外，还可以插入一些其他类型的区域，它们分别为："可选区域""重复区域""可编辑的可选区域"和"重复表格"。由于这些类型需要使用代码操作，并且在实际的工作中并不经常使用，因此这里我们只做简单介绍。

- "可选区域"是用户在模板中指定为可选的区域，用于保存有可能在基于模板的文档中出现的内容。使用可选区域，可以显示和隐藏特别标记的区域，在这些区域中用户将无法编辑内容。

- "重复区域"是可以根据需要在基于模板的页面中复制任意次数的模板区域。使用重复区域，可以通过重复特定项目来控制页面布局，如目录项、说明布局或者重复数据行。重复区域本身不是可编辑区域，要使重复区域中的内容可编辑，可以在重复区域内插入可编辑区域。

- "可编辑的可选区域"是可选区域的一种，模板可以设置显示或隐藏所选区域，并且可以编辑该区域中的内容，该可编辑的区域是由条件语句控制的。

- "重复表格"是重复区域的一种，使用重复表格可以创建包含重复行的表格格式的可编辑区域，可以定义表格属性并设置哪些表格单元格可编辑。

3.5.2　删除可编辑区域

打开网页文档，在文档中选择可编辑区域，按 Delete 键即可删除可编辑区域，如图 3-33 所示。

图 3-33　删除可编辑区域

3.6　应用模板创建网页

用模板可以快速创建大量风格一致的网页。利用模板创建新网页的效果如图 3-34 所示，具体操作步骤如下。

图 3-34　利用模板创建网页

01 执行"文件"｜"新建"命令，弹出"新建文档"对话框，在该对话框中选择"网站模板"｜"站点"｜moban 命令，如图 3-35 所示。

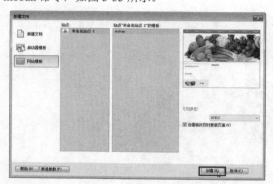

图 3-35　"新建文档"对话框

02 单击"创建"按钮，利用模板创建网页，如图 3-36 所示。

图 3-36　利用模板创建网页

03 将光标置于要可编辑区域中，执行"插入"｜"表格"命令，弹出 Table 对话框，在该对话框中将"行

数"设置为 2，"列"设置为 1，"表格宽度"设置为 95，如图 3-37 所示。

图 3-37　Table 对话框

04 单击"确定"按钮插入表格，在"属性"面板中将 Align 设置为"居中对齐"，如图 3-38 所示。

图 3-38　插入表格

05 将光标置于第 1 行单元格，执行"插入"｜"图像"命令，打开"选择图像源文件"对话框，在该对话框中选择图像 sy_gs_t.jpg，如图 3-39 所示。

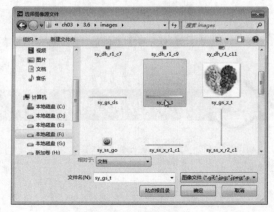

图 3-39　"选择图像源文件"对话框

06 单击"确定"按钮，插入图像，如图 3-40 所示。

图 3-40　插入图像

07 单击"确定"按钮，将光标置于第 2 行单元格中，右击鼠标，在弹出的菜单中选择"表格"｜"拆分单元格"选项，弹出"拆分单元格"对话框，将"把单元格拆分"设置为"列"，"列数"设置为 2，如图 3-41 所示。

图 3-41　"拆分单元格"对话框

08 单击"确定"按钮，将单元格拆分为 2 行，将光标置于第 1 列单元格中，执行"插入"｜"图像"命令，插入图像 sy_gs_z_t.jpg，如图 3-42 所示。

图 3-42　插入图像

09 将光标置于第 2 列单元格中，输入相应的文字，如图 3-43 所示。

图 3-43　输入文本

10 保存文档，按F12键在浏览器中预览效果如图 3-34 所示。

3.7　创建与应用库项目

　　库是一种用来存储想要在整个网站上经常重复使用或更新的页面元素（如图像、文本和其他对象）的方法，这些元素称为"库项目"。

3.7.1　创建库项目

　　如果使用了库，即可通过改动库更新所有采用库的网页，不用一个一个地修改网页元素或重新制作网页。创建库项目的效果如图 3-44 所示，具体操作步骤如下。

图 3-44　创建库

Dreamweaver+ASP动态网页开发课堂实录

01 执行"文件"|"新建"命令，弹出"新建文档"对话框，在该对话框中选择"新建文档"中的 HTML 选项，如图 3-45 所示。

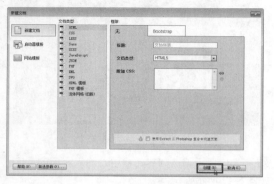

图 3-45　"新建文档"对话框

02 单击"创建"按钮，创建一个空文档，如图 3-46 所示。

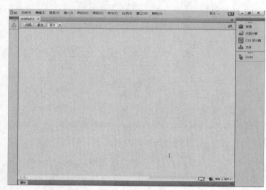

图 3-46　创建一个文档

03 执行"文件"|"另存为"命令，弹出"另存为"对话框，在该对话框中的"保存类型"下拉列表中选择"Library Files（.lbi）"，在"文件名"文本框中输入 top.lbi，如图 3-47 所示。

图 3-47　"另存为"对话框

04 单击"保存"按钮，保存文档，将光标置于文档中，

执行"插入"|"表格"命令，弹出 Table 对话框，在该对话框中将"行数"设置为 3，"列"设置为 1，"表格宽度"设置为 982 像素，如图 3-48 所示。

图 3-48　Table 对话框

05 单击"确定"按钮，插入表格，如图 3-49 所示。

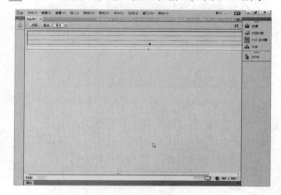

图 3-49　插入表格

06 将光标置于第 1 行单元格中，在"属性"面板中将"背景颜色"设置为 #FF0000，"高"设置为 40，如图 3-50 所示。

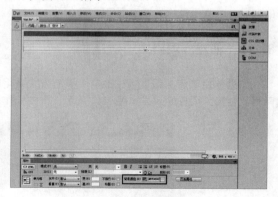

图 3-50　设置背景颜色

07 在表格中输入相应的导航文本，如图 3-51 所示。

图 3-51　输入导航文本

08 将光标置于第 2 行单元格中，在"属性"面板中将"背景颜色"设置为 #E8E8E8，如图 3-52 所示。

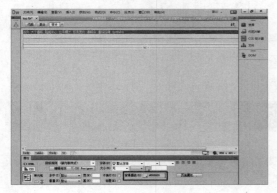

图 3-52　设置背景颜色

09 将光标置于第 3 行单元格中，执行"插入" | "图像"命令，弹出"选择图像源文件"对话框，选择图像 tt.jpg，如图 3-53 所示。

图 3-53　"选择图像源文件"对话框

10 单击"确定"按钮，插入图像，如图 3-54 所示。

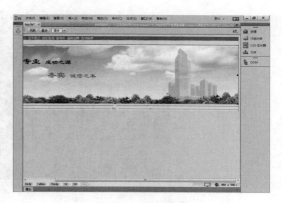

图 3-54　插入图像

3.7.2　应用库项目

创建库项目后，即可将其插入到其他网页中。下面在如图 3-55 所示的网页中应用库效果，具体操作步骤如下。

图 3-55　应用库创建网页

01 打开网页文档，执行"窗口" | "资源"命令，打开"资源"面板，在该面板中单击"库"按钮 📖，显示库项目，如图 3-56 所示。

图 3-56　打开网页文档

02 将光标置于要插入库的位置，选中 top，单击左下角的"插入"按钮 ▭插入 ，插入库项目，如图 3-57 所示。

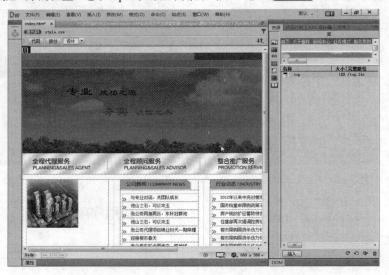

图 3-57　插入库项目

04 保存文档，按 F12 键在浏览器中预览，效果如图 3-55 所示。

3.8　综合实战

　　模板不是网页设计师在设计网页时必须要使用的技术，但是如果合理地使用它们将会大大提高工作效率。合理地使用模板和库也是创建整个网站的重中之重。

实战 1——创建模板

　　下面利用实例讲述模板的创建方法，具体操作步骤如下。

01 执行"文件"｜"新建"命令，弹出"新建文档"对话框，在该对话框中选择"新建文档"｜"HTML 模板"｜"<无>"选项，如图 3-58 所示。

02 单击"创建"按钮，创建一空白文档网页，如图 3-59 所示。

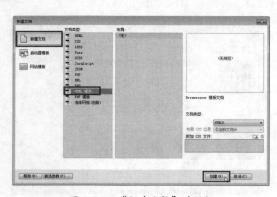

图 3-58　"新建文档"对话框

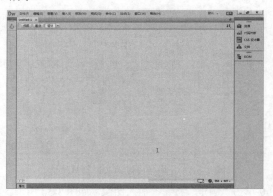

图 3-59　新建空白文档

03 执行"文件"｜"保存"命令，弹出 Dreamweaver 提示框，如图 3-60 所示。

04 单击"确定"按钮，弹出"另存模板"对话框，在该对话框的"另存为"文本框中输入名称，如图 3-61 所示。

图 3-60　Dreamweaver 提示框

图 3-61　"另存模板"对话框

05 单击"保存"按钮，保存模板文档，将光标置于页面中，执行"修改"｜"页面属性"命令，弹出"页面属性"对话框，在该对话框中将"上边距""下边距""左边距""右边距"均设置为 0，如图 3-62 所示。

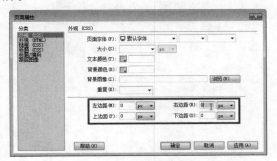

图 3-62　"页面属性"对话框

06 单击"确定"按钮，修改页面属性，执行"插入"｜"表格"命令，弹出 Table 对话框，在该对话框中将"行数"设置为 1，"列"设置为 1，"表格宽度"设置为 1007 像素，如图 3-63 所示。

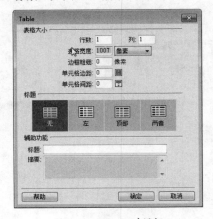

图 3-63　Table 对话框

07 单击"确定"按钮插入表格，如图 3-64 所示。

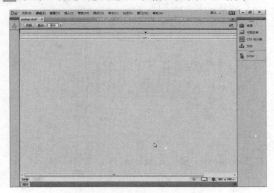

图 3-64　插入表格

08 将光标置于单元格中，执行"插入"｜"图像"命令，弹出"选择图像源文件"对话框，在该对话框中选择图像文件 images/top.jpg，如图 3-65 所示。

图 3-65　"选择图像源文件"对话框

09 单击"确定"按钮插入图像，如图 3-66 所示。

图 3-66　插入图像

10 将光标置于第 2 行单元格中，执行"插入"｜"表格"命令，插入 1 行 2 列的表格，如图 3-67 所示。

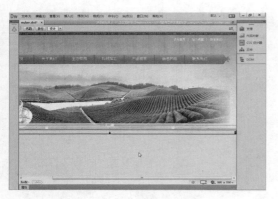

图 3-67　插入表格

11 将光标置于第 1 列单元格中，执行"插入"｜"表格"命令，插入 12 行的表格，如图 3-68 所示。

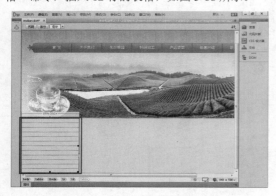

图 3-68　插入表格

12 将光标置于第 1 行单元格中，执行"插入"｜"图像"命令，插入图像 dongtai.jpg，如图 3-69 所示。

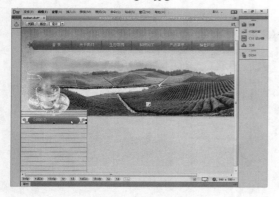

图 3-69　插入图像

13 将光标置于第 2 行单元格中，向下拖曳到第 6 行单元格中，选中单元格，在"属性"面板中将"背景颜色"设置为 #E7E0B6，如图 3-70 所示。

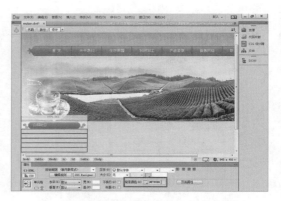

图 3-70　设置背景颜色

14 分别在单元格中输入相应的文本，如图 3-71 所示。

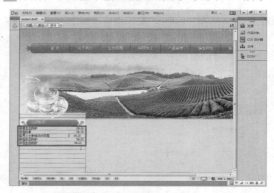

图 3-71　输入文本

15 同步骤 12~14，在第 7 行单元格中插入图像 xinwen.jpg，将第 8~12 行单元格设置背景颜色并输入相应的文本，如图 3-72 所示。

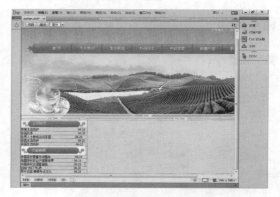

图 3-72　输入文本

16 将光标置于右边单元格中，打开"属性"面板，将"垂直"设置为"顶端"，如图 3-73 所示。

17 执行"插入"｜"模板"｜"可编辑区域"命令，弹出"新建可编辑区域"对话框，如图 3-74 所示。

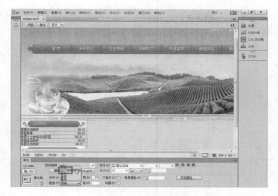

图 3-73　设置垂直

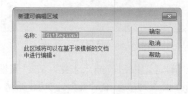

图 3-74　"新建可编辑区域"对话框

18 单击"确定"按钮，插入可编辑区域，如图 3-75 所示。

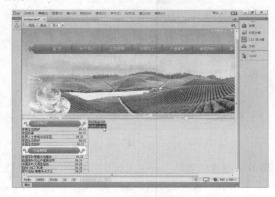

图 3-75　插入可编辑区域

19 将光标置于表格的右边，执行"插入"｜"表格"命令，插入 1 行 1 列的表格，如图 3-76 所示。

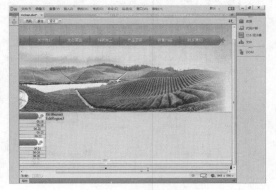

图 3-76　插入表格

20 将光标置于表格中，在"属性"面板中将"高"设置为 50，"背景颜色"设置为 #E7E0B6，如图 3-77 所示。

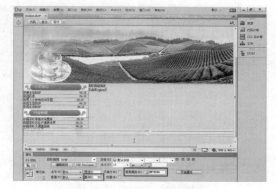

图 3-77　设置高和背景颜色

21 在表格 5 的单元格中输入相应的文字，如图 3-78 所示。

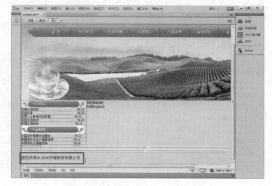

图 3-78　输入文本

实战 2——利用模板创建网页

模板创建好后，即可应用模板快速、高效地设计风格一致的网页，利用模板创建网页的效果如图 3-79 所示，具体操作步骤如下。

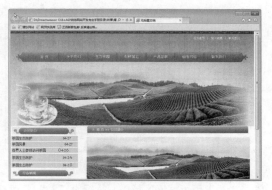

图 3-79　利用模板创建网页的效果

01 执行"文件"|"新建"命令，弹出"新建文档"对话框，选择"网站模板"|"站点"|moban 选项，如图 3-80 所示。

图 3-80　"新建文档"对话框

02 单击"创建"按钮，利用模板创建文档，如图 3-81 所示。

图 3-81　利用模板创建文档

03 执行"文件"|"保存"命令，弹出"另存为"对话框，在该对话框中的"文件名"文本框中输入名称，单击"保存"命令，保存文档，如图 3-82 所示。

图 3-82　"另存为"对话框

04 将光标置于可编辑区域中，执行"插入"|"表

格"命令，弹出 Table 对话框，在该对话框中将"行数"设置为 3，"列"设置为 1，如图 3-83 所示。

图 3-83　Table 对话框

05 单击"确定"按钮，插入表格，在"属性"面板中将 Align 设置为"居中对齐"，如图 3-84 所示。

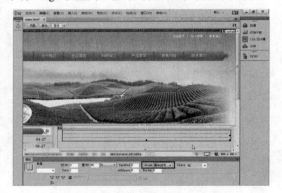

图 3-84　插入表格

06 将光标置于表格 2 的第 1 列单元格中，执行"插入"|"图像"命令，弹出"选择图像源文件"对话框，在该对话框中选择图像文件 images/jianjie.jpg，如图 3-85 所示。

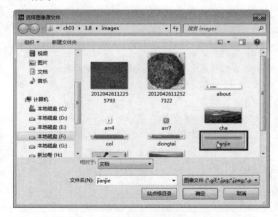

图 3-85　"选择图像源文件"对话框

07 单击"确定"按钮，插入图像，如图 3-86 所示。

图 3-86 插入图片

08 将光标置于第 2 行单元格中，插入图像 cha.jpg，如图 3-87 所示。

图 3-87 插入图像

09 将光标置于第 3 行单元格中，输入相应的文字，如图 3-88 所示。

图 3-88 输入文本

10 保存文档，按 F12 键在浏览器中预览效果，如图 3-79 所示。

第4章
使用 CSS 样式美化和布局网页

本章导读　精美的网页离不开CSS技术，采用CSS技术，可以有效地对页面的布局、字体、颜色、背景和其他效果实现更加精确的控制。使用CSS样式可以制作出更加复杂和精巧的网页，网页维护和更新也更加容易和方便。

技术要点：

◆　了解CSS简介
◆　掌握CSS的使用方法

◆　掌握CSS定位与DIV布局的方法
◆　掌握CSS+DIV布局类型

4.1　CSS 简介

所谓"样式"就是层叠样式表，用来控制一个文档中的某个文本区域外观的一组格式属性。使用CSS 能够简化网页代码，加快下载显示速度，也减少了需要上传的代码数量，大大减少了重复劳动的工作量。样式表是对 HTML 语法的一次重大革新，如今网页的排版格式越来越复杂，很多效果需要通过 CSS 来实现，Adobe Dreamweaver CC 在 CSS 功能设计上做了很大的改进。同 HTML 相比，使用 CSS 样式表的好处除了在于它可以同时链接多个文档之外，当 CSS 样式更新或修改后，所有应用了该样式表的文档都会被自动更新。

CSS 样式表的功能一般可以归纳为以下几点。

● 可以更加灵活地控制网页中文字的字体、颜色、大小、间距、风格及位置。

● 可以灵活地设置一段文本的行高、缩进，并可以为其加入三维效果的边框。

● 可以方便地为网页中的任何元素设置不同的背景颜色和背景图像。

● 可以精确地控制网页中各元素的位置。

● 可以为网页中的元素设置阴影、模糊、透明等效果。

● 可以与脚本语言结合，从而产生各种动态效果。

● 使用 CSS 格式的网页，打开速度非常快。

4.2　CSS 的使用

CSS 是 Cascading Style Sheet 的缩写，有些书上称为"层叠样式表"或"级联样式表"，"样式表"是对以前 HTML 语法的一次重大革新。如今网页的排版格式越来越复杂，很多效果都需要通过 CSS 实现，Dreamweaver 在 CSS 功能的设计上有了很大的改进。

4.2.1　CSS 的基本语法

样式表基本语法如下：

HTML 标志 { 标志属性：属性值；标志属性：属性值；标志属性：属性值；…}

现在首先讨论在 HTML 页面内直接引用样式表的方法。这个方法必须把样式表信息包括在 <style> 和 </style> 标记中，为了使样式表在整个页面中产生作用，应把该组标记及其内容放到 <head> 和 </head> 中。

例如，要设置 HTML 页面中所有 H1 标题字显示为蓝色，其代码如下：

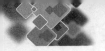

```
<html>
<head>
<title>This is a CSS samples</title>
<style type="text/css">
<!--
H1 {color: blue}
-->
</style>
</head>
<body>
…  页面内容…
</body>
</html>
```

在使用样式表过程中，经常会有几个标志用到同一个属性，例如规定HTML页面中凡是粗体字、斜体字、1号标题字则显示为红色，按照上面介绍的方法应书写为：

```
B{ color: red}
I{ color: red}
H1{ color: red}
```

显然这样书写十分麻烦，引进分组的概念会使其变得简洁明了，可以写成：

```
B,I,H1{color: red}
```

用逗号分隔各个 HTML 标志，把 3 行代码合并成 1 行。

此外，同一个 HTML 标志可能定义了多种属性，例如，规定把 H1 ～ H6 各级标题定义为红色黑体字，带下划线，则应写为：

```
H1, H2, H3, H4, H5, H6 {
color: red;
text-decoration: underline;
font-family: " 黑体 "}
```

4.2.2 添加 CSS 的方法

1. 行内式样式

即使用 style 属性将 CSS 直接写在 HTML 标签中。

例如： 这行段落将显示为红色。

注意

style 属性可以用在 <body> 内的所有（X）HTML 标签上，但不能应用于 <body> 以外的标签，如 <title><head> 等标签。

2. 嵌入式样式表

嵌入式样式表使用 " <style></style> " 标签嵌入到（X）HTML 文件的头部中，代码如下：

```
<head>
<style type="text/css">
<!--
.class{
color:red;
}
-->
</style>
</head>
```

对于一些不能识别 <style> 标签的浏览器，使用（X）HTML 的注释标签 <!-- 注释文字 --> 把样式包含进来。这样，不支持 <style> 标签的浏览器会忽略样式内容，而支持 <style> 标签的浏览器会解读样式表。

3. 外部样式表

在 <head> 标签内使用 <link> 标签将样式表文件连接到（X）HTML 文件中。

代码如下：

```
<head>
<link style="stylesheet" href="myclass.css" type="text/css" />
</head>
```

4.3 CSS 定位

许多的 Web 的站点都使用基于表格的布局显示页面信息。表格对于显示表格数据很有用，并且很容易在页面上创建。但表格还会生成大量难于阅读和维护的代码。许多设计者首选基于 CSS 的布局，正是因为基于 CSS 的布局所包含的代码数量要比具有相同特性的基于表格的布局使用的代码少得多。

4.3.1 盒子模型的概念

如果想熟练掌握 Div 和 CSS 的布局方法，首先要对盒子模型有足够的了解。盒子模型是 CSS 布局网页时非常重要的概念，只有很好地掌握了盒子模型，以及其中每个元素的使用方法，才能真正布局网页中各个元素的位置。

所有页面中的元素都可以看作一个装了东西的盒子，盒子里面的内容到盒子的边框之间的距离即填充（padding），盒子本身有边框（border），而盒子边框外和其他盒子之间还有边界（margin）。

一个盒子由 4 个独立部分组成，如图 4-1 所示。

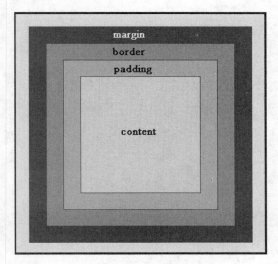

图 4-1 盒子模型

- 最外面的是边界（margin）；
- 第 2 部分是边框（border），边框可以有不同的样式；

- 第 3 部分是填充（padding），填充用来定义内容区域与边框（border）之间的空白；

- 第 4 部分是内容区域。

填充、边框和边界都分为上、右、下、左四个方向，既可以分别定义，也可以统一定义。当使用 CSS 定义盒子的 width 和 height 时，定义的并不是内容区域、填充、边框和边界所占的总区域。实际上定义的是内容区域 content 的 width 和 height。为了计算盒子所占的实际区域必须加上 padding、border 和 margin。

实际宽度 = 左边界 + 左边框 + 左填充 + 内容宽度（width）+ 右填充 + 右边框 + 右边界

实际高度 = 上边界 + 上边框 + 上填充 + 内容高度（height）+ 下填充 + 下边框 + 下边界

4.3.2　float 定位

应用 Web 标准创建网页以后，float 浮动属性是元素定位中非常重要的属性，常常通过对 Div 元素应用 float 浮动来进行定位，不但对整个版式进行规划，还可以对一些基本元素如导航等进行排列。

语法如下：

```
float:none | left | right
```

CSS 允许任何元素 float 浮动，不论是图像、段落，还是列表。无论先前元素是什么状态，浮动后都成为块级元素。浮动元素的宽度默认为 auto。

float 属性不是你所想象得那么简单，不是通过这一篇文字的说明，就能让你完全搞明白它的工作原理，需要在实践中不断总结经验。下面通过实例来说明它的工作方式。

如果 float 取值为 none 或没有设置 float 时不会发生任何浮动，块元素独占一行，紧随其后的块元素将在新行中显示。其代码如下所示，在浏览器中的效果如图 4-2 所示，可以看到由于没有设置 Div 的 float 属性，因此每个 Div 都单独占一行，两个 Div 分两行显示。

```
<html xmlns="http://www.w3.org/1999/xhtml">
<head>
<meta http-equiv="Content-Type" content="text/html; charset=gb2312" />
 <title> 没有设置 float 时 </title>
 <style type="text/css">
  #content_a {
width:250px;
height:100px;
border:2px solid #000f00;
margin:15px;
background:#0ccc00;
}
  #content_b {
width:250px;
height:100px;
border:2px solid #000f00;
margin:15px;
background:#ff0000;
}
</style>
</head>
<body>
  <div id="content_a">这是第一个 DIV</div>
  <div id="content_b">这是第二个 DIV</div>
</body>
</html>
```

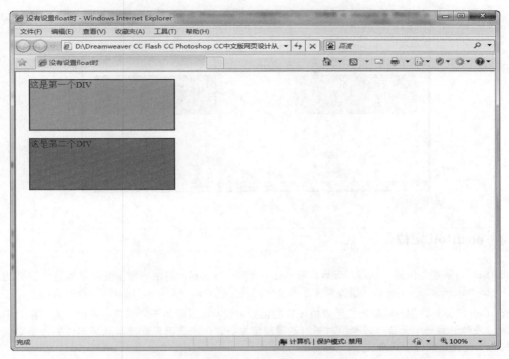

图 4-2 没有设置 float

下面修改一下代码，使用 float:left 对 content_a 应用向左的浮动，而 content_b 应用向右的浮动。其代码如下所示，在浏览器中的浏览效果如图 4-3 所示，可以看到对 content_a 应用向左的浮动后，content_a 向左浮动，content_b 向右浮动，两个 Div 占一行，在一行中并列显示。

```html
<html >
<head>
<meta http-equiv="Content-Type" content="text/html; charset=gb2312" />
 <title> 一个设置为左浮动，一个设置右浮动 </title>
 <style type="text/css">
#content_a {
width:250px;
height:100px;
float:left;
border:2px solid #000f00;
margin:15px;
background:#0ccc00;}
#content_b {
width:250px;
height:100px;
float:right;
border:2px solid #000f00;
margin:15px;
background:#ff0000;
}
</style>
</head>
<body>
<div id="content_a">这是第一个 DIV 向左浮动 </div>
<div id="content_b">这是第二个 DIV 向右浮动 </div>
</body>
</html>
```

Dreamweaver+ASP动态网页开发课堂实录

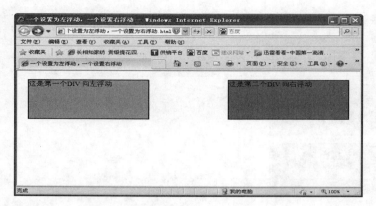

图 4-3　两个 Div 并列显示

4.3.3　position 定位

position 的原意为位置、状态、安置。在 CSS 布局中，position 属性非常重要，很多特殊容器的定位必须用 position 来完成。position 属性有 4 个值，分别是：static、absolute、fixed 和 relative。

position 定位允许用户精确定义元素框出现的相对位置，可以相对于它通常出现的位置、相对于其上级元素、相对于另一个元素，或者相对于浏览器视窗本身。每个显示元素都可以用定位的方法来描述，而其位置由此元素的包含块来决定。

语法：

```
Position: static | absolute | fixed | relative
```

static 表示默认值，无特殊定位，对象遵循 HTML 定位规则；absolute 表示采用绝对定位，需要同时使用 left、right、top 和 bottom 等属性进行绝对定位，而其层叠通过 z-index 属性定义，此时对象不具有边框，但仍有填充和边框；fixed 表示当页面滚动时，元素保持在浏览器视区内，其行为类似 absolute；relative 表示采用相对定位，对象不可层叠，但将依据 left、right、top 和 bottom 等属性设置在页面中的偏移位置。

当容器的 position 属性值为 fixed 时，这个容器即被固定定位了。固定定位和绝对定位非常类似，不过被定位的容器不会随着滚动条的拖曳而变化位置。在视野中，固定定位的容器的位置是不会改变的。下面举例讲述固定定位的使用方法，其代码如下所示。

```
<html>
<head>
<meta http-equiv="Content-Type" content="text/html; charset=gb2312" />
<title>CSS 固定定位 </title>
<style type="text/css">
*{margin: 0px;
  padding:0px;}
#all{
width:500px;
    height:550px;
    background-color:#ccc0cc;}
#fixed{
width:150px;
    height:80px;
    border:15px outset #f0ff00;
    background-color:#9c9000;
    position:fixed;
    top:20px;
    left:10px;}
#a{
width:250px;
```

60

```
    height:300px;
    margin-left:20px;
    background-color:#ee00ee;
    border:2px outset #000000;}
  </style>
  </head>
  <body>
  <div id="all">
    <div id="fixed">固定的容器</div>
    <div id="a">无定位的div容器</div>
  </div>
  </body>
  </html>
```

在本例中给外部 Div 设置了 # ccc0cc 背景色，给内部无定位的 Div 设置了 #ee00ee 背景色，而给固定定位的 Div 容器设置了 #9c9000 背景色，并设置了 outset 类型的边框。在浏览器中浏览效果如图 4-5 和图 4-6 所示。

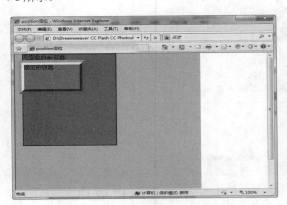

图 4-5　固定定位效果

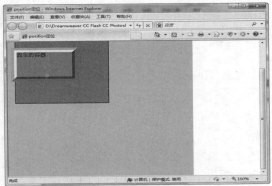

图 4-6　拖曳浏览器后的效果

4.4　常见的布局类型

　　DIV+CSS 是当今最流行的一种网页布局方法，以前常用表格来布局，而现在一些比较知名的网页设计全部采用 DIV+CSS 排版布局方式，DIV+CSS 的好处可以使 HTML 代码更整齐，更容易让人理解，而且在浏览时的速度也比传统的布局方式快，最重要的是它的可控性要比表格强得多。下面介绍常见的布局类型。

4.4.1　使用 CSS 定位单行单列固定宽度

　　单行单列固定宽度也就是一列固定宽度布局，它是所有布局的基础，也是最简单的布局形式。一列固定宽度中，宽度的属性值是固定像素。下面举例说明单行单列固定宽度的布局方法，具体步骤如下。

01 在 HTML 文档的 <head> 与 </head> 之间输入定义的 CSS 样式代码，如下所示。

```
  <style>
  #content{
    background-color:#ffcc33;
    border:5px solid #ff3399;
    width:500px;
    height:350px;
  }
  </style>
```

使用 background-color:# ffcc33 将 div 设定为黄色背景，并使用 border:5px solid #ff3399 将 div 设置为粉红色的 5px 宽度的边框；使用 width:500px 设置宽度为 500 像素固定宽度；使用 height:350px 设置高度为 350 像素。

02 在 HTML 文档 <body> 与 <body> 之间的正文中输入以下代码，对 div 使用了 layer 作为 id 名称。

```
<div id="content ">1列固定宽度</div>
```

03 在浏览器中浏览，由于是固定宽度，无论怎样改变浏览器窗口的大小，Div 的宽度都不改变，如图 4-7 和图 4-8 所示。

图 4-7　浏览器窗口变小的效果

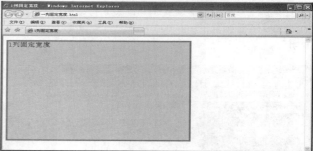

图 4-8　浏览器窗口变大的效果

提示

页面居中是常用的网页设计表现形式之一，传统的表格式布局中，用 align="center" 属性来实现表格居中显示。Div 本身也支持 align="center" 属性，同样可以实现居中，但是在 Web 标准化时代，这个不是我们想要的结果。因为不能实现表现与内容的分离。

4.4.2　一列自适应

　　自适应布局是在网页设计中常见的一种布局形式，自适应的布局能够根据浏览器窗口的大小，自动改变其宽度或高度值，是一种非常灵活的布局形式，良好的自适应布局网站对不同分辨率的显示器都能提供最好的显示效果。自适应布局需要将宽度由固定值改为百分比。下面是一列自适应布局的 CSS 代码。

```
<html xmlns="http://www.w3.org/1999/xhtml">
<head>
<meta http-equiv="content-type" content="text/html; charset=gb2312"/>
<title>1 列自适应 </title>
<style>
#Layer{
  background-color:#00cc33;
  border:3px solid #ff3399;
  width:60%;
  height:60%;
}
</style>
</head>
<body>
<div id="Layer">1 列自适应 </div>
</body>
</html>
```

这里将宽度和高度值都设置为70%，从浏览效果中可以看到，div 的宽度已经变为了浏览器宽度的

70%，当扩大或缩小浏览器窗口大小时，其宽度和高度还将维持在与浏览器当前宽度比例的70%，如图4-9和图4-10所示。

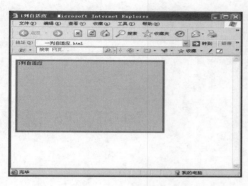

图4-9 窗口变小

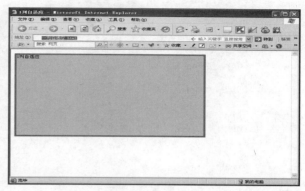

图4-10 窗口变大

自适应布局是比较常见的网页布局方式，如图4-11所示的网页就采用了自适应布局。

图4-11 自适应布局

4.4.3 两列固定宽度

有了一列固定宽度作为基础，两列固定宽度就非常简单了。我们知道div用于对某一个区域的标识，而两列的布局自然需要用到两个div。

两列固定宽度非常简单，两列的布局需要用到两个div，分别把两个div的id设置为left与right，表示两个div的名称。首先为它们设置宽度，然后让两个div在水平线中并排显示，从而形成两列式布局，具体步骤如下。

01 在HTML文档的<head>与</head>之间输入定义的CSS样式代码，如下所示。

```
<style>
#left{
  background-color:#00cc33;
  border:1px solid #ff3399;
  width:250px;
  height:250px;
  float:left;
  }
#right{
  background-color:#ffcc33;
  border:1px solid #ff3399;
  width:250px;
  height:250px;
  float:left;
  }
</style>
```

提示

left 与 right 两个 div 的代码与前面类似，两个 div 使用相同宽度实现两列式布局。float 属性是 CSS 布局中非常重要的属性，用于控制对象的浮动布局方式，大部分 div 布局基本上都是通过 float 的控制来实现的。float 使用 none 值时表示对象不浮动，而使用 left 时，对象将向左浮动，例如本例中的 div 使用了 float:left; 之后，div 对象将向左浮动。

02 在 HTML 文档 <body> 与 <body> 之间的正文中输入以下代码，对 div 使用 left 和 right 作为 id 名称。

```
<div id="left"> 左列 </div>
<div id="right"> 右列 </div>
```

03 在使用了简单的 float 属性之后，两列固定宽度的网页就能够完整地显示出来了。在浏览器中浏览，如图 4-12 所示为两列固定宽度布局。

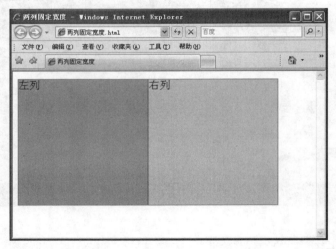

图 4-12 两列固定宽度布局

4.4.4 两列宽度自适应

下面使用两列宽度的自适应性，实现左、右栏宽度自动适应的效果，自适应主要通过宽度的百分比值来设置。CSS 代码修改如下。

```
<style>
#left{
  background-color:#00cc33;    border:1px solid #ff3399; width:60%;
```

```
   height:250px; float:left;
   }
#right{
   background-color:#ffcc33;border:1px solid #ff3399;        width:30%;
   height:250px; float:left;
}
</style>
```

这里主要修改了左栏宽度为60%，右栏宽度为30%。在浏览器中浏览效果如图4-13和图4-14所示。无论怎样改变浏览器窗口的大小，左、右两栏的宽度与浏览器窗口的百分比都不改变。

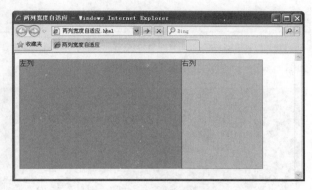

图 4-13　浏览器窗口变小的效果　　　　　图 4-14　浏览器窗口变大的效果

4.4.5　三列浮动中间宽度自适应

使用浮动定位方式，从一列到多列的固定宽度及自适应，基本上可以简单完成，包括三列的固定宽度。而在这里给我们提出了一个新的要求，希望有一个三列式布局，其中左栏要求固定宽度，并居左显示，右栏要求固定宽度并居右显示，而中间栏需要在左栏和右栏的中间，根据左、右栏的间距变化自动适应。

在开始这样的三列布局之前，有必要了解一个新的定位方式——绝对定位。前面的浮动定位方式主要由浏览器根据对象的内容自动进行浮动方向的调整，但是这种方式不能满足定位需求时，就需要新的方法来实现，CSS提供的除了浮动定位之外的另一种定位方式就是绝对定位，绝对定位使用position属性来实现。

下面讲述三列浮动中间宽度自适应布局的创建方法，具体操作步骤如下。

01 在HTML文档的 <head> 与 </head> 之间输入定义的CSS样式代码，如下所示。

```
<style>
body{ margin:0px; }
#left{ background-color:#ffcc00;    border:3px solid #333333; width:100px;
    height:250px; position:absolute; top:0px; left:0px;
}
#center{ background-color:#ccffcc; border:3px solid #333333; height:250px;
    margin-left:100px; margin-right:100px; }
#right{ background-color:#ffcc00; border:3px solid #333333; width:100px;
    height:250px; position:absolute; right:0px; top:0px; }
</style>
```

02 在HTML文档 <body> 与 <body> 之间的正文中输入以下代码，对 div 使用 left、right 和 center 作为 id 名称。

```
<div id="left"> 左列 </div>
<div id="center"> 中间列 </div>
<div id="right"> 右列 </div>
```

03 在浏览器中浏览，如图4-15和图4-16所示。

图 4-15　中间宽度自适应　　　　　　　　　　　　　　图 4-16　中间宽度自适应

如图 4-17 所示的网页采用三列浮动中间宽度自适应布局。

图 4-17　三列浮动中间宽度自适应布局

第5章

Photoshop 设计网页图像

本章导读　Photoshop是Adobe公司出品的数字图像编辑软件，是迄今最优秀的图像处理软件。应用领域涉及平面设计、VI设计、插画绘制、产品包装、网页设计、效果图制作等。其强大的功能和无限的创意空间，在网页设计中扮演着不可或缺的角色。

技术要点：

◆ 掌握网站Logo的设计方法

◆ 带有动画效果的Banner

◆ 掌握设计网页特效文字的方法

◆ 掌握制作网页导航按钮的方法

实例展示

设计网站 Logo

带有动画效果的 Banner

横向导航条

5.1　设计网站 Logo

Logo 是标志、徽标的意思。网站 Logo 即网站标志，它一般出现在站点的每一个页面上，是网站给人的第一印象。

5.1.1　网站 Logo 设计指南

Logo 的设计要能够充分体现该网站的核心理念，并且设计要求动感、活力、简约、大气、高品位、色彩搭配合理、美观，给人深刻的印象。网站 Logo 设计有以下标准。

● 符合企业的 VI 总体设计要求。网站的 Logo 设计要与企业的 VI 设计一致。

● 要有良好的造型。企业标志设计的题材和形式丰富多彩，如有中、外文字体，以及具备图案、抽象符号、几何图形等，因此标志造型变化就显得格外活泼、生动。

● 设计要符合传播对象的接受能力、习惯，以及社会心理、习俗与禁忌。

- 构图需美观、适当、简练，讲究艺术效果。

- 色彩最好单纯、强烈、醒目，力求色彩的感性印象与企业的形象风格相符。

- 标志设计一定要注意其识别性，识别性是企业标志的基本功能。通过整体规划和设计的视觉符号，必须具有独特的个性和强烈的冲击力。

- 不要使用太大、太多、太模糊的图片，这样会引起浏览者的反感。

5.1.2　实例1——设计网站Logo

一个好的Logo往往会反映网站及制作者的某些信息，特别是对于一个商业网站来说，我们可以从中基本了解到这个网站的类型或内容。下面利用Photoshop设计如图5-1所示的网站Logo，具体操作步骤如下。

图5-1　网站Logo

最终文件：最终文件/CH05/Logo.psd

01 打开Photoshop CC，执行"文件"｜"新建"命令，弹出"新建"对话框，在该对话框中将"宽度"设置为400像素，"高度"设置为400像素，"背景内容"设置为"白色"，如图5-2所示。

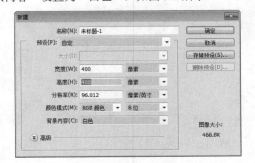

图5-2　"新建"对话框

02 单击"确定"按钮，新建文档，如图5-3所示。

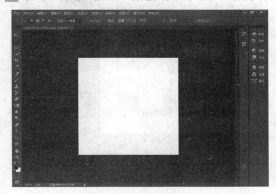

图5-3　新建文档

03 选择工具箱中的"自定义形状工具"，在工具选项栏中的"形状"下拉列表中选择一个"全音符"，如图5-4所示。

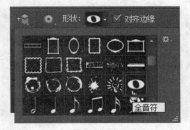

图5-4　选择形状

04 在选项栏中将"填充"颜色设置为#009944，在舞台中绘制形状，如图5-5所示。

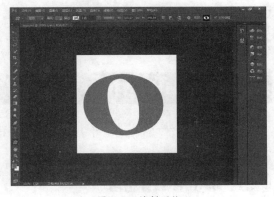

图5-5　绘制形状

05 选择工具箱中的"椭圆工具"，在选项栏中将"填充"颜色设置为#ffffff，在舞台中绘制椭圆，如图5-6所示。

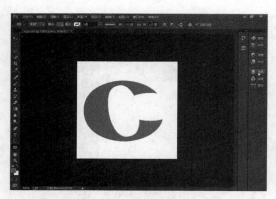

图 5-6 绘制椭圆

06 选择工具箱中的"椭圆工具",在选项栏中将"填充"颜色设置为#1b1b1b,在舞台中绘制椭圆,如图 5-7 所示。

图 5-7 绘制椭圆

07 选择工具箱中的"自定义形状工具",在工具选项栏中的"形状"下拉列表中选择一个"横幅4",

在选项栏中将"填充"颜色设置为#7d0022,在页面中绘制形状,如图 5-8 所示。

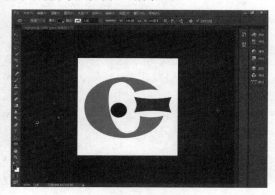

图 5-8 绘制形状

08 选择工具箱中的"横排文字工具",在工具选项栏中设置字体为"黑体",字号为 48 点,在图标旁边输入文字 yako,如图 5-9 所示。

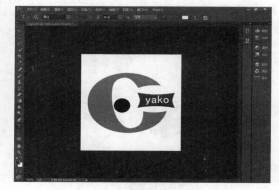

图 5-9 输入文字

5.2 设计网站 Banner

Banner 是网站页面的横幅广告,Banner 主要体现中心意旨,形象鲜明地表达最主要的情感思想或宣传中心。

5.2.1 Banner 设计指南

Banner 的设计原则如下。

(1)真实性原则

Banner 所传播的信息要真实。Banner 文案要真实、准确、客观实在,要言之有物,不能虚夸,更不能伪造、虚构。

(2)主题明确原则

也就是在进行产品宣传时,要突出产品的特性,要简单明了,而不能出现一些与主题无关的词语和

画面。在对产品进行市场定位之后，要旗帜鲜明地贯彻广告策略，有针对性地对广告对象进行诉求，要尽量将创意文字化和视觉化。

（3）形式美原则

为了加强 Banner 的感染力，激发人们的审美情趣，在设计中进行必要的艺术夸张和创意，以增强消费者的印象。Banner 设计制作上要运用美学原理，给人以美的享受，提高 Banner 的视觉效果和感染力。

（4）思想性原则

指 Banner 的内容与形式要健康，绝不能以色情和颓废的内容来吸引消费者注意，要诱发他们的浏览兴趣和浏览欲望。

（5）图形的位置合适

在 Banner 的设计中，一般主体图形都会按照视觉习惯放置在 Banner 的左侧，这样符合访问者浏览的习惯。因为在看物体的时候，人们都是按照视觉习惯从左到右浏览的，只有符合这样的规律，才能吸引访问者的注意。

5.2.2　实例 2——设计带有动画效果的 Banner

下面讲述如何使用 Photoshop 制作 Gif 格式的 Banner 动画，效果如图 5-10 所示，具体操作步骤如下。

图 5-10　Banner 动画

01 执行"文件"｜"打开"命令，打开素材文件 1.jpg，如图 5-11 所示。

图 5-11　打开图像

02 在"图层"面板中双击图层，将"背景"图层转为"图层 0"，如图 5-12 所示。

图 5-12　转换图层

03 执行"窗口"｜"时间轴"命令，打开"时间轴"面板，在该面板中自动生成一帧动画，单击"时间轴"面板中的"创建帧动画"按钮，单击面板底部的"复制所选帧"按钮复制当前帧，如图 5-13 所示。

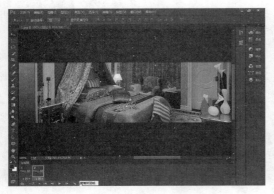

图 5-13　复制当前帧

04 执行"文件"｜"置入"命令，弹出"置入"对话框，在该对话框中选择要置入的文件 2.jpg，如图 5-14 所示。

图 5-14　"置入"对话框

05 单击"置入"按钮，将文件置入，并调整置入文件的大小与原来的图像相同，如图 5-15 所示。

图 5-15　置入图像

06 在"时间轴"面板中选择第 1 帧，单击该帧右下角的三角按钮设置延迟时间为 1 秒，在"图层"面板中，将 2 图层隐藏，图层 0 可见，如图 5-16 所示。

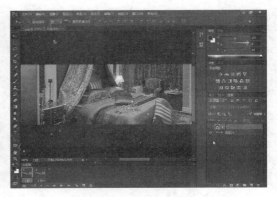

图 5-16　将 2 图层隐藏

07 在"时间轴"面板中选择第 2 帧，单击该帧右下角的三角按钮设置延迟时间为 1 秒，在"图层"面板中，将图层 0 隐藏，2 图层可见，如图 5-17 所示。

图 5-17　将图层 0 隐藏

08 执行"文件"｜"存储为 Web 所用格式"命令，弹出"存储为 Web 所用格式"对话框，选择 GIF 方式输出图像，如图 5-18 所示。

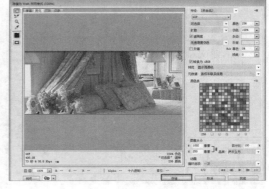

图 5-18　"存储为 Web 所用格式"对话框

09 单击"存储"按钮，弹出"将优化结果存储为"对话框，在该对话框中设置名称为 Banner.gif，格式选择"仅限图像"，单击"保存"按钮即可保存图像，如图 5-19 所示。

图 5-19 "将优化结果存储为"对话框

5.3 设计网页特效文字

文字特效对于网页设计来说至关重要，利用 Photoshop 的各种工具如样式、图层、色彩调整等可以设计出丰富多彩的文字特效。

5.3.1 实例 3——制作牛奶字

牛奶文字效果如图 5-20 所示，具体制作步骤如下。

图 5-20 牛奶文字效果

图 5-21 新建文档

01 启动 Photoshop，新建一个 600×500 的文件，如图 5-21 所示。

02 选择工具箱中的"横排文字工具"，设置"文本颜色"为白色，选择合适的字体，输入 Milk，如图 5-22 所示。

图 5-22 输入文字

03 在"图层"面板中双击 Milk 图层,打开"图层样式"对话框,设置斜面和浮雕效果,注意将软化设为16,突出牛奶滑软的感觉,如图 5-23 所示。

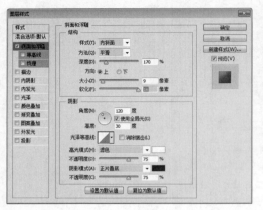

图 5-23 设置斜面和浮雕效果

04 设置投影效果,将不透明度降低一点,设为42%,如图 5-24 所示。

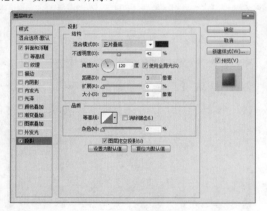

图 5-24 设置投影效果

05 设置描边,大小为1,不透明度为70%,如图 5-25 所示。

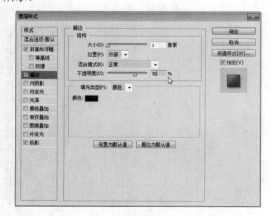

图 5-25 设置描边

06 下面开始制作牛奶字身上的黑白斑纹,新建一个图层,填充黑色,如图 5-26 所示。

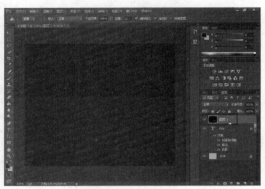

图 5-26 新建一个图层

07 执行"滤镜"|"渲染"|"分层云彩"命令,图片变成一种云彩效果,如图 5-27 所示。

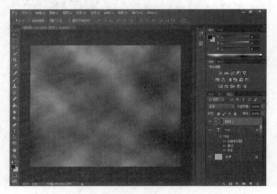

图 5-27 云彩效果

08 执行"图像"|"调整"|"阈值"命令,弹出"阈值"对话框,将"阈值色阶"调整为103,如图 5-28 所示。

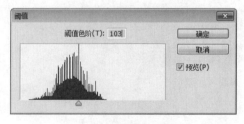

图 5-28 "阈值"对话框

09 执行"图像"|"调整"|"色阶"命令,弹出"色阶"对话框,如图 5-29 所示。

10 "滤镜"|"模糊"|"高斯模糊"命令,弹出"高斯模糊"对话框。在对话框中设置"半径"为3.5像素,单击"确定"按钮,如图 5-30 所示。

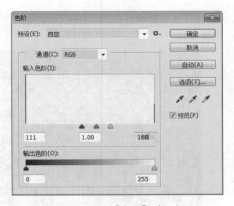

图 5-29 "色阶"对话框

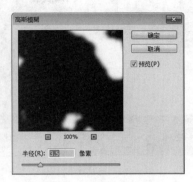

图 5-30 "高斯模糊"对话框

11 再次调整色阶，如图 5-31 所示。

12 选中图层 1，执行"图层"｜"创建剪贴蒙板"命令，如图 5-32 所示。注意：蒙板是可以拖曳的。

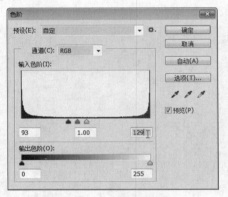

图 5-31 调整色阶

图 5-32 牛奶文字效果

5.3.2 实例 4——制作打孔字

打孔字效果，如图 5-33 所示，具体制作步骤如下。

图 5-33 打孔字效果

01 新建文档，在"图层"面板中双击背景层，变成可编辑的图层，如图 5-34 所示。

图 5-34　新建文档

02 打开一张带有黑白圆点的图片，如图 5-35 所示。

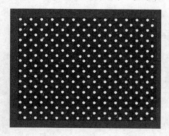

图 5-35　黑白圆点的图片

03 单击"通道"面板底部的"创建新通道"按钮，新建一个 alpha 1 通道，如图 5-36 所示。

图 5-36　新建一个 alpha 1 通道

04 选择文本工具输入需要的文字，字体和大小自定，颜色填充为白色，如图 5-37 所示。

图 5-37　输入文字

05 打开准备好的黑白圆点图，然后按组合键 Ctrl+A 全选，Ctrl+C 复制，如图 5-38 所示。

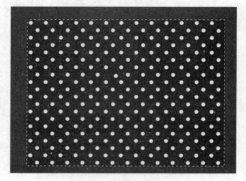

图 5-38　复制图像

06 再新建一个 alpha 2，按组合键 Ctrl+V，将黑白圆点图粘贴过来。

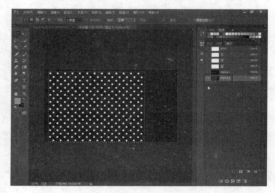

图 5-39　新建图层

07 在"通道"面板中选择 RGB 层，如图 5-40 所示。

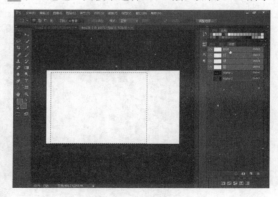

图 5-40　选择 RGB 层

08 回到图层 0，执行"选择"｜"载入选区"命令，选择 alpha 1，单击"确定"按钮，如图 5-41 所示。

09 选择 alpha 2，执行"选择"｜"载入选区"命令，从选区中减去，单击"确定"按钮，如图 5-42 所示。

图 5-41 载入选区

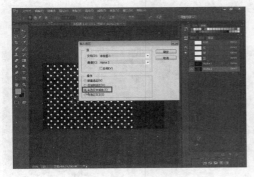

图 5-42 载入选区

10 选择前景色，选择喜欢的颜色，如图 5-43 所示。

图 5-43 选择前景色

11 按组合键 Alt+Delete 填充前景色，如图 5-44 所示。

图 5-44 填充前景色

12 单击图层 0，按组合键 Ctrl+J 将文字复制出来，如图 5-45 所示。

图 5-45 复制图层

13 选择复制出来的文字，为其添加图层样式里的投影效果，如图 5-46 所示。

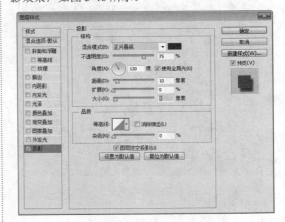

图 5-46 投影效果

14 外发光效果，如图 5-47 所示。

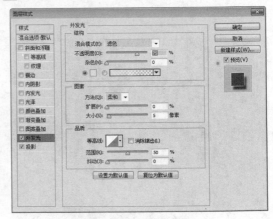

图 5-47 外发光效果

15 斜面和浮雕效果，如图 5-48 所示。

77

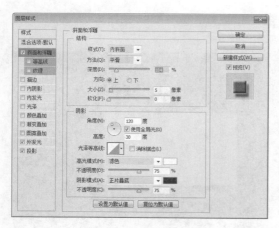

图 5-48　斜面和浮雕效果

16 将下面带有背景的文字层隐藏，选择一张自己喜欢的图片作为背景，放在文字下面，如图 5-49 所示。

图 5-49　打孔字效果

5.3.3　实例 5——制作金属字

金属字效果如图 5-50 所示，制作金属字的具体操作步骤如下。

图 5-50　金属字

01 新建文档，设置背景色为蓝色，如图 5-51 所示。

02 输入文字，如图 5-52 所示。

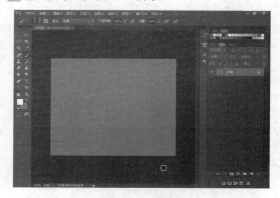

图 5-51　新建文档

图 5-52　输入文字

03 在"图层"面板中双击文字图层，弹出"图层样式"对话框，如图 5-53 所示。

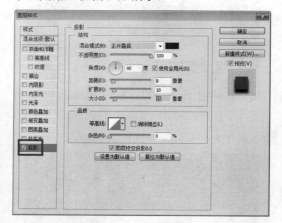

图 5-53　调整投影效果

04 调整内阴影效果，如图 5-54 所示。

05 调整光泽效果，如图 5-55 所示。

06 调整渐变叠加效果，如图 5-56 所示。

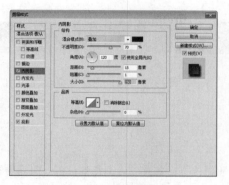

图 5-54　调整内阴影效果

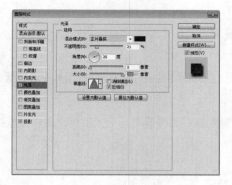

图 5-55　调整光泽效果

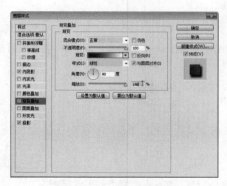

图 5-56　调整渐变叠加效果

07 调整斜面和浮雕效果，如图 5-57 所示。

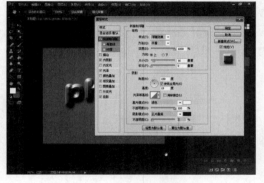

图 5-57　调整斜面和浮雕效果

08 调整描边效果，如图 5-58 所示。

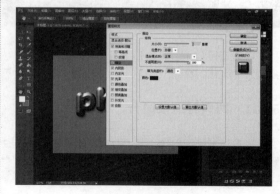

图 5-58　调整描边效果

09 在背景层上面新建一个图层，选择"画笔工具"，在新的图层上单击，如图 5-59 所示。

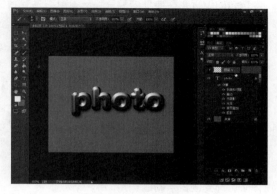

图 5-59　新建图层

10 创建曲线调整图层，如图 5-60 所示。

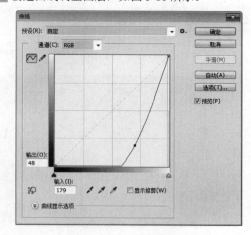

图 5-60　创建曲线

11 最后的效果，如图 5-50 所示。

5.4 制作网页导航按钮

在网页设计中，经常用到导航按钮进行超级链接，由于导航按钮形式多样，因此只要合理应用，就会极大地美化网页。

5.4.1 网页导航条简介

导航按钮是网站十分重要的路标。导航按钮应放置到明显的页面位置，让浏览者在第一时间内看到它并做出判断，确定要进入哪个栏目去搜索他们想要的信息。下面是导航按钮设计的一些原则。

1. 按钮本身的用色

按钮本身的颜色应该区别于它周边的环境色，因此它要采用更亮而且有高对比度的颜色。

2. 按钮的位置

按钮的位置也需要仔细考究，基本原则是要容易找到，特别重要的按钮应该处在画面的中心位置。

3. 按钮上面的文字表述

在按钮上使用什么文字传递给用户非常重要。需要言简意赅、直接明了，千万不要让用户去思考，越简单、越直接越好。

4. 按钮的尺寸

通常来讲，一个页面中，按钮的大小也决定了其本身的重要级别，但不是越大越好，尺寸应该适中，因为按钮大到一定程度会让人觉得那不是按钮，导致没有点击欲望。

5. 注意鼠标滑过的效果

较为重要的按钮适当添加一些鼠标滑过的效果，会有力地增强按钮的点击感，给用户带来良好的用户体验，起到画龙点睛的作用。

6. 按钮中的可点击范围最好是整个按钮，而不仅限于按钮图片上的文本区。

5.4.2 实例6——设计横向导航条

下面使用 Photoshop 设计如图 5-61 所示的导航按钮，具体操作步骤如下。

图 5-61　导航按钮

01 打开 Adobe Photoshop，执行"文件"｜"打开"命令，打开图像文件 dao.jpg，如图 5-62 所示。

图 5-62　打开图像文件

02 选择工具箱中的"矩形工具"，在选项栏中将"填充"颜色设置为#a26014，"描边"颜色设置为#ffffff，"描边选项"设置为"虚线"，在画面中绘制矩形，如图 5-63 所示。

图 5-63　绘制矩形

03 选择工具箱中的"矩形工具"，在选项栏中将"填充"颜色设置为#844001，在舞台中绘制矩形，如图 5-64 所示。

图 5-64　绘制矩形

04 选择工具箱中的"横排文字工具"，输入文字"首页"，然后在工具选项栏上设置字体为"黑体"，字号为14，颜色为白色，如图 5-65 所示。

图 5-65　输入文本

05 按照步骤 2~4 的方法制作其余的导航按钮，如图 5-66 所示。

图 5-66　制作其余的导航按钮

第6章

制作网页 Flash 动画

本章导读

Flash作为一款著名的二维动画制作软件，其制作动画的功能是非常强大的。Adobe Flash CC可以实现多种动画特效，动画是由一帧帧静态图片在短时间内连续播放而造成的视觉效果。表现动态过程，能满足用户的制作需要。本章通过详细的实例，介绍Flash中几种简单动画的创建方法。

技术要点：

◆ Flash 简介　　　　　　　　　　◆ 图层概述
◆ 时间轴　　　　　　　　　　　　◆ 创建各种类型的Flash动画

实例展示

补间动画

引导层动画

逐帧动画

遮罩动画

6.1　Flash 简介

　　Adobe Flash CC 是 Adobe 公司推出的知名动画制作软件的最新版本，使用它可以创建各种逼真的动画和绚丽的多媒体效果。

6.1.1　Flash 应用范围

　　Flash 互动内容已经成为表现网站活力的标志，应用 Flash 技术与电视、广告、卡通、MTV 等应用相结合，进行商业推广，把 Flash 从个人爱好推广为一种阳光产业，渗透到音乐、传媒、广告和游戏等各个领域，开拓发展无限的商业机会。其用途主要有以下几个方面。

1. 制作 Flash 短片

相信绝大多数人都是通过观看网上精彩的动画短片知道 Flash 的。Flash 动画短片经常以其感人的情节或搞笑的对白吸引上网者观看，如图 6-1 所示。

图 6-1　Flash 短片

2. 制作互动游戏

对于大多数 Flash 学习者来说，制作 Flash 游戏一直是一项很吸引人，也很有趣的技术，甚至许多闪客都以制作精彩的 Flash 游戏作为主要的目标。随着 ActionScript 动态脚本编程语言的逐渐发展，Flash 已经不再仅局限于制作简单的交互动画程序，而是致力于通过复杂的动态脚本编程制作出各种各样有趣、精彩的 Flash 互动游戏，如图 6-2 所示。

图 6-2　互动游戏

3. 互联网视频播放

在互联网上，由于网络传输速度的限制，不适合一次性读取大容量视频数据，因此便需要逐帧传送要播放的内容，这样才能在最少的时间内播放完所有的内容。Flash 文件正是应用了这种流媒体数据传输方式，因此在互联网的视频播放中被广泛应用，如图 6-3 所示。

图 6-3　互联网视频播放

4. 制作教学用课件

Flash 课件是辅助教师授课，直面、形象地展示课程的内容，以及用 Flash 软件制作的动画。随着网络教育的逐渐普及，网络授课不再只是以枯燥的文字为主，更多的教学内容被制作成动态影像，或者将教师的知识点讲解录音在线播放。可是这些教学内容都只是生硬地播放事先录制好的内容，学习者只能被动地点击播放，而不能主动参与到其中。Flash 的出现改变了这一切，由 Flash 制作的课件具有很高的互动性，使学习者能够真正融入到在线学习中，亲身参与每个实验，就好像自己真正在动手一样，使原本枯燥的学习变得活泼、生动。如图 6-4 所示是用 Flash 制作的课件。

图 6-4　利用 Flash 制作的课件

5．Flash 电子贺卡

在快节奏发展的今天，每当重要的节日或纪念日，更多的人选择借助发电子贺卡的方式表达自己对对方的祝福和情感。而在这些特别的日子里，一张别出心裁的 Flash 电子贺卡往往能够为人们的祝福带来更加意想不到的效果，如图 6-5 所示是用 Flash 制作的生日贺卡。

图 6-5　精美的 Flash 电子贺卡

6．搭建 Flash 动画网站

Flash 建站具有互动性强、视觉震撼力大、看后印象深刻等优点，是传统网站无法相比的，适合电影、电器和企业新产品的展示。由于制作精美的 Flash 动画可以具有很强的视觉冲击力和听觉冲击力，一些公司在网站发布新的产品时，往往会采用 Flash 制作相关的页面，借助 Flash 的精彩效果吸引客户的注意力，达到比以往静态页面更好的宣传效果。如图 6-6 所示是 Flash 动画网站。

图 6-6　Flash 动画网站

7．制作光盘多媒体界面

Flash 与其他多媒体软件结合使用，可以制作出多媒体光盘的互动界面，如图 6-7 所示。

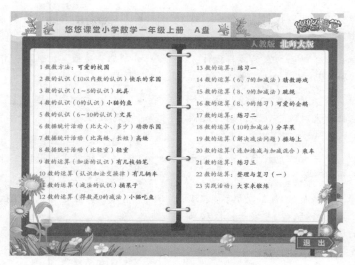

图 6-7 光盘多媒体界面

6.1.2 Flash CC 工作界面

Adobe Flash CC 软件内含强大的工具集，具有排版精确、版面保真和丰富的动画编辑功能，能清晰地传达创作构思。Flash CC 的工作界面由菜单栏、工具箱、"时间轴"面板、舞台和"属性"面板等组成，如图 6-8 所示。

图 6-8 Flash CC 的工作界面

1．菜单栏

菜单栏是最常见的界面要素，它包括"文件""编辑""视图""插入""修改""文本""命令""控制""调试""窗口"和"帮助"一系列的菜单，如图 6-9 所示。根据不同的功能类型，可以快速地找到所要使用的各个功能选项。

文件(F) 编辑(E) 视图(V) 插入(I) 修改(M) 文本(T) 命令(C) 控制(O) 调试(D). 窗口(W) 帮助(H)

图 6-9 菜单栏

- "文件"菜单: 用于文件操作, 如创建、打开和保存文件等。

- "编辑"菜单: 用于动画内容的编辑操作, 如复制、剪切和粘贴等。

- "视图"菜单: 用于对开发环境进行外观和版式设置, 包括放大、缩小、显示网格及辅助线等。

- "插入"菜单: 用于插入的操作, 如新建元件、插入场景和图层等。

- "修改"菜单: 用于修改动画中的对象、场景甚至动画本身的特性, 主要用于修改动画中各种对象的属性, 如帧、图层、场景, 以及动画本身等。

- "文本"菜单: 用于对文本的属性进行设置。

- "命令"菜单: 用于对命令进行管理。

- "控制"菜单: 用于对动画进行播放、控制和测试。

- "调试"菜单: 用于对动画进行调试。

- "窗口"菜单: 用于打开、关闭、组织和切换各种窗口面板。

- "帮助"菜单: 用于快速获得帮助信息。

2. 工具箱

　　工具箱中包含一套完整的绘图工具, 位于工作界面的左侧, 如图 6-10 所示。如果想将工具箱变成浮动工具箱, 可以拖曳工具箱最上方的位置, 这时屏幕上会出现一个工具箱的虚框, 释放鼠标即可将工具箱变成浮动工具箱。工具箱中的绘图工具如下。

图 6-10　工具箱

- "选择"工具 : 用于选定对象、拖曳对象等操作。

- "部分选取"工具 : 可以选取对象的部分区域。

- "任意变形"工具 : 对选取的对象进行变形处理。

- "3D 旋转"工具 : 3D 旋转功能只能对影片剪辑发生作用。

- "套索"工具 : 选择一个不规则的图形区域, 并且还可以处理位图图像。

- "钢笔"工具 : 可以使用此工具绘制曲线。

- "文本"工具 : 在舞台上添加文本、编辑现有的文本。

- "线条"工具 : 使用此工具可以绘制各种形式的线条。

- "矩形"工具 : 用于绘制矩形, 也可以绘制正方形。

- "椭圆"工具 : 绘制的图形是椭圆或圆形图案。

- "多角星形"工具 : 绘制星形, 也可以绘制五角星。

- "铅笔"工具 : 用于绘制折线、直线等。

- "刷子"工具 : 用于绘制填充图形。

- "墨水瓶"工具 : 用于编辑线条的属性。

- "颜料桶"工具 : 用于编辑填充区域的颜色。

- "滴管"工具 : 用于将图形的填充颜色或线条属性复制到别的图形线条上, 还可以采集位图作为填充内容。

- "橡皮擦"工具 : 用于擦除舞台上的内容。

- "手形"工具 : 当舞台上的内容较多时, 可以用该工具平移舞台, 以及各个部分的内容。

- "缩放"工具 : 用于缩放舞台中的图形。

- "笔触颜色"工具 : 用于设置线条的颜色。

- "填充颜色"工具 : 用于设置图形的填充区域。

3. "时间轴"面板

"时间轴"面板是 Flash 界面中重要的部分，用于组织和控制文档内容在一定时间内播放的图层数和帧数，如图 6-11 所示。

图 6-11 "时间轴"面板

在"时间轴"面板中，其左边的上方和下方的按钮用于调整图层的状态和创建图层。在帧区域中，其顶部的标题指示了帧编号，动画播放头指示了舞台中当前显示的帧。

时间轴状态显示在"时间轴"面板的底部，它包括若干用于改变帧显示的按钮，指示当前帧编号、帧频和到当前帧为止的播放时间等。其中，帧频直接影响动画的播放效果，其单位是"帧/秒（fps）"，默认值是 12 帧/秒。

4. 舞台

舞台是放置动画内容的区域，可以在整个场景中绘制或编辑图形，但是最终动画仅显示场景白色区域中的内容，而这个区域就是舞台。舞台之外的灰色区域称为工作区，播放动画时不显示此区域，如图 6-12 所示。

舞台中可以放置的内容包括矢量插图、文本框、按钮和导入的位图图像或视频剪辑等。工作时，可以根据需要改变舞台的属性和形式。

图 6-12 舞台

5. "属性"面板

"属性"面板默认情况下处于展开状态，在 Flash CC 中，"属性"面板、"滤镜"面板和"参数"面板整合到一个面板组。

"属性"面板的内容取决于当前选定的内容，可以显示当前文档、文本、元件、形状、位图、视频、帧或工具的信息和设置。如选择工具箱中的"文本"工具时，在"属性"面板中将显示有关文本的一些属性设置，如图 6-13 所示。

图 6-13 文本"属性"面板

6.2 时间轴

时间轴用于组织和控制文档内容在一定时间内播放的图层数和帧数。与胶片一样，Flash 文档也将时长分为帧。时间轴的主要组件是图层、帧和播放头。

6.2.1 时间轴面板

在 Flash 中，时间轴位于工作区的右下方，是进行 Flash 动画创建的核心部分。时间轴是由图层、帧和播放头组成的，影片的进度通过帧控制。时间轴可以分为两个部分：左侧的图层操作区和右侧的帧操作区，如图 6-14 所示。

图 6-14 "时间轴"面板

6.2.2 帧、关键帧和空白关键帧

帧是创建动画的基础，也是构建动画最基本的元素之一。在"时间轴"面板中可以很明显地看出帧与图层是一一对应的。

在时间轴中，帧分为 3 种类型，分别是普通帧、关键帧和空白关键帧。

1. 普通帧

普通帧起着过滤和延长关键帧内容显示的作用。在时间轴中，普通帧一般是以空心方格表示的，每个方格占用一个帧的动作和时间。如图 6-15 所示，是在第 20 帧处插入了普通帧。

图 6-15　插入普通帧

2. 空白关键帧

空白关键帧是以空心圆表示的。空白关键帧是特殊的关键帧，它没有任何对象存在，可以在其上绘制图形。如果在空白关键帧中添加对象，它会自动转化为关键帧。一般新建图层的第 1 帧都为空白关键帧，一旦在其中绘制图形后，则变为关键帧，如图 6-16 所示。同样，如果将某关键帧中的全部对象删除，则关键帧会转化为空白关键帧。

图 6-16　空白关键帧

3. 关键帧

关键帧是用来定义动画变化的帧。在动画播放的过程中，关键帧会呈现出关键性动作或内容上的变化。在时间轴中的关键帧显示实心的小圆形，存在于此帧中的对象与前后帧中的对象的属性是不同的，在"时间轴"面板中插入关键帧，如图 6-17 所示。

图 6-17　关键帧

6.3　图层概述

在 Flash 动画中，图层就像一张张透明的纸，在每一张纸上面可以绘制不同的对象，将这些纸重叠在一起就能组成一幅幅复杂的画面。其中，上面层中的内容可以遮住下面层中相同位置的内容，但如果上面一层的一些区域没有内容，透过这些区域就可以看到下面一层相同位置的内容。在 Flash 中，每个图层都是相互独立的，拥有独立的时间轴和独立的帧，可以在一个图层上任意修改图层中的内容而不会影响其他图层的内容。

6.3.1　图层的类型

通过增加层可以在一层中编辑运动渐变动画，在另一层中使用形状渐变动画而互不影响，也正因为如此，才能制作出那么多复杂、经典的效果。在制作动画时，图层的类型分为 3 种，分别是普通层、引导层和遮罩层。

- 普通层：普通层一般放置的对象是最基本的动画元素，如矢量对象、位图及元件等。
- 引导层：引导层的图案可以为绘制的图形或者对象定位。
- 遮罩层：遮罩层可以将遮罩图层中相链接图层中的图像遮盖起来。用户可以将多个层组合起来放在一个遮罩层下，以创建多样的效果。

6.3.2 创建图层和图层文件夹

1. 创建图层的方法

- 单击"时间轴"面板底部的"新建图层"按钮，即可在选中图层的上方新建一个图层，如图 6-18 所示。

图 6-18 新建图层

- 执行"插入"｜"时间轴"｜"图层"命令，插入图层，如图 6-19 所示。

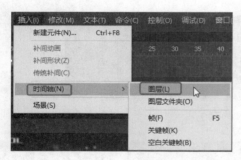

图 6-19 新建图层

- 在"时间轴"面板的现有图层上，右击，在弹出的菜单中选择"插入图层"选项，如图 6-20 所示。

图 6-20 选择"插入图层"选项

2. 创建图层文件夹的方法

一般新建的 Flash 文档只有一个默认的层，即图层 1，如果需要再添加一个图层文件夹，可以选择以下操作。

01 单击"时间轴"面板下方"插入图层文件夹"按钮，即可新建一个图层，如图 6-21 所示。

图 6-21 新建图层

02 选择"插入"｜"时间轴"｜"图层文件夹"命令，如图 6-22 所示，即可新建一个图层文件夹。

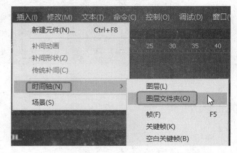

图 6-22 选择"图层文件夹"命令

03 在"时间轴"面板中的已有图层上，右击，在弹出的菜单中选择"插入文件夹"选项，如图 6-23 所示，即可插入一个图层。

图 6-23 选择"插入文件夹"选项

6.3.3 编辑图层

对图层的编辑有很多种方式，如复制、隐藏图层，显示轮廓等操作。

1．复制图层

在制作动画时，如果要在两个图层中制作相似的动画，可以只在一个图层中制作动画，然后将该图层中的内容全部复制到另一个图层中再进行修改。复制图层的具体操作步骤如下。

01 选中要复制的图层，执行"编辑"｜"时间轴"｜"复制帧"命令，如图6-24所示。

图6-24　新建图层

02 执行"编辑"｜"时间轴"｜"粘贴帧"命令，即可将复制的所有帧的内容粘贴到新建图层中，如图6-25所示。

图6-25　粘贴帧

2．删除图层

当"时间轴"面板中有不需要的图层，可以将其删除，可以执行以下操作删除图层。

01 选中要删除的图层，单击"时间轴"面板中的"删除图层"按钮，如图6-26所示。

02 选中要删除的图层，右击，在弹出的菜单中选择"删除图层"选项，如图6-27所示。

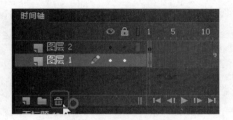

图6-26　删除图层

图6-27　删除图层

03 选中要删除的图层，拖曳到"删除图层"按钮，如图6-28所示。

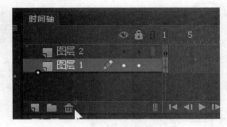

图6-28　删除图层

6.3.4　修改图层属性

执行"修改"｜"时间轴"｜"图层属性"命令，或在图层上右击，在弹出的菜单中选择"属性"选项，弹出"图层属性"对话框，如图6-29所示。

图6-29　"图层属性"对话框

在"图层属性"对话框中，可以设置以下参数。

- "名称"：在文本框中设置图层的名称。
- "显示"：选中该复选框，将显示该图层，否则隐藏该图层。
- "锁定"：选中该复选框，将锁定图层，取消选择则解锁该图层。
- "类型"：设置图层的种类。
- "一般"：默认的普通图层。
- "引导层"：为该图层创建引导图层。
- "被引导"：设置图层成被引导层。
- "遮罩层"：为该图层建立遮罩图层。
- "被遮罩"：该图层已经建立遮罩图层。
- "轮廓颜色"：选择图层的轮廓线颜色。
- "将图层视为轮廓"：选择该选项，表示将图层的内容显示为轮廓状态。
- "图层高度"：选择图层，在"时间轴"面板中的"高度"可以选择100%、200%和300%。

6.4　创建各种类型的 Flash 动画

在 Flash CC 中，可以轻松地创建丰富多彩的动画效果，并且只需要通过更改时间轴每一帧中的内容，即可在舞台上制作出移动对象、更改颜色、旋转、淡入淡出或更改形状等效果。

实例 1——创建逐帧动画

下面通过实例说明逐帧动画的制作流程，本例设计的逐帧动画效果如图 6-30 所示。

图 6-30　逐帧动画效果

01 启动 Flash CC，执行"文件"|"新建"命令，打开"新建文档"对话框，将"宽"设置为 968，"高"设置为 520，"帧频"设置为 10，如图 6-31 所示。

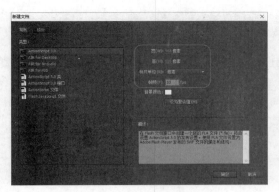

图 6-31　"新建文档"对话框

02 单击"确定"按钮,新建空白文档,如图6-32所示。

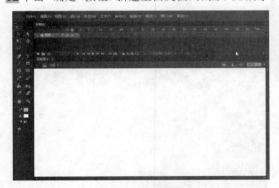

图 6-32　新建空白文档

03 执行"文件"｜"导入"｜"导入到舞台"命令,打开"导入"对话框,在该对话框中选择图像"逐帧动画",如图6-33所示。

图 6-33　"导入"对话框

04 单击"确定"按钮,导入图像文件,如图6-34所示。

05 选中第2帧,按F6键插入关键帧。选择工具箱中的"文本"工具,然后在舞台中输入文字"源",如图6-35所示。

图 6-34　导入图像文件

图 6-35　输入文字

06 选中第3帧,按F6键插入关键帧。选择工具箱中的"文本"工具,然后在舞台中输入文字"自",如图6-36所示。

图 6-36　输入文字

07 用同样的方法在第4～11帧插入关键帧,并输入相应的文本,如图6-37所示。

图 6-37 输入文字

08 在图层 1 的第 20 帧按 F5 键插入帧，延迟帧时间，如图 6-38 所示。

图 6-38 设置帧延迟时间

09 按 Ctrl + Enter 组合键可以预览效果，如图 6-30 所示。

实例 2——创建补间动画

在制作动画时，有时为了减小所生成的文件大小，可以制作补间动画。补间动画是指一个对象在两个关键帧上分别定义了不同的属性，并且在两个关键帧之间建立了一种补间关系。下面制作一个如图 6-39 所示的补间动画效果，具体操作步骤如下。

图 6-39 补间动画效果

01 启动 Flash CC，新建一个空白文档，导入图像文件，如图 6-40 所示。

图 6-40 导入图像文件

02 在该层的第 50 帧按 F6 键插入关键帧，如图 6-41 所示。

图 6-41 插入关键帧

03 单击"时间轴"面板底部的"新建图层"按钮，新建图层 2，如图 6-42 所示。

图 6-42 新建图层

04 选择图层 2 的第 1 帧，执行"文件"|"导入"|"导入到舞台"命令，打开"导入"对话框，导入图像文件，如图 6-43 所示。

05 选择图层 2 的第 1 帧，按 F8 键，弹出"转化为元件"对话框，将"类型"设置为"图形"选项，如图 6-44 所示。

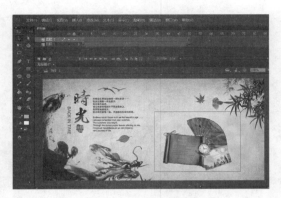

图 6-43　导入图像文件

图 6-44　"转化为元件"对话框

06 单击"确定"按钮。将其转换为图形元件，选择第 50 帧按 F6 键插入关键帧，如图 6-45 所示。

图 6-45　插入关键帧

07 选中第 50 帧，打开"属性"面板，"样式"选择 Alpha，"Alpha 数量"设置为 20%，如图 6-46 所示。

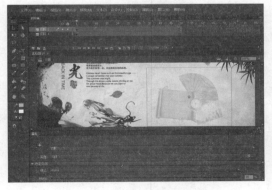

图 6-46　设置 Alpha 数量

08 在 1~50 帧之间右击，在弹出的菜单中选择"创建传统补间"命令，如图 6-47 所示。

图 6-47　创建传统补间

09 执行命令后，创建传统补间动画效果，如图 6-48 所示。

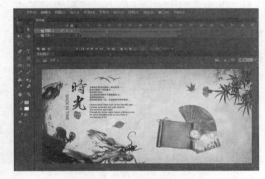

图 6-48　创建传统补间动画效果

10 按 Ctrl ＋ Enter 组合键可以预览效果，如图 6-39 所示。

实例 3——创建引导层动画

在引导层中，可以像其他层一样制作各种图形和引入元件，但最终发布时引导层中的对象不会显示出来。制作运动引导层动画的效果，如图 6-49 所示，具体操作步骤如下。

图 6-49　补间动画效果

Dreamweaver+ASP动态网页开发课堂实录

01 启动 Flash CC，新建一个空白文档，导入图像文件"引导动画 .jpg"，如图 6-50 所示。

图 6-50　导入图像文件

02 单击"时间轴"面板底部的"新建图层"按钮，新建"图层 2"，如图 6-51 所示。

图 6-51　新建图层

03 执行"文件"｜"导入"｜"导入到舞台"命令，打开"导入"对话框，导入图像文件"树叶 .gif"，如图 6-52 所示。

图 6-52　导入图像文件

04 选择图层 2 的第 1 帧，按 F8 键弹出"转化为元件"对话框，将"类型"设置为"图形"选项，如图 6-53 所示。

05 单击"确定"按钮。将其转换为图形元件，选中图层 1 的第 40 帧，按 F5 键插入帧，选中图层 2 的第 40 帧，按 F6 键插入关键帧，如图 6-54 所示。

图 6-53　"转化为元件"对话框

图 6-54　插入关键帧

06 在图层 2 上右击，在弹出的菜单中选择"添加传统运动引导层"选项，如图 6-55 所示。

图 6-55　选择"添加传统运动引导层"选项

07 选择该选项后，创建运动引导层，选中运动引导层的第 1 帧，选择工具箱中的"铅笔"工具，在运动引导层中绘制一条路径，如图 6-56 所示。

图 6-56　绘制路径

08 选中图层 2 的第 1 帧，将图形元件拖曳到路径的起始点，如图 6-57 所示。

图 6-57 拖曳到路径的起始点

09 选中图层 2 的第 40 帧，将图形元件拖曳到路径的终点，如图 6-58 所示。

图 6-58 拖曳到路径的终点

10 将光标放置在图层 2 中第 1~40 帧之间的任意位置，右击，在弹出的菜单中选择"创建传统补间"选项，如图 6-59 所示。

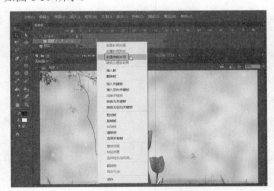

图 6-59 "创建传统补间"选项

11 选择该选项后，创建传统补间动画，如图 6-60 所示。

图 6-60 "创建传统补间"选项

12 按 Ctrl ＋ Enter 组合键可以预览效果，如图 6-49 所示。

实例 4——创建遮罩层动画

遮罩层可以将与遮罩图层中相链接图层中的图像遮盖起来。用户可以将多个层组合起来放在一个遮罩层下，以创建多样的效果。下面利用遮罩层制作动画，效果如图 6-61 所示，具体操作步骤如下。

图 6-61 遮罩动画效果

01 启动 Flash CC，新建一个空白文档，导入图像文件"遮罩动画 .jpg"，如图 6-62 所示。

图 6-62 导入图像文件

02 单击"时间轴"面板底部的"新建图层"按钮，新建"图层2"，如图6-63所示。

图 6-63　新建图层

03 选择工具箱中的"椭圆"工具和"矩形"工具，在图像上绘制两个椭圆和一个矩形，如图6-64所示。

图 6-64　绘制椭圆和矩形

04 在图层2上右击，在弹出的菜单中选择"遮罩层"选项，如图6-65所示。

图 6-65　选择"遮罩层"选项

05 选择以后设置遮罩，效果如图6-66所示。

图 6-66　遮罩效果

06 保存文档，按 Ctrl ＋ Enter 组合键测试影片，效果如图6-61所示。

第7章

动态网页脚本语言 VBScript

本章导读　VBScript是微软公司推出的，其语法是由Visual Basic（VB）演化而来，可以看做是VB语言的简化版，与VB的关系非常密切。它具有原语言容易学习的特性。目前这种语言广泛应用于网页和ASP程序制作，同时还可以直接作为可执行程序，用于调试简单的VB语句。

技术要点：

◆　了解VBScript的基本概念　　　　　◆　掌握条件语句的使用方法
◆　熟悉VBScript数据类型　　　　　　◆　掌握循环语句的使用方法
◆　掌握VBScript变量的使用方法　　　◆　掌握VBScript过程的使用方法
◆　掌握VBScript运算符的使用方法　　◆　掌握VBScript函数的使用方法

7.1　VBScript 概述

　　VBScript 是一种脚本语言，源自微软公司的 Visual Basic，其目的是加强 HTML 的表达能力，提高网页的交互性。在网页中加入 VBScript 脚本语言后，即可制作出动态或者交互式网页，增进客户端网页上数据处理与运算的能力。

　　VBScript 通常与 HTML 结合使用，在一个 HTML 文件中，VBScript 有别于 HTML 其他元素的声明方式。下面是一个在 HTML 页面中插入 VBScript 的实例。

```
<html>
<HEAD>
<TITLE>测试按钮事件</TITLE>
</HEAD>
<BODY>
<FORM NAME="Form1">
    <INPUT TYPE="Button" NAME="Button1" VALUE="单击">
    <SCRIPT FOR="Button1" EVENT="onClick" LANGUAGE="VBScript">
       MsgBox "按钮被单击！"
    </SCRIPT>
</FORM>
</BODY>
</html>
```

在浏览器中预览，单击"单击"按钮时的效果如图 7-1 所示。

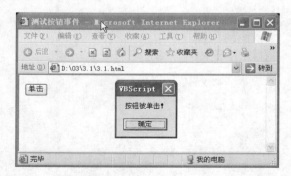

图 7-1　浏览效果

　　从上面可以看出，VBScript 代码写在成对的 <SCRIPT> 标记之间。代码的开始和结束部分都有 <SCRIPT> 标记，其中 Language 属性用于指定所使用的脚本语言。这是由于浏览器能够使用多种脚本语言，必须在此指定所使用的脚本语言类型。

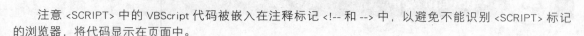

注意 <SCRIPT> 中的 VBScript 代码被嵌入在注释标记 <!-- 和 --> 中，以避免不能识别 <SCRIPT> 标记的浏览器，将代码显示在页面中。

SCRIPT 块可以出现在 HTML 页面的任何地方（Body 或 Head 部分），最好将所有的一般目标 Script 代码放在 Head 部分中，以便所有 Script 代码集中放置。这样可以确保在 Body 部分调用代码之前所有 Script 代码都被读取并解码。

VBScript 具有如下特点。

● 简单易学

VBScript 的最大优点在于简单易学，即使是一个对编程语言毫无经验的人，也可以在短时间内掌握这种脚本语言。这是因为 VBScript 去掉了 Visual Basic 中使用的大多数关键字，而仅保留了其中少量的关键字，从而大大简化了 Visual Basic 的语法，使这种脚本语言更易学易用。

● 安全性好

由于 VBScript 是一种脚本语言而不是编程语言，所以也就没有编程语言所具有的读写文件和访问系统的功能，这就使想利用该语言编写程序去侵入网络系统的人无从入手。通过这种办法，VBScript 的安全性大为提高。

● 可移植性好

VBScript 不仅支持 Windows 系统，也支持 UNIX 和 Mac 系统。这就使 VBScript 的可移植性大为增强。

7.2 VBScript 数据类型

VBScript 只有一种数据类型，称为 Variant。Variant 是一种特殊的数据类型，根据使用的方式，它可以包含不同类别的信息。因为 Variant 是 VBScript 中唯一的数据类型，所以它也是 VBScript 中所有函数的返回值的数据类型。

最简单的 Variant 可以包含数字或字符串信息。Variant 用于数字上下文中时作为数字处理，用于字符串上下文中时作为字符串处理。也就是说，如果使用看起来像是数字的数据，则 VBScript 会假定其为数字并以适用于数字的方式处理。以此类似，如果使用的数据只可能是字符串，则 VBScript 将按字符串处理。也可以将数字包含在引号 (" ") 中使其成为字符串。

下面是 VBScript 中常见的常数。

● True/False：表示布尔值。

● Empty：表示没有初始化的变量。

● Null：表示没有有效数据的变量。

● Nothing：表示不应用任何变量。

还可以自定义一些常数，如 Const Name=Value。

在定义变量名时，应遵循 VBScript 的标准命名规则。

● 第一个字符必须是字母。

● 不能包含嵌入的句点。

● 长度不能超过 255 个字符。

● 在被声明的作用域内必须唯一。

当命名多个变量时，使用逗号分隔变量，如 Dim S1,S2,S3。

7.3 VBScript 变量

变量是一种使用方便的占位符，用于引用计算机内存地址，该地址可以存储脚本运行时可更改的程序信息。例如，可以创建一个名为 ClickCount 的变量存储用户单击网页上某个对象的次数。使用变量并不需要了解变量在计算机内存的地址，只要通过变量名引用变量即可查看或更改变量的值。在 VBScript 中只有一个基本数据类型即 Variant，因此所有变量的数据类型都是 Variant。

7.3.1 声明变量

可以使用 Dim 语句、Public 语句和 Private 语句在脚本中声明变量，例如 Dim md。

声明多个变量时可使用逗号分隔变量，例如 Dim sj,sa,gp。

另一种方式是通过直接在脚本中使用变量名这个简单方式声明变量。但这样有时会由于变量名被拼错而导致在运行脚本时出现意外的结果。因此最好使用 Option Explicit 语句显示声明所有变量，并将其作为脚本的第一条语句。

7.3.2 命名规则

变量命名必须遵循 VBScript 的标准命名规则。具体规则如下。

- 第一个字符必须是字母。

- 不能包含嵌入的句点。

- 长度不能超过 255 个字符。

- 在被声明的作用域内必须唯一。

- 变量具有作用域与存活期。

变量的作用域由声明它的位置决定。如果在过程中声明变量，则只有该过程中的代码可以访问或更改变量值，此时变量被称为过程级变量。如果在过程之外声明变量，则该变量可以被脚本中的所有过程所识别，称为 Script 级变量，具有脚本作用域。

变量存在的时间称为存活期。Script 级变量的存活期从被声明的那一刻起，直到脚本运行结束时止。对于过程变量，其存活期仅有该过程运行的时间，该过程结束后变量即随之消失。

7.3.3 给变量赋值

可以创建如下形式的表达式给变量赋值，变量在表达式左边，要赋的值在表达式的右边。例如 A= 北京。

多数情况下，只需要为声明的变量赋一个值。只包含一个值的变量被称为标量变量。有时候将多个相关值赋给一个变量更为方便，因此可以创建包含一系列值的变量，这被称为数组变量。数组变量和标量变量是以相同的方式声明的，唯一的区别是声明数组变量时变量名后面带有括号（ ）。下例即是声明了一个包含 4 个元素的唯一数组。

```
Dim A(3)
```

虽然括号中显示的数字是 3，但由于在 VBScript 中所有的数组都是基于 0 的，所以这个数组实际上包含了 4 个元素。在基于 0 的数组中，数组元素的数目总是括号显示的数目加 1。这种数组被称为固定大小的数组。

可以在数组中使用索引为每个元素赋值，例如，

```
A(0)=5
A(1)=10
```

```
A(2)=15
A(3)=20
```

7.4　VBScript 运算符优先级

VBScript 包括算术运算符、比较运算符、连接运算符和逻辑运算符等。

当表达式包含多个运算符时，将按预定顺序计算每一部分，这个顺序被称为运算符优先级。可以使用括号越过这种优先级顺序，强制首先计算表达式的某些部分。运算时总是先执行括号中的运算符，然后再执行括号外的运算符。但是，在括号中仍遵循标准运算符优先级。

当表达式包含运算符时，首先计算算术运算符，然后计算比较运算符，最后计算逻辑运算符。所有的比较运算符的优先级相同，即按照从左到右的顺序计算。算术运算符和逻辑运算符的优先级如表 7-1所示。

表 7-1　算术运算符、比较运算符和逻辑运算符的优先级

算术运算符		比较运算符		逻辑运算符	
描述	符号	描述	符号	描述	符号
求幂	∧	等于	=	逻辑非	not
负号	−	不等于	<>	逻辑与	and
乘	*	小于	<	逻辑或	or
除	/	大于	>	逻辑异或	xor
整除	\	小于等于	<=	逻辑等价	eqv
求余	mod	大于等于	>=	逻辑隐含	imp
加	+	对象引用比较	Is		
减	-				
字符串连接	&				

当乘号与除号同时出现在一个表达式中时，将按照从左到右的顺序计算乘、除运算符。同样当加与减同时出现在一个表达式中时，将按照从左到右的顺序计算加、减运算符。

7.5　使用条件语句

使用条件语句可以控制脚本的流程，可以编写进行判断和重复操作的 VBScript 代码。在 VBScript 中可使用以下条件语句：

```
if…then…else 语句
select case 语句
```

7.5.1　使用 If…Then…Else 进行判断

If…Then…Else 语句用于计算条件是否为 True 或 False，并且根据计算结果指定要运行的语句。If…Then…Else 语句可以按照需要进行嵌套。

下面范例演示了 If…Then…Else 语句的基本使用方法。

```
<html>
<head>
<title>if…then…else 示例 </title>
</head>
<body>
<Script Language=VBScript>
<!--
dim hour
hour=15
if hour<8 then
        document.write "欢迎您的光临！早上好！"
elseif hour>=8 and hour<12 then
        document.write "欢迎您的光临！上午好！"
elseif hour>=12 and hour<18 then
        document.write "欢迎您的光临！下午好！"
else
        document.write "欢迎您的光临！晚上好！"
end if
  -->
</Script >
</body>
</html>
```

本例演示了显示时间功能，如果当前时刻在 8 点以前显示为"欢迎您的光临！早上好！"；8—12 时显示为"欢迎您的光临！上午好！"；12—18 时显示为"欢迎您的光临！下午好！"；其他时间为"欢迎您的光临！晚上好！"。当前 hour 为 16 因此显示为"欢迎您的光临！下午好！"，如图 7-2 所示。

图 7-2 If…Then…Else 语句

7.5.2 使用 Select…Case 进行判断

Select Case 结构提供了 If…Then…Else If 结构的一个变通形式，可以从多个语句块中选择执行其中的一个。Select Case 语句提供的功能与 If…Then…Else 语句类似，但是可以使代码更加简练易读。

Select Case 结构在其开始处使用一个只计算一次的简单测试表达式。表达式的结果将与结构中每个 Case 的值比较。如果匹配，则执行与该 Case 关联的语句块。

下面范例演示了 Select…Case 语句的基本使用方法。

```
<html>
<head>
<title>select case 示例 </title>
</HEAD>
<body>
<Script Language=VBScript>
<!--
dim Number
Number = 3
select case Number
        Case 1
        msgbox "北京"
```

```
            Case 2
            msgbox "上海"
            Case 3
            msgbox "广州"
            Case else
            msgbox "其他城市"
    end select
    -->
</Script >
</body>
</html>
```

运行程序，在浏览器中预览效果，如图 7-3 所示。

图 7-3　Select…Case 语句使用

7.6　使用循环语句

　　循环控制语句用于重复执行一组语句。循环可以分三类：一类是在条件变为 False 之前重复执行语句；一类在条件变为 True 之前重复执行语句；一类则按照指定的次数重复执行语句。

　　在 VBScript 脚本中可以使用以下循环语句。

- Do…Loop：当条件为 True 时循环。

- 使用 While…Wend：当条件为 True 时循环。

- 使用 For…Next：指定循环的次数，使用计数器重复运行语句。

7.6.1　使用 Do…Loop 循环

　　可以使用 Do…Loop 循环语句多次运行语句块，当条件为 True 时，或条件变为 True 之前，重复执行语句块。下面使用 Do…Loop 循环语句计算 $1+2+\cdots+5$ 的总和，其代码如下。

```
<%
Dim I Sum
Sum=0
i=0
Do
i=i+1
Sum=Sum+i
Loop Until i=5
Response.Write(1+2+…+5=& Sum)
%>
```

　　同样的语句，也可以将 Do Loop…Until 改成 Do Until…Loop 的写法，其效果是一样的，只是测试的条件在前或在后而已。例如，

```
<%
```

```
Dim i  Sum
Sum=0
i=0
Do Until i=5
i=i+1
Sum=Sum+i
Loop
Response.Write(1+2+…+5=& Sum)
%>
```

说明

在处理循环时，有时候希望在某一个条件成立时，可以中途退出这个循环，这时可以使用 Exit Do 命令；若是在多重循环之下，Exit Do 会退出最近的循环。

7.6.2 使用 While…Wend

While…Wend 语句执行时，首先会测试 While 后面的条件式，当条件式成立时，执行循环中的语句，条件不成立时则退出 While…Wend 循环。其语法如下：

```
While （条件语句）
        执行语句
Wend
```

说明

Do…Loop 语句提供更结构化与灵活化的方法来执行循环，因此最好不要使用 While…Wend 语句，可以使用 Do…Loop 语句代替。

7.6.3 使用 For…Next

当希望执行循环到指定的次数时，建议使用 For…Next 循环。For 的语句有一个控制变量 counter，其初值为 start，终止值为 end，每次增加值为 step，该变量的值将在每次重复循环的过程中递增或递减。

```
For counter = start to end step
    执行语句
Next
```

在上述的语法中，其执行步骤如下。

01 设置 counter 的初值。

02 判断 counter 是否大于终止值（或小于终止值，视 step 的值而定）。

03 假如 counter 大于终止值，程序跳至 Next 语句的下一行执行。

04 执行 For 循环中语句。

05 执行到 Next 语句时，控制变量会自动增加 step 值，若未指定 step 值，默认值为每次加 1。

06 跳至第二个步骤。

7.7　VBScript 过程

过程是 VBScript 脚本语言中最重要的部分。为了使程序可重复利用并使程序简洁明了，建议经常使用过程。

7.7.1　过程分类

在 VBScript 中过程分为两类：Sub 过程和 Function 过程。下面分别对这两种过程进行讲述。

1.Sub 过程

Sub 过程是指包含在 Sub 和 End Sub 语句之间的一组 VBScript 语句，执行操作但不返回值。Sub 过程可以使用参数。如果 Sub 过程无任何参数，Sub 语句则必须包含空括号（）。

下面的 Sub 过程使用了两个固有的 VBScript 函数，即 MsgBox 和 InputBox 提示用户输入的信息，然后显示根据这些信息计算的结果。

```
Sub ConvertTemp()
Temp=InputBox(请输入华氏温度：,1)
MsgBox 温度为 &Celsius(temp)& 摄氏度。
End Sub
```

2. Function 过程

Function 过程是包含在 Function 和 End Function 语句之间的一组 VBScript 语句。Function 过程与 Sub 过程类似，但是 Function 过程可以返回值，可以使用参数。如果 Function 过程无任何参数，Function 语句则必须包含空括号（）。Function 过程通过函数名返回一个值，这个值是在过程的语句中赋给函数名的。Function 返回值的数据类型总是 Variant。

在下面的示例中，Celsius 函数将华氏度换算为摄氏度。Sub 过程 ConvertTemp 调用此函数时，包含参数值的变量将被传递给函数，换算结果则返回到调用过程并显示在消息框中。

```
Sub ConvertTemp()
Temp=InputBox(请输入华氏温度：,1)
MsgBox 温度为 &Celsius(temp)& 摄氏度。
End Sub
Function Celsius（fDegrees）
Celsius=(fDegrees-32)*5/9
End Function
```

7.7.2　过程的输入输出

给过程传递数据的途径是使用参数。参数作为要传递给过程的数据的占位符。参数名可以是任何有效的变量名。使用 Sub 语句或 Function 语句创建过程中，过程名之后必须紧跟括号。括号中包含所有参数，参数之间用逗号分隔。例如在下面的示例中，fDegrees 是传递给 Celsius 函数的值的占位符。

```
Function Celsius(fDegrees)
Celsius=(fDegrees-32)*5/9
End Function
```

如果需要从过程获取数据，必须使用 Function 过程。Function 过程可以返回值，Sub 过程不返回值。

7.7.3　在代码中使用 Sub 和 Function 过程

调用 Function 过程时，函数名须在变量赋值语句的右端或表达式中。

```
Temp=Celsius(Fdegrees)
```

或

```
MsgBox 温度为 &Celsius(fDegrees)& 摄氏度。
```

调用 Sub 过程时，只需输入过程名及所有的参数值即可，参数值之间需使用逗号分隔。无须使用 Call 语句，如果使用此语句，则必须将所有的参数包含在括号之中。

7.8 VBScript 函数

VBScript 的函数有两种：一种是内部函数，即 VBScript 自带的函数，这些程序都已经包装好，使用时直接调用即可；另一种是自定义函数，即用户在编程的过程中根据需要定义编辑的一些函数。

VBScript 内包括很多基本函数，例如对话框处理函数、字符串操作函数、时间 / 日期处理函数及数学函数等。

下面的范例演示了时间 / 日期函数的使用方法，代码如下。

```
<html>
<head>
<title> 时间 / 日期函数的应用 </title>
</head>
<body>
时间：<%=time()%>
<br> 日期：<%=date()%>
<br> 时间和日期：<%=now()%>
</body>
</html>
```

运行程序后显示的结果如图 7-4 所示。

图 7-4 时间 / 日期函数

第8章

动态网页开发语言 ASP

本章导读

ASP是Active Server Page的缩写，意为"活动服务器网页"。ASP是微软公司开发的代替CGI脚本程序的应用，它可以与数据库和其他程序进行交互，是一种简单、方便的编程工具。ASP的网页文件后缀是.asp，常用于各种动态网站。它能很好地将脚本语言、HTML标记语言和数据库结合在一起，创建网站中的动态应用程序。可以使用数据库将信息资料进行收集；可以通过网页程序操控数据库；可以随时随地发布最新消息和内容；可以快速查找需要的信息资料。

技术要点：

◆ 了解ASP的基本概念　　　　　　　　　◆ 掌握ASP中内置对象的使用方法

◆ 熟悉ASP的工作原理

8.1　ASP 概述

ASP 是嵌入网页中的一种脚本语言，它可以是 HTML 标记、文本和脚本命令的任意组合。ASP 文件名的后缀是 .asp，而不是传统的 .htm。

8.1.1　ASP 简介

ASP 是一种服务器端脚本编写环境，可以用来创建和运行动态网页或 Web 应用程序。ASP 网页可以包含 HTML 标记、普通文本、脚本命令及 COM 组件等。利用 ASP 可以向网页中添加交互式内容，也可以创建使用 HTML 网页作为用户界面的 Web 应用程序。与 HTML 相比，ASP 网页具有以下特点。

● 利用 ASP 可以实现突破静态网页的一些功能限制，实现动态网页技术。

● ASP 文件是包含在 HTML 代码所组成的文件中的，易于修改和测试。

● 服务器上的 ASP 解释程序会在服务器端制定 ASP 程序，并将结果以 HTML 格式传送到客户端浏览器上，因此使用各种浏览器都可以正常浏览 ASP 所产生的网页。

● ASP 提供了一些内置对象，使用这些对象可以使服务器端脚本功能更强。例如可以从 Web 浏览器获取用户通过 HTML 表单提交的信息，并在脚本中对这些信息进行处理，然后向 Web 浏览器发送信息。

● ASP 可以使用服务器端 ActiveX 组件执行各种各样的任务，例如存取数据库或访问文件系统等。

● 由于服务器是将 ASP 程序执行的结果以 HTML 格式传回客户端浏览器的，使用者不会看到 ASP 所编写的原始程序代码，可防止 ASP 程序代码被窃取。

下面的实例是一个基本的 ASP 程序。

```
<html>
<head>
<title> 我的第一个 ASP 程序 </title>
</head>
<body>
<%response.write(" 我的第一个 ASP 程序 ")%>
</body>
</html>
```

在浏览器中浏览效果，如图 8-1 所示。

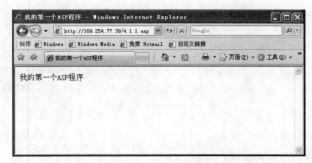

图 8-1　简单的 ASP 程序

　　仔细分析该程序可以看出，ASP 程序共由两部分组成：一部分是 HTML 标题，另一部分就是嵌入在"<%"和"%>"中的 ASP 程序。

　　在 ASP 程序中，需要将内容输出到页面上时，可以使用 Response.Write() 方法。

8.1.2　ASP 的工作原理

　　如图 8-2 所示，ASP 的工作原理分为以下 5 个步骤。

01 用户向浏览器地址栏输入网址，默认页面的扩展名是 .asp。

02 浏览器向服务器发出请求。

03 服务器引擎开始运行 ASP 程序。

04 ASP 文件按照从上到下的顺序开始处理，执行脚本命令，执行 HTML 页面内容。

05 页面信息发送到浏览器。

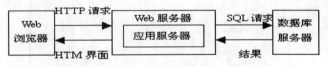

图 8-2　ASP 的工作原理

　　上述步骤基本上是 ASP 的整个工作流程。但这个处理过程是相对简化的。在实际的处理过程中还可能会涉及诸多的问题，如数据库操作、ASP 页面的动态产生等。此外，Web 服务器也并不是接到一个 ASP 页面请求就重新编辑一次该页面，如果某个页面再次接收到与前面完全相同的请求时，服务器会直接去缓冲区中读取编译的结果，而不是重新运行。

8.2　ASP 连接数据库

　　数据库网页动态效果的实现，其实就是将数据库表中的记录显示在网页上。因此，如何在网页中创建数据库连接，并读取出数据显示，是开发动态网页的一个重点。

　　使用得最多的是 Access 和 SQL Server 数据库，连接语句如下。

1．ASP 连接 Access 数据库语句

```
Set Conn=Server.CreateObject("ADODB.Connection")
Connstr="DBQ="+server.mappath("bbs.mdb")+";DefaultDir=;
DRIVER={Microsoft AccessDriver(*.mdb)};"
Conn.Open connstr
```

其中，Set Conn=Server.CreateObject("ADODB.Connection") 为建立一个访问数据的对象。

server.mappath("bbs.mdb") 是告诉服务器 Access 数据库访问的路径。

2. ASP 连接 SQLServer 数据库语句

```
Set conn = Server.CreateObject("ADODB.Connection")
conn.Open"driver={SQLServer};server=202.108.32.94;uid=wu77445;pwd=p78022;
database=w"
conn open
```

其中，Set conn=Server.CreateObject("ADODB.Connection") 为设置一个数据库的连接对象。

driver=（）告诉连接的设备名是 SQLServer。

server 是连接的服务器的 IP 地址，Uid 是指用户的用户名，pwd 是指用户的 password。

database 是用户数据库在服务器端的数据库的名称。

8.3　Request 对象

Request 对象的作用是与客户端交互，收集客户端的 Form、Cookies、超链接，或者收集服务器端的环境变量。

8.3.1　集合对象

Request 提供了如下 5 个集合对象，利用这些集合可以获取不同类型的客户端发送的信息，或服务器端预定的环境变量的值。

（1）Client Certificate

（2）Cookies

（3）Form

（4）Query String

（5）Server Variables

- Client Certificate

Client Certificate 用于检索存储在发送到 HTTP 请求中客户端证书中的字段值。语法如下。

```
Request.Client Certificate
```

提示

浏览器端需要用 https:// 与服务器连接，而服务器端也需要设置用户认证，这样 Request. ClientCertificate 才会有效。

- Cookies

Request.Cookies 与 Response.Cookies 是相对的。Response. Cookies 是将 Cookies 写入，而它则是将 Cookies 的值取出。语法如下。

变量＝ Request.Cookies（Cookies 的名字）

- Form

Form 用来取得由表单所发送的值。

- Query String

Query String 集合通过处理用户使用 GET 方法发送到服务器端的表单信息，将 URL 后的数据提取出来。

Query String 集合语法如下。

Request. Query String (variable) [(index) | .Count]

其中，参数的含义如下。

variable：HTTP 指定要查询字符串的变量名。

index：可选参数，使用该参数可以访问某参数中多个值中的一个，它可以是 1 到 Request. QueryString （parameter）Count 之间的任意整数。

count：指明变量值的个数，可以调用 "Request.QueryString （variable）Count" 确定。

可看出，QueryString 集合与 Form 集合的使用方法类似，而区别在于对于客户端用 GET 传送的数据，使用 QueryString 集合提取数据，而对于客户端用 POST 传送的数据，使用 Form 集合提取数据。一般情况下，大量数据使用 POST 方法，少量数据才使用 GET 方法。

- Server Variables

Server Variables 是用来存储环境变量及 http 标题（Header）的。

8.3.2　属性

Request 对象只有一个属性 Total Bytes，表示从客户端接收数据的字节长度，其语法格式如下。

```
Request. Total Bytes
```

8.3.3　方法

Request 对象只有一个方法 Binary Read。Binary Read 方法是以二进制方式读取客户端使用 Post 方式所传递的数据。其语法如下。

```
数组名＝ Request.Binary Read（数值）
```

8.3.4　Request 对象使用实例

下面通过一个实例讲述 Request 对象的使用方法，这里创建两个文件，一个是表单提交页面 1.asp，另一个是提交表单处理页面 2.asp。

1. asp 的代码如下。

```
<html>
<head>
<title>Form 集合 </title>
</head>
<body>
<form method="post" action="2.asp">
  <p> 请输入你的姓名 :
  <input name="tname" type="text"/>
  </p>
  <p> 请选择你的性别 :
    <select name="sex">
     <option value="man"> 男
   <option value="woman"> 女
    </select>
  </p>
  <p>
    <input type="submit" name="bs" value=" 提交 " >
    <input type="reset" name="br" value=" 重写 " >
```

```
    </p>
  </form>
  </body>
  </html>
```

在浏览器中浏览效果，如图 8-3 所示。

2. asp 的代码如下。

```
<% @language="vbscript" %>
<%  if request.form("tname")<>" "then
        dim strname,strsex
            strname=request.form("tname")
            strsex=request.form("sex")
    if strsex="man" then
            response.write(" 欢迎你 ,"+strname+" 先生 !")
            else
          response.write(" 欢迎你 ,"+strname+" 女士 !")
    end if
  else
      response.write(" 你没有输入姓名 .")
end if%>
```

当在图 8-3 所示的表单提交页面输入相关信息，单击"提交"按钮后，进入 2.asp 页面，效果如图 8-4 所示。

图 8-3　表单提交页面

图 8-4　代码执行效果

8.4　Response 对象

与 Request 是获取客户端 HTTP 信息相反，Response 对象的主要功能是将数据信息从服务器端传送至客户端浏览器。

8.4.1　集合对象

Response 对象只有一个数据集合，即 Cookies。它用来在 Client 端写入相关数据，以便以后使用。它的语法如下。

```
Response.Cookies(Cookies 的名字 )=Cookies 的值
```

注意

Response.Cookies 语句必须放在 ASP 文件的前面，也就是 <html> 之前，否则将发生错误。

8.4.2 属性

Response 对象中有很多属性，如表 8-1 所示。

表 8-1 Response 对象的常见属性

属性	说明
Buffer	指定是否使用缓冲页输出
ContentType	指定响应的 HTML 内容类型
Expires	指定在浏览器上缓冲存储的页面距过期还有多长时间
ExpiresAbsolute	指定缓存于浏览器中的页面的确切到期日期和时间
Status	用来处理服务器返回的错误
IsClientConnected	只读属性，用于判断客户端是否能与服务器相连

8.4.3 方法

Response 对象的方法包括 Write、Redirect、Clear、End、Flush、BinaryWrite、AddHeader 和 AppendToLog 共 8 种，如表 8-2 所示为 Response 对象的常见方法。

表 8-2 Response 对象的常见方法

方法	说明
Write	将指定的字符串写到当前的 HTML 输出
Redirect	使浏览器立即重定向到指定的 URL
Clear	清除缓冲区中的所有 HTML 输出
End	使 Web 服务器停止处理脚本并返回当前结果
Flush	立即发送缓冲区的输出
BinaryWrite	不经任何字符转换就将指定的信息写到 HTML 输出
AddHeader	用指定的值添加 HTML 标题
AppendToLog	在 Web 服务器记录文件末尾加入用户数据记录

8.4.4 Response 对象使用实例

Write 方法是 Response 对象最常用的方法，它可以把数据信息从服务器端发送到客户端，在客户端动态地显示信息。下面通过范例讲述 Response 对象的使用，其代码如下。

```
<html>
<head>
<title>Response 对象实例 </title>
</head>
<body>
<%
dim myName
myName=" 我叫孙晨！ "
myColor="red"
Response.Write " 你好。<br>"      '直接输出字符串
Response.Write  myName & "<br>"      '输出变量
Response.Write  "<font color=" & myColor & "> 我今年 20 岁~" & "</font><br>"
```

```
%>
</body>
</html>
```

这里使用 Response.Write 方法输出客户信息，在浏览器中浏览效果如图 8-5 所示。

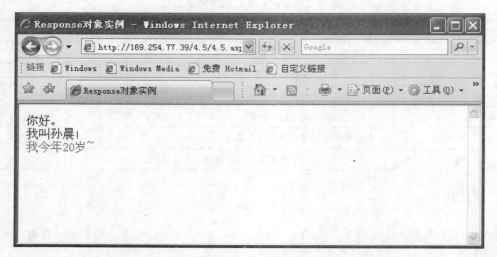

图 8-5　Response 对象的使用

8.5　Server 对象

Server 对象在 ASP 中是一个很重要的对象，许多高级功能都是靠它完成的。

Server 对象的使用语法如下：

```
Server.方法|属性
```

下面将对 Server 对象的属性和方法进行简单的介绍。

8.5.1　属性

ScriptTimeont 属性用来限定一个脚本文件执行的最长时间。也就是说，如果脚本超过时间限度还没有被执行完毕，将会自动中止，并且显示超时错误。

其使用语法如下：

```
Server.ScriptTimeont=n
```

参数 n 为设置的时间，单位为秒，默认的时间是 90 秒。参数 n 设置不能低于 ASP 系统设置中的默认值，否则系统仍然会以默认值当作 ASP 文件执行的最长时间。

例如，将某个脚本的超时时间设为 4 分钟。

```
server.ScriptTimeout=240
```

提示

这个设置必须放在 ASP 文件的最前面，否则会产生错误。

8.5.2　方法

Serverc 对象的常见方法包括 Mappath、HTMLEncode、URLEncode 和 CreateObject 4 种。如表 8-3 所示为 Server 对象的方法。

表 8-3　Server 对象的方法

方法	说明
Mappath	将指定的相对虚拟路径映射到服务器上相应的物理目录
HTMLEncode	对指定的字符串应用 HTML 编码
URLEncode	将一个指定的字符串按 URL 的编码输出
CreateObject	用于创建已注册到服务器上的 ActiveX 组件的实例

8.6　Application 对象

Application 对象是一个应用程序级对象。利用 Application 对象，可以在所有用户间共享信息，并且可以在 Web 应用程序运行期间持久地保存数据。

Application 对象用于存储和访问来自任何页面的变量，类似于 session 对象。不同之处在于，所有用户分享一个 Application 对象，而 session 对象与用户的关系是一一对应的。

8.6.1　方法

Application 对象只有两种方法，即 Lock 方法和 UnLock 方法。Lock 主要用于保证同一时刻只有一个用户在对 Application 对象进行操作。也就是说，使用 Lock 方法可以防止其他用户同时修改 Application 对象的属性，这样可以保证数据的一致性和完整性。当一个用户调用一次 Lock 方法后，如果完成任务，应该使用 UnLock 方法将其解开，以便其他用户能够访问。UnLock 方法通常与 Lock 方法同时出现，用于取消 Lock 方法的限制。Application 对象的方法及说明如表 8-4 所示。

表 8-4　Application 对象的方法

方法	说明
Lock	锁定 Application 对象，使只有当前的 ASP 页面对内容能够进行访问
Unlock	解除对在 Application 对象上的 ASP 网页的锁定

为什么要锁定数据呢？因为 Application 对象所储存的内容是共享的，有异常情况发生时，如果没有锁定数据会造成数据不一致的状况发生，并造成数据的错误。Lock 与 Unlock 的语法如下：

```
Application.lock
```

欲锁定的程序语句

```
Application.unlock
```

例如，

```
Application.lock
Application("sy")=Application("sy")+sj
Application.unlock
```

以上的 sy 变量在程序执行"+sj"时会被锁定，其他欲更改 sy 变量的程序将无法更改它，直到锁定解除为止。

8.6.2 事件

Application 对象提供了在启动和结束时触发的两个事件，Application 对象的事件及说明如表 8-5 所示。

表 8-5　Application 对象的事件

事件	说明
OnStart	当 ASP 启动时触发
OnEnd	当 ASP 应用程序结束时触发

Application-OnStart 是在 Application 开始时触发的事件，Application-OnEnd 则是在 Application 结束时触发的事件。那它们怎么用呢？其实这两个事件是放在 Global.asa 当中的，用法也不像数据集合或属性那样是"对象．数据集合"或"对象．属性"，而是以子程序方式存在的。它们的格式如下：

```
Sub Application-OnStart
程序区域
End Sub
Sub Application-OnEnd
程序区域
End Sub
```

下面 Application 对象的事件使用实例。

```
<html>
<body>
<script language=VBScript runat=server>
Sub application-OnStart
Application("Today")=date
Application("Times")=time
End sub
</script>
</body>
</html>
```

在这里用到了 Application-OnStart 事件。可以看到，将这两个变量放在 Application-OnStart 中，就是让 Application 对象一开始就有 Today 和 Times 这两个变量。

8.7　Session 对象

可以使用 Session 对象存储特定客户的 Session 信息，即使该客户端由一个 Web 页面到另一个 Web 页面，该 Session 信息仍然存在。与 Application 对象相比，Session 对象更接近于普通应用程序中所说的全局变量。用 Session 类型定义的变量可同时供打开同一个 Web 页面的客户共享数据，但两个客户之间无法通过 Session 变量共享信息，而 Application 类型的变量则可以实现该站点多个用户之间在所有页面中的信息共享。

在大多数情况下，利用 Application 对象在多用户间共享数据；而 Session 变量作为全局变量，用于在同一用户打开的所有页面中共享数据。

8.7.1 属性

Session 对象有两个属性：SessionID 和 Timeout，如表 8-6 所示。

表 8-6　Session 的属性

属性	说明
SessionID	返回当前会话的唯一标志，它将自动地为每一个 Session 分配不同的 ID（编号）
Timeout	定义用户 Session 对象的最长执行时间

8.7.2　方法

Session 对象只有一个方法，就是 Abandon。它是用来立即结束 Session 并释放资源的。

Abandon 的语法如下：

```
= Session.abandon
```

8.7.3　事件

Session 对象也有两个事件：Session_OnStart 和 Session_OnEnd。其中，Session_Start 事件是在第 1 次启动 Session 程序时触发的事件，即当服务器接收到对 ActiveServer 应用程序中的 URL 的 HTTP 请求时，触发此事件并建立 Session 对象；Session_OnEnd 事件是在调用 Session.Abandon 方法时，或者在 Timeout 的时间内没有刷新时触发的事件。

这两个事件的用法和 Application.OnStart 及 Application.OnEnd 类似，都是以子程序的方式放在 Global.asa 中的。语法如下：

```
Sub Session.OnStart
程序区域
End Sub
Sub Session.OnEnd
程序区域
End Sub
```

8.7.4　Session 对象实例

下面的范例是 Session 的 Contents 数据集合的使用，其代码如下。

```
<%@ language="VBScript"%></head>
<%dim customer_info
dim interesting(2)
interesting(0)=" 上网 "
interesting(1)=" 足球 "
interesting(2)=" 购物 "
response.write"sessionID:"&session.sessionID&"<p>"
session(" 用户名称 ")=" 孙晨 "
session(" 年龄 ")="18"
session(" 证件号 ")="54235"
set objconn=server.createobject("ADODB.connection")
set session(" 用户数据库 ")=objconn
for each customer_info in session.contents
if isobject(session.contents(customer_info)) then
  response.write(customer_info&" 此页无法显示。 "&"<br>")
else
if isarray(session.contents(customer_info)) then
    response.write" 个人爱好: <br>"
    for each item in session.contents(customer_info)
      response.write"<li>"&item&"<br>"
    next
```

```
response.write"</ol>"
else
   response.write(customer_info&": "&session.contents(customer_info)&"<br>")
end if
end if
next%>
```

在浏览器中的浏览效果如图 8-6 所示。

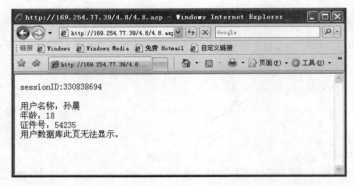

图 8-6　Session 对象实例

第9章

使用 SQL 语言查询数据库中的数据

本章导读

SQL（Structured Query Language）是结构化查询语言的缩写。虽然叫查询语言，但它的功能已经远远超出了查询，它是一种集多种功能为一身的关系数据库标准语言。SQL是一种数据库查询和程序设计语言，用于存取数据及查询、更新和管理关系数据库系统。它是一种介于关系代数与关系演算之间的结构化查询语言。

技术要点：

◆ 认识SQL ◆ SQL函数

◆ SQL基本语法

9.1 认识 SQL

SQL 语言功能极强，但由于设计巧妙，语言十分简洁，完成数据定义、数据操纵、数据控制的核心功能只用了 9 个动词。而且 SQL 语官语法简单，接近英语口语，因此容易学习，容易使用。

9.1.1 什么是 SQL

SQL 语言支持关系数据库三级模式结构，如图 9-1 所示。其中外模式对应于视图（view）和部分基本表（base table），模式对应于基本表，内模式对应于存储文件。

在关系数据库中，关系就是表，表又分成基本表（Base Table）和视图（View）两种，它们都是关系。基本表是实际存储在数据库中的表，是独立存在的。一个基本表对应一个或多个存储文件，一个存储文件可以存放一个或多个基本表，一个基本表可以有若干个索引，索引同样存放在存储文件中。

视图是从基本表或其他视图中导出的表，它本身不独立存储在数据库中。也就是说，数据库中只存放视图的定义面，不存放视图对应的数据，数据仍存放在导出视图的基本表中，因此视图是一个虚表。

用户可以用 SQL 语言对视图和基本表进行查询。在用户眼中，视图和基本表都是关系，而存储文件对用户是透明的。

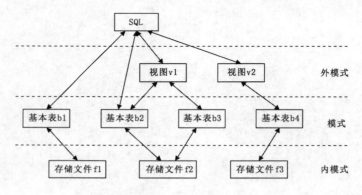

图 9-1 数据库系统的模式结构

9.1.2 SQL 的功能

SQL 语言是一种高度非过程性关系数据库语言，采用集合的操作方式，操作的对象和结果都是元组的集合。用户只需要知道"做什么"，无须知道"怎么做"，因此 SQL 语言接近于英语自然语言，其结构

简洁、易学易用。同时，SQL 语言集数据查询、数据定义、数据操纵、数据控制为一体，功能强大，得到越来越广泛的应用，几乎所有著名的关系数据库系统，如 DB2、Oracle、MySql、Sybase、SQL Server、FoxPro、Access 等都支持 SQL 语言。SQL 已经成为关系数据库的国际性标准语言。

SQL 语言主要有四大功能：

01 数据定义语言（Data Definition Language，DDL），用于定义数据库的逻辑结构，是对关系模式一级的定义，包括基本表、视图及索引的定义。

02 数据查询语言（Data Query Language，DQL），用于查询数据。

03 数据操纵语言（Data Manipulation Language，DML），用于对关系模式中的具体数据进行添加、删除、修改等操作。

04 数据控制语言（Data Control Language，DCL），用于数据访问权限的控制。

SQL 语言的功能及用于实现功能的 9 个动词见表 9-1。

表 9-1　SQL 的四大功能及 9 个动词

SQL 功能	动词
数据定义 (DDL)	CREATE，DROP，ALTER
数据查询 (DQL)	SELECT
数据操纵 (DML)	INSERT，UPDATE，DELETE
数据控制 (DCL)	GRANT，REVOKE

9.2　SQL 基本语法

Transact-SQL 是微软公司在关系型数据库管理系统 SQL Server 中的 SQL-3 标准的实现，是微软公司对 SQL 的扩展，具有 SQL 的主要特点，同时增加了变量、运算符、函数、流程控制和注释等语言元素，使其功能更加强大。

9.2.1　SQL 的注释方法

当 SQL 语句集合变得越来越大而非常复杂时，就需要对语句进行注释。在 Transact-SQL 语言中，可使用两种注释符：行注释和块注释。

行注释符为"--"，这是 ANSI 标准的注释符，用于单行注释。

块注释符为"/*···*/"，"/*"用于标记注释文字的开头，"*/"用于标记注释文字的末尾。块注释符可在程序中标识多行文字为注释。

如下所示为块注释。

```
DECLARE @myvariable DATETIME
/* The following statements retrieve the current date and time and extract
the day of the week from the results.
*/
SELECT @myvariable=GETDATE()
SELECT DATENAME(dw,@myvariable)
```

高手指导

注释对文档的代码而言没有任何用处，它们只在调试程序时有用。假如想临时让一部分 SQL 语句失去效用，可以简单地使用注释符号包含它们。当准备再次使用这些语句时，只需要删除注释符号即可。

9.2.2 数据类型

SQL 语言是所有关系数据库通用的标准语言，Transact-SQL 语言在标准 SQL 语言的基础上进行了功能上的扩充，Transact-SQL 语言也有一些自己的特色，从而增加了用户对数据库操作的方便性和灵活性。

在 SQL Server 2000 中，每个变量、参数和表达式都有数据类型。所谓数据类型，就是以数据的表现方式和存储方式划分数据的种类。SQL Server 2000 中提供多种基本数据类型，如表 9-2 所示。

表 9-2 SQL Server 2000 的基本数据类型

SQL Server 2000 的基本数据类型				
binary	bigint	bit	char	datetime
decimal	float	image	int	money
nchar	ntext	nvarchar	numeric	real
smalldatetime	smallint	smallmoney	sql_variant	sysname
text	timestamp	tinyint	varbinary	varchar
uniqueidentifier				

其中，bigint 和 sql_variant 是 SQL Server 2000 中新增的数据类型。另外，SQL Server 2000 还新增了 table 基本数据类型，该数据类型可用于存储 SQL 语句的结果集。table 数据类型不适用于表中的列，而只能用于 Transact-SQL 变量和用户定义函数的返回值。

1. 二进制数据类型

二进制数据类型用于存储二进制数据，包括 binary、varbinary 和 image 型。

- binary 型是固定长度的二进制数据类型，其定义形式为 binary（n），其中 n 表示数据的长度，取值为 1 ~ 8000。在使用时应指定 binary 型数据的大小，默认值为 1 字节。binary 类型的数据占用 n+4 字节的存储空间。

在输入数据时必须在数据前加上字符 0X 作为二进制标识。例如，要输入 abc 则应输入 0Xabc。若输入的数据位数为奇数，则系统会自动在起始符号 0X 的后面添加一个 0。如上述输入 0Xabc 后，系统会自动变为 0X0abc。

- varbinary 型是可变长度的二进制数据类型，其定义形式为 varbinary（n），其中 n 表示数据的长度，取值为 1 ~ 8000。如果输入的数据长度超出 n 的范围，系统会自动截掉超出的部分。

varbinary 型具有变动长度的特性，因为 varbinary 型数据的存储长度为实际数值长度 +4 字节。当 binnary 型数据允许 null 值时，将被视为 varbinary 型的数据。

一般情况下，由于 binary 型的数据长度固定，因此它比 varbinary 型数据的处理速度快。

- image 型数据也是可变长度的二进制数据，通常用于存放图像。其最大长度为 231-1 字节。

2. 字符型

字符数据类型是使用最多的数据类型，它可以用来存储各种字母、数字符号、特殊符号等。一般情况下，使用字符类型数据时，需在数据的前、后加上单引号或双引号。字符数据类型包括 char、nchar、varchar 和 nvarchar 型。

- char 型是固定长度的非 Unicode 字符数据类型，在存储时每个字符和符号占用 1 字节的存储空间。其定义形式为 char[（n）]，其中 n 表示所有字符所占的存储空间，取值为 1 ~ 8000，即可容纳 8000 个 ANSI 字符，默认值为 1。若输入的数据字符数小于 n 定义的范围，系统会自动在其后添加空格填满设定好的空间；若输入的数据字符数超过n定义的范围，系统将自动截掉超出的部分。

- nchar型是固定长度的Unicode字符数据类型，由于Unicode标准规定在存储时每个字符和符号占用2字节存储空间，因此nchar型数据比char型数据多占用一倍的存储空间。其定义形式为nchar[（n）]，其中n表示所有字符所占的存储空间，取值为1～4000，即可容纳4000个Unicode字符，默认值为1。

使用Unicode标准字符集的好处是由于它使用两字节作为存储单位，使一个存储单位的容量大大增加，这样就可以将全世界的语言文字都能囊括在内。当用户在一个数据列中同时输入不同语言的文字符号时，系统不会出现编码冲突。

- varchar型是可变长度的非Unicode字符数据类型。其定义形式为varchar[（n）]。它与char型类似，n的取值范围是1～8000。由于varchar型具有可变长度的特性，所以varchar型数据的存储长度为实际数值的长度。如果输入数据的字符数小于n定义的长度，系统也不会像char型那样在数据后面用空格填充；但是如果输入的数据长度大于n定义的长度，系统会自动截掉超出的部分。

一般情况下，由于char型数据的长度固定，因此它比varchar型数据的处理速度快。

- nvarchar型是可变长度的Unicode字符数据类型，其定义形式为nvarchar[（n）]。由于它采用了Unicode标准字符集，因此n的取值范围是1～4000。nvarchar型的其他特性与varchar类型相似。

3. 日期时间型

日期和时间数据类型代表日期和一天内的时间，包括datetime型和smalldatetime型。

- datetime型是用于存储日期和时间的结合体的数据类型。datetime型数据所占用的存储空间为8字节，其中前4字节用于存储1900年1月1日以前或以后的天数，数值分正负，正数表示在此日期之后的日期，负数表示在此日期之前的日期；后4字节用于存储从此日零时起所指定的时间经过的毫秒数。如果在输入时省略了时间部分，则系统将默认为12:00:00:000AM；如果省略了日期部分，系统将默认为1900年1月1日。

datetime型用于定义一个与采用24小时制并带有秒小数部分的一日内时间相组合的日期。日期范围：1753年1月1日到9999年12月31日，时间范围：00:00:00到23:59:59.997。通常，日期常量可用单引号定界，年月日分隔符号可以是"/" "-" "." 三者之一。

例如，

```
declare @d datetime
set @d='1980/11/1 5:20:29.121'
select * from student where sBirthdate<@d
```

- smalldatetime型与datetime型相似，但其存储的日期时间范围较小，从1900年1月1日到2079年6月6日。它的精度也较低，只能精确到分钟级，其分钟个位上的值是根据秒数并以30秒为界四舍五入得到的。

Smalldatetime型数据所占用的存储空间为4字节，其中前两字节存储从基础日期1900年1月1日以来的天数，后两字节存储此日零时起所指定的时间经过的分钟数。

4. 整数数据类型

整数型数据包括bigint型、int型、smallint型和tinyint型。

- bigint型数据占用的存储空间为8字节，共64位。其中63位用于表示数值，1位用于表示符号。bigint型数据可以存储的数值范围是$-2^{63} \sim 2^{63}-1$。

- int型数据占用的存储空间为4字节，共32位。其中31位用于表示数值的大小，1位用于表示符号。int型数据存储的数值范围是$-2^{31} \sim 2^{31}-1$，即$-2\,147\,483\,648 \sim 2\,147\,483\,647$。

- smallint 型数据占用的存储空间为两字节，共 16 位。其中 15 位用于表示数值的大小，1 位用于表示符号。smallint 型数据存储的数值范围是 $-2^{15} \sim 2^{15}-1$，即 $-32\,768 \sim 32\,767$。

- tinyint 型数据占用的存储空间只有 1 字节，共 8 位，全部用于表示数值的大小，由于没有符号位，所以 tinyint 型的数据只能表示正整数。tinyint 型数据存储的数值范围是 $-2^7 \sim 2^7-1$，即 $-256 \sim 255$。

5. 浮点数据类型

浮点数据类型用于存储十进制小数。在 SQL Server 2000 中，浮点数值的数据采用上舍入的方式进行存储，也就是说，要舍入的小数部分不论其大小，只要是一个非零的数，就要在该数字的最低有效位上加 1，并进行必要的进位。由于浮点数据为近似值，并非数据类型范围内的所有数据都能精确表示。

浮点数据类型包括：real、float、decimal 和 numeric 型。

- real 型数据的存储空间为 4 字节，可精确到小数点后第 7 位数字。这种数据类型的存储范围为从 -3.40E+38 ~ -1.18E-38，0 和 1.18E-38 ~ 3.40E+38。

- float 型的数据存储空间为 8 字节，可精确到小数点后第 15 位数字。这种数据类型的存储范围为从 -1.79E+308 ~ -2.23E-308，0 和 2.23E+308 ~ 1.79E+308。

float 型数据可写成 float[(n)] 的形式。其中，n 是 1 ~ 15 之间的整数值，指定 float 型数据的精度。当 n 为 1 ~ 7 时，实际上用户定义了一个 real 型数据，系统用 4 字节存储；当 n 为 8 ~ 15 时，系统认为它是一个 float 型数据，用 8 字节存储它。这样既增强了数据定义的灵活性，又节省了空间。

- decimal 数据类型和 numeric 数据类型的功能完全一样，它们都可以提供小数所需要的实际存储空间，但也有一定的限制，用户可以用 2 ~ 17 字节存储数据，取值范围是 $-10^{38}+1 \sim 10^{38}-1$。

decimal 型数据和 numeric 型数据的定义格式为 decimal[(p,[s])] 和 numeric[(p,[s])]，其中 p 表示可供存储的值的总位数（不包括小数点），默认值为 18；s 表示小数点后的位数，默认值为 0；参数之间的关系是 $0 \leqslant s \leqslant p$。例如：decimal（15,5）表示共有 15 位数，其中整数 10 位，小数 5 位。

6. 逻辑数据类型

逻辑数据类型只有一种 bit 型。bit 数据类型只占用 1 字节的存储空间，可以取值为 1、0 或 null 的整数数据类型。字符串值 true 和 false 可以转换为以下 bit 值：true 转换为 1，false 转换为 0，非 0 数值转化为 1。

例如下实例。

```
declare @a bit
set @a='true'
select @a
```

7. 文本数据类型

文本数据类型用于存储大量的非 Unicode 和 Unicode 字符，以及二进制数据的固定长度和可变长度数据类型，包括 text 和 ntext 型。

- text 型是用于存储大量非 Unicode 文本数据的可变长度数据类型，其容量理论上为 231-1(2 147 483 647) 字节。在实际应用时需要视硬盘的存储空间而定。

在 SQL Server 2000 以前的版本中，数据库中一个 text 对象存储的实际上是一个指针，它指向一个以 8KB 为单位的数据页。这些数据页是动态增加并被逻辑连接起来的。在 SQL Server 2000 中，则将 text 和 image 型数据直接存放到表的数据行中，而不是存放到不同的数据页中。这样就减少了用于存储 text 和 image 类型的空间，并相应减少了磁盘处理这类数据的 I/O 数量。

- ntext 型是用于存储大量 Unicode 文本数据的可变长度数据类型，其理论容量为 230-1(1 073 741 823) 字节。ntext 型的其他用法与 text 型基本一样。

8．货币数据

货币数据类型用于存储货币或现金值，包括 money 型和 smallmoney 型。在使用货币数据类型时，应在数据前加上货币符号，以便系统辨识其为哪国的货币，如果不加货币符号，则系统默认为"￥"。

- money 型是一个有 4 位小数的 decimal 值，其取值从 $-2^{63} \sim 2^{63}-1$，精确到货币单位的 1%。存储空间为 8 字节。

- smallmoney 型货币数据值介于 -2 147 483 648 ～ +2 147 483 647 之间，精确到货币单位的 10‰。存储空间为 4 字节。

例：从表中读取数据赋予变量并显示。

```
declare @a smallmoney
select @a=jbgz from gz where id='1001'
select @a
```

9.2.3　SQL 变量

变量是指在程序运行过程中，其值可以发生变化的量，通常用来保存程序运行过程中的输入数据，计算获得的中间结果和最终结果。变量对于一种语言来说是必不可少的组成部分。Transact-SQL 语言允许使用两种变量：一种是用户自己定义的局部变量（Local Variable），另一种是系统提供的全局变量（Global Variable）。

1．局部变量

局部变量是一个能够拥有特定数据类型的对象，它的作用范围仅限制在程序内部。局部变量可作为计数器来计算循环执行的次数，或控制循环执行的次数。另外，利用局部变量还可以保存数据值，以供控制流语句测试，以及保存由存储过程返回的数据值等。

和其他高级语言一样，要使用局部变量，必须在使用前先用 Declare 语句定义，并且指定变量的数据类型，然后可以使用 SET 或 SELECT 语句为变量初始化。局部变量必须以 @ 开头，而且必须先声明后使用。其声明格式如下。

DECLARE @ 变量名 变量类型 [,@ 变量名 变量类型 …]

其中变量类型可以是 SQL Server 2000 支持的所有数据类型，也可以是用户自定义的数据类型。

局部变量不能使用"变量 = 变量值"的格式进行初始化，必须使用 SELECT 或 SET 语句设置其初始值。初始化格式如下。

SELECT @ 局部变量 = 变量值

SET @ 局部变量 = 变量值

例如，在 student 数据库中使用名为 @find 的局部变量查找所有以 li 开头的学生信息，代码如下。

```
USE student
DECLARE @find varchar(30)
SET @find = 'li%'
SELECT Student_lname, Student_fname from authors WHERE Student_lname LIKE @li

执行结果：
Student_lname                            Student_fname
------------------------------------------------------
lier                                     Albert
liger                                    Anne
```

2. 全局变量

全局变量是 SQL Server 系统内部使用的变量，其作用范围并不仅仅局限于某个程序，而是任何程序均可以随时调用。全局变量通常存储一些 SQL Server 的配置设定值和统计数据。用户可以在程序中用全局变量测试系统的设定值或 Transact-SQL 命令执行后的状态值。引用全局变量时，全局变量的名字前面应有两个标记符"@@"。不能定义与全局变量同名的局部变量。从 SQL Server 7.0 开始，全局变量就以系统函数的形式使用。

指点迷津

①全局变量不是由用户的程序定义的，而是在服务器级定义的。

②用户只能使用预先定义的全局变量。

③引用全局变量时，必须以标记符 @@ 开头。

④局部变量的名称不能与全局变量的名称相同。

9.2.4 SQL 运算符

运算符能够用来执行算术运算、字符串连接、赋值，以及在字段、常量和变量之间进行比较。在 SQL Server 2000 中，运算符主要有以下六大类：算术运算符、赋值运算符、位运算符、比较运算符、逻辑运算符及字符串串联运算符。

1. 算术运算符

算术运算符可以在两个表达式上执行数学运算，这两个表达式可以是数字数据类型分类的任何数据类型。算术运算符包括加（+）、减（-）、乘（*）、除（/）和取模（%）。

2. 赋值运算符

赋值运算符的作用是能够将数据值指派给特定的对象。Transact-SQL 有一个赋值运算符，即等号（=）。

例如，下面的代码创建了 @Counter 变量，然后赋值运算符将 @Counter 设置成一个由表达式返回的值。

```
DECLARE @Counter INT
SET @Counter = 1
```

3. 位运算符

位运算符在两个表达式之间执行位操作，这两个表达式可以是任意两个整型数据类型的表达式。位运算符的符号及其定义，如表 9-3 所示。

表 9-3 位运算符

运 算 符	含 义
&（按位 AND）	按位与（两个操作数）
|（按位 OR）	按位或（两个操作数）
^（按位互斥 OR）	按位异或（两个操作数）
~（按位 NOT）	按位取反（一个操作数）

位运算符的操作数可以是整型或二进制字符串数据类型中的任何数据类型（image 数据类型除外），并且两个操作数不能同时是二进制字符串数据类型中的某种数据类型。

4. 比较运算符

比较运算符用来测试两个表达式是否相同。除了 text、ntext 或 image 数据类型的表达式外，比较运算符可以用于所有的表达式。比较运算符的符号及其含义，如表 9-4 所示。

表 9-4 比较运算符

运 算 符	含 义
=	等于
>	大于
<	小于
>=	大于等于
<=	小于等于
<>	不等于
!=	不等于（非 SQL-92 标准）
!<	不小于（非 SQL-92 标准）
!>	不大于（非 SQL-92 标准）

比较运算符的结果是布尔数据类型，它有三种值：TRUE、FALSE 和 NULL。那些返回布尔数据类型的表达式被称为布尔表达式。

5. 逻辑运算符

逻辑运算符用来对某个条件进行测试，以获得其真实情况。逻辑运算符和比较运算符一样，返回带有 TRUE 或 FALSE 值的布尔数据类型。逻辑运算符的符号及其含义如表 9-5 所示。

表 9-5 逻辑运算符

运 算 符	含 义
ALL	如果一系列的比较都为 TRUE，结果为 TRUE
AND	如果两个布尔表达式都为 TRUE，结果为 TRUE
ANY	如果一系列的比较中任何一个为 TRUE，结果为 TRUE
BETWEEN	如果操作数在某个范围之内，结果为 TRUE
EXISTS	如果子查询包含一些行，结果为 TRUE
IN	如果操作数等于表达式列表中的一个，结果为 TRUE
LIKE	如果操作数与一种模式相匹配，结果为 TRUE
NOT	对任何其他布尔运算符的值取反
OR	如果两个布尔表达式中的一个为 TRUE，结果为 TRUE
SOME	如果在一系列比较中，有些为 TRUE，结果都为 TRUE

6. 字符串运算符

字符串串联运算符允许通过加号 (+) 进行字符串串联，这个加号被称为字符串串联运算符。例如，对于语句 SELECT 'abc'+'xyz '，其结果为 abcxyz。

7. 一元运算符

一元运算符只对一个表达式执行操作，该表达式可以是 numeric 数据类型类别中的任何一种数据类型。如表 9-6 所示。

表 9-6　一元运算符

运　算　符	含　义
+（正）	数值为正
-（负）	数值为负
~（按位 NOT）	返回数字的补数

9.2.5　SQL 运算符的优先级

运算符的优先等级从高到低如下所示。

(1) 括号：()

(2) 乘、除、求模运算符：*、/、%

(3) 加减运算符：+、-

(4) 比较运算符：=、>、<、>=、<=、<>、!=、!>、!<

(5) 位运算符：^、&、|

(6) 逻辑运算符：NOT

(7) 逻辑运算符：AND

(8) 逻辑运算符：OR

9.2.6　SQL 流程控制

SQL 语言提供了一些可以用于改变语句执行顺序的命令，称为"流程控制语句"。流程控制语句允许用户更好地组织存储过程中的语句，方便地实现程序的功能。流程控制语句与常见的程序设计语言类似，主要包含以下几种。

1. IF…ELSE 语句

```
IF <条件表达式>
    <命令行或程序块>
[ELSE [条件表达式]
    <命令行或程序块>]
```

其中，<条件表达式>可以是各种表达式的组合，但表达式的值必须是"真"或"假"。ELSE 子句是可选的。IF…ELSE 语句用来判断当某一条件成立时执行某段程序，条件不成立时执行另一段程序。如果不使用程序块，IF 或 ELSE 只能执行一条命令。IF…ELSE 可以嵌套使用，最多可嵌套 32 级。

2. BEGIN…END 语句

```
BEGIN
    <命令行或程序块>
END
```

BEGIN…END 用来设置一个程序块，该程序块可以被视为一个单元执行。BEGIN…END 经常在条件语

句中使用，如 IF…ELSE 语句。当 IF 或 ELSE 子句为真时，如果想让程序执行其后的多条语句，就要把这多条语句用 BEGIN…END 括起来，使其成为一个语句块。在 BEGIN…END 语句中可以嵌套另外的 BEGIN…END 语句定义另一个程序块。

3. CASE 语句

CASE 语句根据满足的条件直接选择多项顺序语句中的一项执行。

```
CASE< 运算式 >
    WHEN< 运算式 >THEN< 运算式 >
    …
WHEN< 运算式 >THEN< 运算式 >
  [ELSE< 运算式 >]
END
```

例如，在 student 数据库中查询每个学生居住地的名称，可以使用如下代码实现。

```
SELECT fname, lname,
  CASE stateName
    WHEN 'SH' THEN '上海 '
    WHEN 'BJ' THEN '北京 '
    WHEN 'TJ' THEN '天津 '
    WHEN 'NJ' THEN '南京 '
    WHEN 'WH' THEN '武汉 '
    WHEN 'SY' THEN '沈阳 '
    WHEN 'GZ' THEN '广州 '
    END AS StateName
FROM student.dbo.students
ORDER BY lname
```

执行结果：

```
fname                lname                                     StateName
-------------        --------------------------------------    ----------
Abraham              Bennet                                    北京
Reginald             Blotchet-Halls                            上海
Cheryl               Carson                                    广州
```

4. WHILE CONTINUE BREAK 语句

```
WHILE< 条件表达式 >
BEGIN
    < 命令行或程序块 >
    [BREAK]
    [CONTINUE]
    [ 命令行或程序块 ]
END
```

WHILE 语句在设置的条件为真时会重复执行命令行或程序块。CONTINUE 语句可以让程序跳过 CONTINUE 语句之后的语句，回到 WHILE 循环的第一行。BREAK 语句则让程序完全跳出循环，结束 WHILE 循环的执行。WHILE 语句也可以嵌套使用。

指点迷津

如果嵌套了两个或多个 WHILE 循环，内层的 BREAK 语句将导致退出到下一个外层循环。首先运行内层循环结束之后的所有语句，然后下一个外层循环重新开始执行。

9.3 SQL 函数

在 Transact-SQL 语言中，函数被用来执行一些特殊的运算，以支持 SQL Server 的标准命令。下面介绍一些常见的函数。

9.3.1 AVG 函数

AVG：计算平均数，格式如下。

```
AVG(expr)
```

expr：字段名称或表达式。

例如，若要计算身高超过 170cm 的学生平均身高，可以利用下面的 SQL 语句完成。

```
SELECT Avg ( 身高 )
AS  平均身高
FROM  学生表格  WHERE  身高 >170
```

9.3.2 COUNT 函数

COUNT：计算记录条数，格式如下：

```
COUNT(expr)
```

expr：字段名称或表达式。

【例】若是要统计出学校语文老师的人数，并查询出老师的姓名，可以利用下面的程序。

```
SELECT Count ( 姓名 )  AS  老师姓名
FROM  老师表格
WHERE  部门名称 =' 语文 ';
```

9.3.3 MAX 函数与 MIN 函数

MAX 与 MIN：返回某字段的最大值与最小值，用法同 FIRST 与 LAST。

9.3.4 SUM 函数

SUM：返回某特定字段或运算的总和数值，格式如下。

```
SUM(expr)
```

expr：字段名称或表达式。

【例】要计算出商品总价，可使用下面的程序。

```
SELECT
Sum ( 单价 * 数量 )
AS  商品总价  FROM  订单表格
```

9.4 常用 SQL 语句详解

在众多的 SQL 命令中，SELECT 应该是使用最频繁的语句。SELECT 语句主要被用来对数据库进行查询，并返回符合用户查询标准的结果数据。

9.4.1　SELECT 语句

建立数据库的目的是为了查询数据，因此，可以说数据库查询是数据库的核心操作。SQL 语言提供了 SELECT 语句进行数据库的查询，该语句具有灵活的使用方式和丰富的功能。SELECT 语句有一些子句子可以选择，而 FROM 是唯一必需的子句。每一个子句有大量的选择项、参数等。

```
SELECT [ALL | DISTINCT][TOP n ]< 目标列表达式 >[, < 目标列表达式 >]…
FROM< 表名或视图名 >[, < 表名或视图名 >]…
[WHERE< 条件表达式 >]
[GROUP BY< 列名 1>[HAVING< 条件表达式 >]]
[ORDER BY< 列名 2> [ASC | DESC]];
```

整个 SELECT 语句的含义是，根据 WHERE 子句的条件表达式，从 FROM 子句指定的基本表或视图中找出满足条件的元组，再按 SELECT 子句中的目标列表达式，选出元组中的属性值形成结果表。如果有 GROUP 子句，则将结果按 < 列名 1> 的值进行分组，该属性列值相等的元组为一个组，每个组产生结果表中的一条记录。通常会在每组中作用集函数。如果 GROUP 子句带 HAVING 短语，则只有满足指定条件的组才会输出。如果有 ORDER 子句，则结果表还要按 < 列名 2> 的值的升序或降序排序。

下面以"学生 - 课程"数据库为例说明 SELECT 语句的各种用法，"学生 - 课程"数据库中包括三个表。

1. "学生"表 Student 由学号（Sno）、姓名（Sname）、性别（Ssex）、年龄（Sage）、所在系（Sdept）5 个属性组成，可记为

```
Student(Sno, Sname,Ssex,Sage, Sdept)
```

其中 Sno 为主码。

2. "课程"表 Course 由课程号（Cno）、课程名（Cname）、先修课号（Cpno）、学分（Ccredit）4 个属性组成，可记为

```
Course(Cno, Cname, Cpno, Ccredit)
```

其中 Cno 为主码。

3. "学生选课"表 SC 由学号（Sno）、课程号（Cno）、成绩（Grade）3 个属性组成，可记为

```
SC(Sno, Cno, ,Grade)
```

其中（Sno，Cno）为主码。

9.4.2　INSERT 语句

SQL 的数据插入语句 Insert 通常有两种形式，一种是插入一个元组，另一种是插入子查询结果。后者可以一次插入多个元组。可以使用 Insert 语句来添加一个或多个记录至一个表中。

1. 插入单个元组

插入单个元组的 INSERT 语句的格式为

```
INSERT
INTO< 表名 >[(< 属性列 1>[, < 属性列 2>…])
VALUES(< 常量 1>[, < 常量 2>]…)
```

其功能是将新元组插入指定表中。其中新记录属性列 1 的值为常量 1，属性列 2 的值为常量 2，…。如果某些属性列在 INTO 子句中没有出现，则新记录在这些列上将取空值。

在表定义时说明了 NOT NULL 的属性列不能取空值，如果 INTO 子句中没有指明任何列名，则新插入的记录必须在每个属性列上均有值。

【例】将一个学生记录（学号：2009020；姓名：马燕；性别：女；所在系：计算机；年龄：21 岁）

插入 Student 表中。

```
Insert
Into Student
Values('2009020',' 马燕 ',' 女 ',' 计算机 ',21);
```

2. 插入子查询结果

子查询不仅可以嵌套在 SELECT 语句中，也可以嵌套在 INSERT 语句中，用以生成要插入的数据。插入子查询结果的 INSERT 语句的格式为

```
Insert
Into < 表名 >[(< 属性列 1>[, < 属性列 2>]···]
子查询；
```

其功能是以批量插入，一次将子查询的结果全部插入指定表中。

例如，对每一个系，求学生的平均年龄，并把结果存入数据库。

首先要在数据库中建立一个有两个属性列的新表，表中一列存放系名，另一列存放相应系的学生平均年龄。

```
Create table Deptage (Sdept CHAR(15), Avgage smallint);
Insert into Deptage(Sdept, Average)
        (SELECT Sdept, AVG(Sage)
         FROM Student
         GROUP BY Sdept);
```

9.4.3 UPDATE 语句

Update 语句用于更新或者改变匹配指定条件的记录，它是通过构造一个 where 语句来实现的。修改操作又称为"更新操作"，其语句的一般格式为

```
Update< 表名 >
Set< 列名 >=< 表达式 >[, < 列名 > =< 表达式 >]···
[where< 条件 >];
```

其功能是修改指定表中满足 where 子句条件的元组。其中 set 语句用于指定修改方法，即用 < 表达式 > 的值取代相应的属性列值。如果省略 where 子句，则表示要修改表中的所有元组。

1. 修改某一个元组的值

【例】将学生 2008001 的年龄改为 24 岁。

```
Update Student
Set Sage =24
where Sno ='2008001';
```

2. 修改多个元组的值

【例】将所有学生的年龄增加 1 岁。

```
Update Student
Set Sage = Sage +1
```

9.4.4 DELETE 语句

Delete 语句是用来从表中删除记录或者行，其语句格式为：

```
Delete
```

```
From< 表名 >
[where< 条件 >]:
```

Delete 语句的功能是从指定表中删除满足 Where 语句条件的所有元组。如果省略 Where 子句，表示删除表中全部元组，但表的定义仍在字典中，也就是说，Delete 语句删除的是表中的数据，而不是关于表的定义。

1．删除某一个元组的值

【例】删除学号为 2008001 的学生记录。

```
Delete
    From Student
    Where Sno='2008001';
```

Delete 操作也是一次只能操作一个表，因此同样会遇到 Update 操作中提到的数据不一致的问题。比如 2008001 学生删除后，有关他的其他信息也应同时删除，而这必须用一条独立的 Delete 语句完成。

2．删除多个元组的值

【例】删除所有的学生选课记录。

```
Delete
From SC
```

这条 Delete 语句格使 SC 成为空表，它删除了 SC 的所有元组。

9.4.5　CREATE TABLE 语句

建立数据库最重要的一步就是定义一些基本表。下面要介绍的是如何利用 SQL 命令建立一个数据库中的表格，其一般格式如下。

```
CREATE TABLE< 表名 >(
        < 列名 >< 数据类型 >[ 列级完整性约束条件 ]
        [, < 列名 >< 数据类型 >[ 列级完整性约束条件 ]. . . ]
        [, < 表级完整性约束条件 >])
说明
< 列级完整性约束条件 >
用于指定主键、空值、唯一性、默认值、自动增长列等。
< 表级完整性约束条件 >
```

用于定义主键、外键及各列上数据必须符合的相关条件。

简单来说，创建新表格时，在关键词 create table 后面加入所要建立的表格名称，然后在括号内顺次设定各列的名称、数据类型，以及可选的限制条件等。注意，所有的 SQL 语句在结尾处都要使用"；"符号。

指点迷津

使用 SQL 语句创建的数据库表格和表格中列的名称必须以字母开头，后面可以使用字母、数字或下划线，名称的长度不能超过 30 个字符。注意，用户在选择表格名称时不要使用 SQL 语言中的保留关键词，如 select、create、insert 等，作为表格或列的名称。

【例】建立一个"学生"表 Student，它由学号 Sno、姓名 Sname、性别 Sex、年龄 Sage、所在系 Sdept 5 个属性组成，其中学号属性不能为空，并且其值是唯一的。

```
CREATE TABLE Sudent
(Sno    CHAR(5) NOT NULL UNIQUE,
Sname   CHAR(10),
```

```
Ssex      CHAR(1),
Sage      INT,
Sdept     CHAR(10));
```

指点迷津

最后，在创建新表格时需要注意的一点就是表格中列的限制条件。所谓"限制条件"就是当向特定列输入数据时所必须遵守的规则。例如，unique 这一限制条件要求某一列中不能存在两个值相同的记录，所有记录的值都必须是唯一的。除 unique 之外，较为常用的列的限制条件还包括 not null 和 primary key 等。not null 用来规定表格中某一列的值不能为空；primary key 则为表格中的所有记录规定了唯一的标识符。

9.4.6 DROP TABLE 语句

当某个基本表不再需要时，可以使用 SQL 语句 drop table 进行删除。其一般格式为

```
drop table <表名>
【例】删除 Student 表。
drop table Student;
```

基本表定义一旦删除，表中的数据和在此表上建立的索引都将自动删除，而建立在此表上的视图虽仍然保留，但已无法引用。因此执行删除操作一定要格外小心。

第10章

创建动态网站开发环境和数据库

本章导读 动态页面最主要的作用在于能够让用户通过浏览器来访问、管理和利用存储在服务器上的资源和数据，特别是数据库中的数据。本章重点介绍动态网页的工作原理和制作流程、网站开发语言ASP、搭建服务器平台等内容。

技术要点：

◆ 动态网页的工作原理   ◆ 动态网站技术
◆ 建立本地服务器   ◆ 创建Access数据库
◆ 数据库概述

10.1 动态网页的工作原理

动态网页技术的工作原理是：使用不同技术编写的动态页面保存在 Web 服务器内，当客户端用户向 Web 服务器发出访问动态页面的请求时，Web 服务器将根据用户所访问页面的后缀名确定该页面所使用的网络编程技术，然后把该页面提交给相应的解释引擎；解释引擎扫描整个页面找到特定的定界符，并执行位于定界符内的脚本代码以实现不同的功能，如访问数据库、发送电子邮件、执行算术或逻辑运算等，最后把执行结果返回 Web 服务器；最终，Web 服务器把解释引擎的执行结果连同页面上的 HTML 内容，以及各种客户端脚本一同传送到客户端，如图 10-1 所示为动态网页的工作原理图。

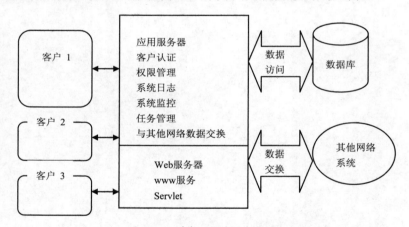

图 10-1 动态网页的工作原理图

10.2 建立本地服务器

10.2.1 IIS 简介

IIS（Internet Information Services，互联网信息服务），是由微软公司提供的基于运行 Microsoft Windows 的互联网基本服务。

IIS 是 Internet Information Services 的缩写，是一个 World Wide Web server。Gopher server 和 FTP server 全部包容在内。IIS 意味着你能发布网页，并且由 ASP（Active Server Pages）、JAVA、VBScript 产生页面，有一些扩展功能。

10.2.2 安装IIS

IIS 是网页服务组件,包括 Web 服务器、FTP 服务器、NNTP 服务器和 SMTP 服务器,分别用于网页浏览、文件传输、新闻服务和邮件发送等。安装互联网信息服务器 IIS 的具体操作步骤如下。

01 在 Windows 7 中执行"开始"|"控制面板"|"程序和功能"命令,单击"打开或关闭 Windows 功能"链接,如图 10-2 所示。

图 10-2 单击"打开或关闭 Windows 功能"链接

02 弹出"Windows 功能"对话框,如图 10-3 所示。

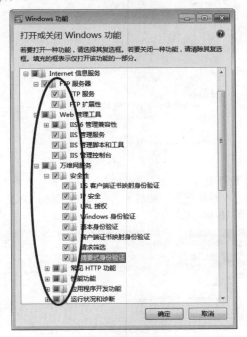

图 10-3 "Windows 功能"对话框

03 选中需要的功能后,单击"确定"按钮,弹出如图 10-4 所示的 Microsoft Windows 对话框,提示"Windows 正在更改功能,请稍后。这可能需要几分钟。"

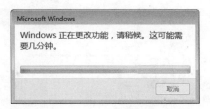

图 10-4 Microsoft Windows 对话框

04 安装完成后,再回到控制面板,找到"管理工具",单击进入,如图 10-5 所示。

图 10-5 管理工具

05 双击"Internet 信息服务 (IIS) 管理器",如图 10-6 所示。

图 10-6 Internet 信息服务 (IIS) 管理器

06 安装成功后,窗口会消失,然后回到控制面板,选择"系统和安全",如图 10-7 所示。

图 10-7 选择系统和安全

07 进入系统和安全窗口,然后单击左下角的"管理工具",如图 10-8 所示。

图 10-8　单击"管理工具"

08 进入管理工具窗口，此时就可以看到 Internet 信息服务了，选择"Internet 信息服务（IIS）管理器"，如图 10-9 所示。

图 10-9　Internet 信息服务（IIS）管理器

09 单击左边的倒三角，就会看到网站下面的 Default Web Site，然后双击 ASP，如图 10-10 所示。

图 10-10　双击 IIS 下面的 ASP

10 进入 ASP 设置窗口，在行为下面启用父路径，修改为 true，默认为 false，如图 10-11 所示。

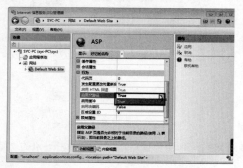

图 10-11　修改为 true

11 进行高级设置，先单击 default web site，然后单击最下面的内容视图，再单击右边的"高级设置"，如图 10-12 所示。

图 10-12　设置高级设置

12 进入"高级设置"，需要修改的是物理路径，即本地文件程序存放的位置，如图 10-13 所示。

图 10-13　修改物理路径

13 设置端口，单击 Default Web Site，再单击最下面的"内容视图"，然后单击右边的"编辑绑定"，如图 10-14 所示。

图 10-14　设置端口

14 进入"网址绑定"窗口，也就是端口设置窗口，一般 80 端口很容易被占用，这里可以设置添加一个端口即可，如 800 端口，如图 10-15 所示。

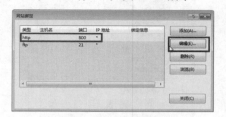

图 10-15　端口设置

15 此时，基本完成 IIS 的设置。

10.2.3　配置 Web 服务器

安装成功并不等于高枕无忧了，你应该了解 IIS 的基本配置，这样才能够更好地建立稳健的站点服务环境。当然 IIS 的环境是非常复杂的，它涉及到很多系统、专业的知识和技术，对于网管员来说，应该吃透 IIS 的管理，但是对于初学者来说 IIS 所提供的很多功能暂时还用不上，我们只需按默认配置即可运行动态网站。如 IIS 默认启用文档为 index.htm，当希望将主页更改成 index.asp 时，就必须使用到如图 10-16 所示的 Internet 信息服务设置。

图 10-16　IIS 服务管理器

设置默认站点的具体操作步骤如下。

01 执行"开始"|"控制面板"命令，打开"控制面板"窗口，单击"程序"链接，单击左侧"系统和安全"列表，进入到"系统和安全"界面，单击"管理工具"链接，如图 10-17 所示。双击"Internet 信息服务 (IIS) 管理器"链接，如图 10-18 所示。

图 10-17　选择"管理工具"图标

图 10-18　"网站"选项卡

02 在弹出的"Internet 信息服务（IIS）管理器"对话框中选择"网站"，右键单击"添加网站"，如图 10-19 所示。

图 10-19　"Internet 信息服务"

指点迷津

在"IP 地址"中当前显示的是"全部未分配"，如果没有固定的 IP 地址，建议不要修改这个选项，这样管理员会以本地的默认 IP 作为网站服务器的显示地址。

03 弹出"添加网站"对话框，单击"物理路径"文本框右边的■按钮，如图10-20所示。

图 10-20 "添加网站"对话框

指点迷津

一般本地站点的网站资源均来自本地计算机，因此保持默认选项即可（即选中"此计算机上的目录"选项），如果网站资源位于局域网的其他计算机中，则应该选中"另一台计算机上的共享"选项，如果网站资源位于互联网上，则可以选中"重定向到 URL"选项。

04 弹出"浏览文件夹"对话框，在该对话框中选择路径，如图10-21所示。

05 选择完毕，单击"确定"按钮。选择"IP 地址"

下拉列表中的 192.168.0.102，如图 10-22 所示。

图 10-21 "文档"选项卡

图 10-22 选择"IP 地址"

10.3 数据库概述

　　数据库是创建动态网页的基础。对于网站来说一般都要准备一个用于存储、管理和获取客户信息的数据库。利用数据库制作的网站，一方面，前台访问者可以利用查询功能很快地找到自己要的资料；另一方面，在后台，网站管理者通过后台管理系统可以很方便地管理网站，而且后台管理系统界面很直观，即使不懂计算机的人也很容易学会使用。

10.3.1 什么是数据库

　　数据库就是计算机中用于存储、处理大量数据的软件，一些关于某个特定主题或目的的信息集合。数据库系统的主要目的在于维护信息，并在必要时协助取得这些信息。

　　互联网的内容信息绝大多数都是存储在数据库中的，可以将数据库看作是一家制造工厂的产品仓库，专门用于存放产品，仓库具有严格而规范的管理制度，入库、出库、清点、维护等日常管理工作都十分有序，而且还以科学、有效的手段保证产品的安全。数据库的出现和应用使客户对网站内容的新建、修改、删除、搜索变得更为轻松、自由、简单和快捷。网站的内容既烦琐，又复杂，而且数量和长度根本无法统计，所以必须采用数据库来管理。

成功的数据库系统应具备的特点。

- 功能强大。

- 能准确地表示业务数据。

- 容易使用和维护。

- 对最终用户操作的响应时间合理。

- 便于数据库结构的改进。

- 便于数据的检索和修改。

- 较少的数据库维护工作。

- 有效的安全机制能确保数据安全。

- 冗余数据非常少或不存在。

- 便于数据的备份和恢复。

- 数据库结构对最终用户透明。

10.3.2 常见的数据库管理系统

目前有许多数据库产品，如 Microsoft Access、Microsoft SQL Server 和 Oracle 等产品都有自己特有的功能，在数据库市场上占有一席之地。下面简要介绍几种常用的数据库管理系统。

1. Oracle

Oracle 是一个最早商品化的关系型数据库管理系统，也是应用广泛、功能强大的数据库管理系统。Oracle 作为一个通用的数据库管理系统，不仅具有完整的数据管理功能，还是一个分布式数据库系统，支持各种分布式功能，特别是支持 Internet 应用。作为一个应用开发环境，Oracle 提供了一套界面友好、功能齐全的数据库开发工具。Oracle 使用 PL/SQL 语言执行各种操作，具有可开放性、可移植性、可伸缩性等功能。特别是在 Oracle 8 中，支持面向对象的功能，如支持类、方法、属性等，使 Oracle 产品成为一种对象 / 关系型数据库管理系统。

2. Microsoft SQL Server

Microsoft SQL Server 是一种典型的关系型数据库管理系统，可以在许多操作系统上运行，它使用 Transact-SQL 语言完成数据操作。由于 Microsoft SQL Server 是开放式的系统，其他系统可以与它进行完好的交互操作。目前最新版本的产品为 Microsoft SQL Server 2016，它具有可靠性、可伸缩性、可用性、可管理性等特点，为用户提供完整的数据库解决方案。

3. Microsoft Access

作为 Microsoft Office 组件之一的 Microsoft Access 是在 Windows 环境下非常流行的桌面型数据库管理系统。使用 Microsoft Access 无须编写任何代码，只需通过直观的可视化操作就可以完成大部分数据管理任务。在 Microsoft Access 数据库中，包括许多组成数据库的基本要素。这些要素是存储信息的表、显示人机交互界面的窗体、有效检索数据的查询、信息输出载体的报表、提高应用效率的宏、功能强大的模块工具等。它不仅可以通过 ODBC 与其他数据库相连，实现数据交换和共享，还可以与 Word、Excel 等办公软件进行数据交换和共享，并且通过对象链接与嵌入技术，在数据库中嵌入和链接声音、图像等多媒体数据。

Access 更适合一般的企业网站，因为开发技术简单，而且在数据量不是很大的网站上检索速度快。

不用专门去分离出数据库空间，数据库和网站在一起节约了成本。而一般的大型政府、门户网站，由于数据量比较大，所以选用 SQL 数据库可以提高海量数据的检索速度。

10.4 创建 Access 数据库

与其他关系型数据库系统相比，Access 提供的各种工具既简单又方便，更重要的是 Access 提供了更为强大的自动化管理功能。

下面以 Access 为例讲述数据库的创建方法，具体操作步骤如下。

知识要点

数据库是计算机中用于储存、处理大量数据的软件。在创建数据库时，将数据存储在表中，表是数据库的核心。在数据库的表中可以按照行或列来表示信息。表的每一行称为一个"记录"，而表中的每一列称为一个"字段"，字段和记录是数据库中最基本的术语。

01 启动 Access 软件，执行"文件"｜"新建"命令，打开"新建文件"面板，如图 10-23 所示，在该面板中单击"空数据库"链接。

02 弹出"文件新建数据库"对话框，在该对话框中选择数据库保存的位置，在"文件名"文本框中输入 liuyan，如图 10-24 所示。

图 10-23　"新建文件"面板

图 10-24　"文件新建数据库"对话框

03 单击"创建"按钮，弹出如图 10-25 所示的窗口，双击"使用设计器创建表"，弹出"表 1：表"对话框，在"字段名称"和"数据类型"文本框中分别输入如图 10-26 所示的字段。

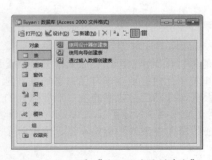

图 10-25　双击"使用设计器创建表"

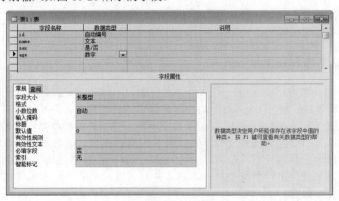

图 10-26　输入字段

知识要点

Access 为数据库提供了"文本""备注""数字""日期 / 时间""货币""自动编号""是 / 否""OLE 对象""超链接""查阅向导",共 10 种数据类型,每种数据类型的说明如下。

- 文本数据类型:可以输入文本字符,如中文、英文、数字、字符、空白。
- 备注数据类型:可以输入文本字符,但它不同于文字类型,可以保存约 64K 字符。
- 数字数据类型:用来保存如整数、负整数、小数、长整数等数值数据。
- 日期 / 时间数据类型:用来保存与日期、时间有关的数据。
- 货币数据类型:适用于无须很精密计算的数值数据,例如,单价、金额等。
- 自动编号数据类型:适用于自动编号类型,可以在增加一笔数据时自动加 1,产生一个数字的字段,自动编号后,用户无法修改其内容。
- 是 / 否数据类型:关于逻辑判断的数据都可以设定为此类型。
- OLE 对象数据类型:为数据表链接诸如电子表格、图片、声音等对象。
- 超链接数据类型:用来保存超链接数据,如网址、电子邮件地址。
- 查阅向导数据类型:用来查询可预知的数据字段或特定数据集。

04 设计完表后关闭设计表窗口,弹出如图 10-27 所示的对话框,提示"是否保存对'表 1'设计的更改",单击"是"按钮,弹出如图 10-28 所示的"另存为"对话框,在该对话框中输入表的名称。

图 10-27 提示是否保存表

图 10-28 "另存为"对话框

05 单击"确定"按钮,弹出如图 10-29 所示的对话框,单击"是"按钮即可插入主键,此时在数据库中可以看到新建的表,如图 10-30 所示。

图 10-29 弹出提示信息

图 10-30 新建的表

10.5 创建数据库连接

　　动态页面最主要的就是结合后台数据库自动更新网页,所以离开数据库的网页也就谈不上什么动态页面了。任何内容的添加、删除、修改、检索都是建立在连接基础上进行的,可以想象连接的重要性了。下面就讲述利用 Dreamweaver CC 设置数据库连接。

10.5.1　创建 ODBC 数据源

　　开放数据库互连（Open Database Connectivity，ODBC）是微软公司开放服务结构（WOSA，Windows Open Services Architecture）中有关数据库的一个组成部分，它建立了一组规范，并提供了一组对数据库访问的标准 API（应用程序编程接口）。这些 API 利用 SQL 来完成其大部分任务。ODBC 本身也提供了对 SQL 语言的支持，用户可以直接将 SQL 语句传送给 ODBC。

　　开放数据库互连（ODBC）是 Microsoft 提出的数据库访问接口标准。开放数据库互连定义了访问数据库的 API 规范，这些 API 独立于不同厂商的 DBMS，也独立于具体的编程语言（但是 Microsoft 的 ODBC 文档是用 C 语言描述的，许多实际的 ODBC 驱动程序也是用 C 语言编写的。）

　　要在 ASP 中使用 ADO 对象来操作数据库，首先要创建一个指向该数据库的 ODBC 连接。在 Windows 系统中，ODBC 的连接主要通过 ODBC 数据源管理器来完成。下面就以 Windows XP 为例讲述 ODBC 数据源的创建过程，具体操作步骤如下。

01 执行"控制面板"|"程序"|"系统和安全"|"管理工具"|"数据源（ODBC）"命令，弹出"ODBC 数据源管理器"对话框，在该对话框中切换到"系统 DSN"选项卡，如图 10-31 所示。

02 单击"添加"按钮，弹出"创建新数据源"对话框，选择如图 10-32 所示的选项后，单击"完成"按钮。

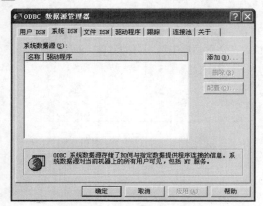

图 10-31　"系统 DSN"选项卡　　　　　　　　图 10-32　"创建新数据源"对话框

03 弹出如图 10-33 所示的"ODBC Microsoft Access 安装"对话框，选择数据库的路径，在"数据源名"文本框中输入数据源的名称，单击"确定"按钮，在如图 10-34 所示的对话框中可以看到创建的数据源 mdb。

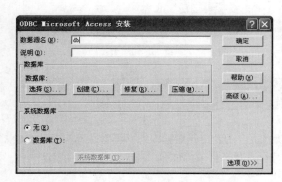

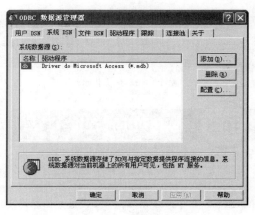

图 10-33　"ODBC Microsoft Access 安装"对话框　　　　　图 10-34　创建的数据源

10.5.2 用 DSN 数据源连接数据库

　　DSN（Data Source Name，数据源名称），表示用于将应用程序和数据库相连接的信息集合。ODBC 数据源管理器使用该信息来创建指向数据库的连接。通常 DSN 可以保存在文件或注册表中。简而言之，所谓"构建 ODBC 连接"，实际上就是创建同数据源的连接，也就是创建 DNS。一旦创建了一个指向数据库的 ODBC 连接，同该数据库连接的有关信息就被保存在 DNS 中，而在程序中如果要操作数据库，也必须通过 DSN 来进行。准备工作都做好后，即可连接数据库了。

　　创建 DSN 连接的具体操作步骤如下。

01 启动 Dreamweaver，执行"窗口"｜"数据库"命令，打开"数据库"面板，在该面板中单击 🛨 按钮，在弹出的菜单中选择"数据库名称（DSN）"选项，如图 10-35 所示。

02 弹出如图 10-36 所示的"数据源名称（DSN）"对话框，在该对话框中的"连接名称"文本框中输入 conn，"数据源名称（DSN）"下拉列表中选择 liuyan。

图 10-35　"数据库"面板

图 10-36　"数据源名称（DSN）"对话框

03 单击"测试"按钮，如果成功弹出如图 10-37 所示的对话框，数据库就连接好了。单击"确定"按钮返回到"数据库"面板，即可看到新建的数据源，如图 10-38 所示，接下来就是要通过它到数据库中读取数据了。

图 10-37　测试成功

图 10-38　"数据库"面板

第11章

使用 Dreamweaver 创建动态网页基础

本章导读　　动态网页发布技术的出现，使网站从展示平台变成了网络互交平台。Dreamweaver提供了众多的可视化应用开发环境以及对代码编辑的支持。当向Web页面中添加文本、图像和其他内容时，Dreamweaver将生成HTML代码。本章介绍如何使用代码视图显示文档的代码，以及如何手动添加和编辑代码。

技术要点：

◆　查看源代码　　　　　　　　　　◆　插入HTML注释
◆　管理标签库　　　　　　　　　　◆　编辑数据表记录
◆　Dreamweaver中的编码　　　　　◆　添加服务器行为
◆　使用代码片断面板

11.1　查看源代码

在 Dreamweaver 的代码视图中会以不同的颜色显示 HTML 代码，帮助用户区分各种标签，同时用户也可以自己指定标签或代码的显示颜色。总体看来，代码视图更像是一个常规的文本编辑器，只要单击代码的任意位置，都可以开始添加或修改代码了。

通过一些增强的功能可以更加有效地编写代码，节省大量时间。执行"查看"｜"代码"命令，打开代码视图，在其中可以查看源代码。或单击文档窗口上方的 代码 按钮，也可以打开代码视图，如图 11-1 所示。

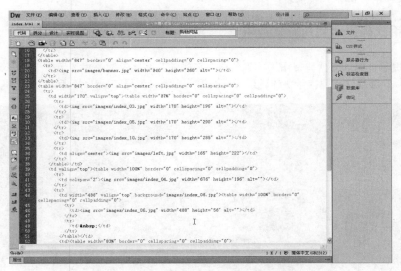

图 11-1　代码视图

11.2　管理标签库

标签库列出了绝大部分语言所用到的标签及其属性参数，对于编写代码的设计者来说，这是得心应手的工具，有了它可以轻松找到所需要的标签，然后根据列出的参数来使用它。对于初学者来说这也有所帮助，读者可以通过标签库来查看标签属性，从而更加全面地了解它。可以在 Dreamweaver 中使用"标签库编辑器"管理标签库。执行"编辑"｜"标签库"命令，弹出如图 11-2 所示的"标签库编辑器"对话框。

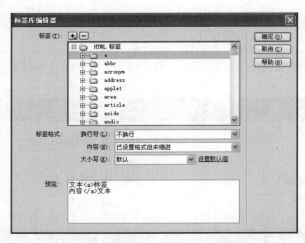

图 11-2 "标签库编辑器"对话框

11.3 Dreamweaver 中的编码

在 Dreamweaver 中的编码环境允许手工编写、编辑和测试页面中的代码（用多种语言编写的代码），Dreamweaver 不会改变用户手工编写的代码，除非用户启用了特定选项以重写某种无效代码，Dreamweaver 还提供了若干种功能，帮助用户高效率地编写和编辑代码。

11.3.1 使用代码提示加入背景音乐

通过代码提示，可以在代码视图中插入代码。在输入某些字符时，将显示一个列表，列出完成条目所需要的选项。下面通过代码提示讲述背景音乐的插入方法，效果如图 11-3 所示，具体操作步骤如下。

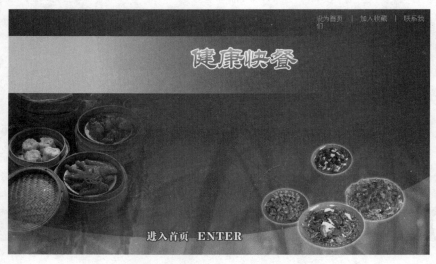

图 11-3 使用代码提示加入背景音乐效果

01 在使用代码之前，首先执行"编辑"|"首选参数"命令，弹出"首选参数"对话框，在该对话框中的"分类"列表中选择"代码提示"选项，选中所有复选框，并将"延迟"选项右侧的指针移动至最左端，设置为 0 秒，如图 11-4 所示。

02 打开网页文档，如图 11-5 所示。

第11章 使用Dreamweaver创建动态网页基础

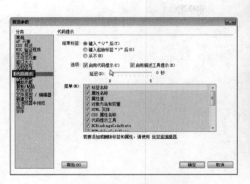

图 11-4 "首选参数"对话框

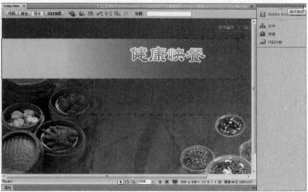

图 11-5 打开网页文档

03 切换到代码视图，找到标签 \<body>，并在其后面输入 "\<" 以显示标签列表，输入 "\<" 时会自动弹出一个列表框，如图 11-6 所示，向下滚动该列表并双击插入 bgsound 标签。

04 如果该标签支持属性，则按空格键以显示该标签允许的属性列表，从中选择属性 src，如图 11-7 所示，这个属性用来设置背景音乐文件的路径。

图 11-6 输入 "\<"

图 11-7 选择属性 src

05 按空格键后出现"浏览"字样，单击可以弹出"选择文件"对话框，在该对话框中选择音乐文件，如图 11-8 所示。

06 单击"确定"按钮，在新插入的代码后按空格键，在属性列表中选择属性 loop，如图 11-9 所示。

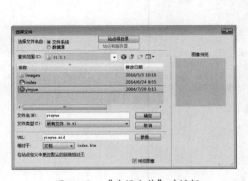

图 11-8 "选择文件"对话框

图 11-9 选择属性 loop

07 单击选中 loop，出现 "-1" 并选中。在最后的属性值后，为该标签输入 ">"，如图 11-10 所示。

153

图 11-10 输入 ">"

08 保存文件，按 F12 键在浏览器中预览效果，在如图 11-3 所示的网页中就能听到音乐了。

11.3.2 使用标签选择器插入标签

使用标签选择器可以将 Dreamweaver 标签库中的任何标签插入到页面中，下面在网页中插入一个嵌套的框架。有了标签选择器即可对网页中使用的各种语言标签，包括 HIML、CFML、ASP、ASP、NET、JSP 和 PHP 等进行全面浏览，用户无须费心去背那些标签名，也不用担心有输入的错误。

下面通过实例讲述使用标签选择器制作浮动框架，如图 11-11 所示，具体操作步骤如下。

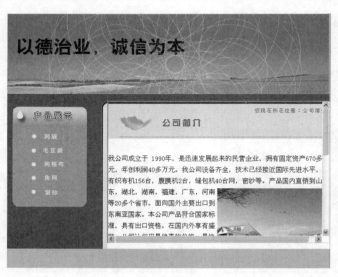

图 11-11 浮动框架效果

01 打开网页文档，如图 11-12 所示。

02 将光标置于页面文档中间空白处，执行"插入"|"标签"命令，弹出"标签选择器"对话框，选择"HTML 标签"|"页面元素"| iframe 选项，如图 11-13 所示。

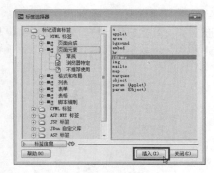

图 11-12 打开网页文档   图 11-13 "标签选择器"对话框

03 单击"插入"按钮，弹出"标签编辑器—iframe"对话框，在该对话框中单击"源"文本框右边的"浏览"按钮，在弹出的"选择文件"对话框中选择文件，如图 11-14 所示。

04 单击"确定"按钮，将"宽度"和"高度"分别设置为 528 和 325，"边距宽度"和"边距高度"设置为 0，"滚动"设置为"自动（默认）"，如图 11-15 所示。

图 11-14 "选择文件"对话框   图 11-15 "标签编辑器—iframe"对话框

05 单击"确定"按钮，在文档中插入浮动框架，如图 11-16 所示。保存文档，按 F12 键在浏览器中预览效果，如图 11-11 所示。

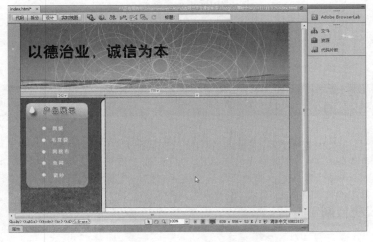

图 11-16 插入浮动框架

11.3.3 使用标签编辑器编辑标签

使用标签编辑器可以对网页代码中的标签进行编辑，添加标签属性或修改属性。如果修改代码中已有的标签，可以在代码窗口中选定要编辑的标签并右击，在弹出菜单中选择"编辑标签"选项，弹出"标签编辑器"对话框，对已有的标签进行编辑，如图11-17所示。

图 11-17 "标签编辑器"对话框

11.3.4 用标签检查器编辑标签

使用"标签检查器"还可以编辑标签，执行"窗口"｜"标签检查器"命令，打开"标签检查器"面板，然后在其标签显示窗口中找到要编辑的标签，其属性就会显示在属性列表中，如图11-18所示。

图 11-18 "标签检查器"面板

11.4 使用代码片断面板

使用代码片断可以大大减小代码编辑的工作量，在代码片断面板中可以存储 HTML、JavaScript、CFM、ASP 和 JSP 等代码片断，当需要重复使用这些代码时，即可很方便地在文档中插入这些代码，Dreamweaver 还包含了一些预定义的代码片断，可以使用它们作为起始点。

11.4.1 插入代码片断

插入代码片断的具体操作步骤如下。

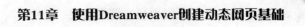

01 执行"窗口"｜"代码片断"命令，打开"代码片断"面板，如图 11-19 所示。

02 将光标置于要插入代码片断的位置，在"代码片断"面板中双击要插入的代码片断，单击面板左下角的"插入"按钮，如图 11-20 所示。

图 11-19 "代码片断"面板

图 11-20 插入的代码片断

03 插入代码片断后，在代码视图中的内容如图 11-21 所示。

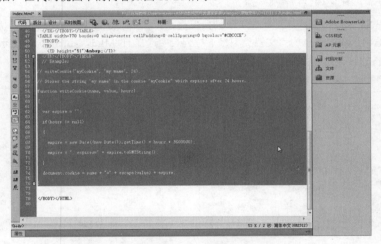

图 11-21 插入代码片断

11.4.2 创建代码片断

用户也可以创建并存储自己的代码片断，方便以后重复使用。在"代码片断"面板中单击底部的"新建代码片断"按钮，弹出"代码片断"对话框，如图 11-22 所示。

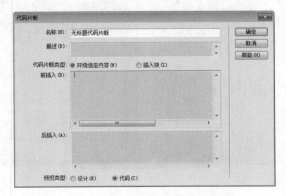

图 11-22 "代码片断"对话框

知识要点

"代码片断"对话框中主要有以下参数。

- 名称：在该文本框中输入代码片断的名称。
- 描述：对这段代码进行简单的描述。
- 代码片断类型：代码插入方式有"环绕选定内容"和"插入块"两种选择。
- 前插入："环绕选定内容"模式下，插入位置在选定对象之前的代码。
- 后插入："环绕选定内容"模式下，插入位置在选定对象之后的代码。
- 预览类型：可选择"设计"或"代码"。

11.5 插入 HTML 注释

插入 HTML 注释的具体操作步骤如下。

01 打开 Dreamweaver 软件，执行"文件"｜"新建"命令，弹出"新建文档"对话框，选择"空白页"｜HTML｜"无"选项，在右下角的"文档类型"下拉列表中选择 HTML5，如图 11-23 所示。

02 单击"创建"按钮，创建一个空白文档，如图 11-24 所示。

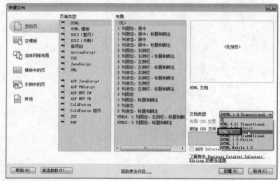

图 11-23 "新建文档"对话框

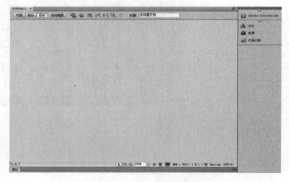

图 11-24 创建空白文档

03 切换至"代码视图"，在 body 之间输入文本和代码，如图 11-25 所示。

04 选中文本和代码，执行"插入"｜"注释"命令，如图 11-26 所示。

图 11-25 输入文本和代码

图 11-26 执行"插入"｜"注释"命令

05 执行命令后，如图 11-27 所示。

图 11-27 插入注释

注释在"设计视图"中是看不到的，如图 11-28 所示。

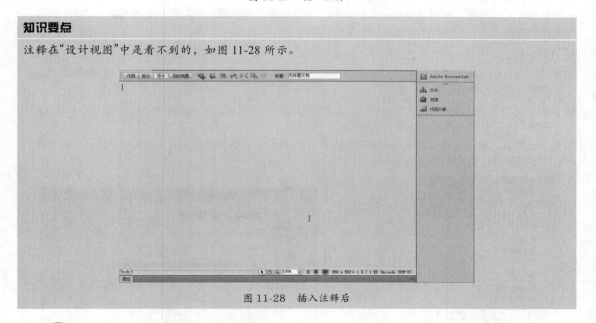

图 11-28 插入注释后

11.6 编辑数据表记录

11.6.1 创建记录集

创建记录集的具体操作步骤如下。

01 执行"窗口"｜"绑定"命令，打开"绑定"面板，在该面板中单击 ➕ 按钮，在弹出的菜单中选择"记录集（查询）"选项，如图 11-29 所示。

02 弹出"记录集"对话框，在该对话框中的"名称"文本框中输入 Rs1，在"连接"下拉列表中选择 gbook，在"表格"下拉列表中选择 gbook，"列"选中"选定的"选项，在列表中选择 g_id、subject 和 date，在"排序"下拉列表中选择 g_id 和"降序"，如图 11-30 所示。

03 单击"确定"按钮，创建记录集，如图 11-31 所示。

图 11-29 选择"记录集（查询）"选项

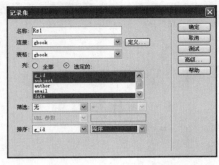

图 11-30 "记录集"对话框

图 11-31 创建记录集

11.6.2 插入记录

一般来说，要通过动态页面向数据库中添加记录，需要提供输入数据的页面，可以通过创建包含表单对象的页面来实现。利用 Dreamweaver CC 的"插入记录"服务器行为，即可向数据库中添加记录，具体操作步骤如下。

01 打开要创建插入服务器行为的页面，该页面应包含具有"提交"按钮的 HTML 表单。

02 单击文档窗口左下角状态栏中的 <form> 标签选中表单，执行"窗口"|"属性"命令，打开"属性"面板，在"表单名称"文本框中输入名称。

03 执行"窗口"|"服务器行为"命令，打开"服务器行为"面板，在该面板中单击 ➕ 按钮，在弹出的菜单中选择"插入记录"选项，如图 11-32 所示。

04 选择选项后，弹出"插入记录"对话框，如图 11-33 所示。在该对话框中设置相应的参数，单击"确定"按钮，即可创建插入服务器行为。

图 11-32 选择"插入记录"选项

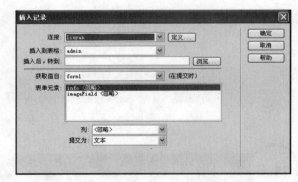

图 11-33 "插入记录"对话框

知识要点

"插入记录"对话框中主要有以下参数。

- 连接：用来指定一个已经建立好的数据库连接，如果在"连接"下拉列表中没有可用的连接出现，则可单击其右边的"定义"按钮建立一个连接。
- 插入到表格：选择要插入表的名称。
- 插入后，转到：输入一个文件名或单击"浏览"按钮选择。如果不输入文件，则插入后刷新该页面。
- 获取值自：指定存放记录内容的 HTML 表单。

- 表单元素：指定数据库中要更新的表单元素。
- 列：选择字段。
- 提交为：显示提交元素的类型。如果表单对象的名称和被设置字段的名称一致，Dreamweaver 会自动建立对应关系。

11.6.3　更新记录

利用 Dreamweaver 的更新记录服务器行为，可以在页面中实现更新记录操作，创建更新记录服务器行为的具体操作步骤如下。

01 执行"窗口"｜"服务器行为"命令，打开"服务器行为"面板，在该面板中单击![]按钮，在弹出的菜单中选择"更新记录"选项，如图 11-34 所示。

02 选择选项后，弹出"更新记录"对话框，如图 11-35 所示。

图 11-34　选择"更新记录"选项

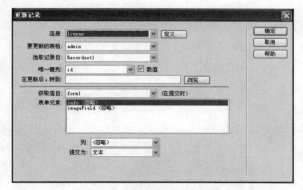

图 11-35　"更新记录"对话框

知识要点

"更新记录"对话框中主要有以下参数。

- 连接：用来指定一个已经建立好的数据库连接，如果在"连接"下拉列表中没有可用的连接出现，则可单击其右边的"定义"按钮建立一个连接。
- 要更新的表格：在下拉列表中选择要更新的表的名称。
- 选取记录自：下拉列表中指定页面中绑定的"记录集"。
- 唯一键列：在下拉列表中选择关键列，以识别在数据库表单上的记录。如果值是数字，则应该选中"数值"复选框。
- 在更新后，转到：在文本框中输入一个 URL，这样表单中的数据更新之后将转向这个 URL。
- 获取值自：在下拉列表中指定页面中表单的名称。
- 表单元素：在列表中指定 HTML 表单中的各个字段域名称。
- 列：在下拉列表中选择与表单域对应的字段列名称，在"提交为"下拉列表中选择字段的类型。

03 在该对话框中设置相应的参数，单击"确定"按钮，即可创建更新记录服务器行为。

11.6.4　删除记录

利用Dreamweaver CC 的删除记录服务器行为，可以在页面中实现删除记录的操作，具体操作步骤如下。

01 执行"窗口"|"服务器行为"命令，打开"服务器行为"面板，在该面板中单击按钮，在弹出的菜单中选择"删除记录"选项，如图 11-36 所示。

02 选择选项后，弹出"删除记录"对话框，如图 11-37 所示。

图 11-36　选择"删除记录"选项　　　图 11-37　"删除记录"对话框

知识要点

"删除记录"对话框中主要有以下参数。

- 连接：用来指定一个已经建立好的数据库连接，如果在"连接"下拉列表中没有可用的连接出现，则可单击其右边的"定义"按钮建立一个连接。

- 从表格中删除：在下拉列表中选择从哪个表中删除记录。

- 选取记录自：在下拉列表中选择使用的记录集的名称。

- 唯一键列：在下拉列表中选择要删除记录所在表的关键字字段，如果关键字字段的内容是数字，则需要选中其右侧的"数值"复选框。

- 提交此表单以删除：在下拉列表中选择提交删除操作的表单名称。

- 删除后，转到：在文本框中输入该页面的 URL 地址。如果不输入地址，更新操作后则刷新当前页面。

03 在该对话框中设置相应的参数，单击"确定"按钮，即可创建删除记录服务器行为。

11.7　添加服务器行为

　　服务器行为是一些典型的、常用的、可定制的 Web 应用代码模块，向页面中添加服务器行为的方法非常简单，既可以通过"数据"插入栏，也可以通过"服务器行为"面板。

指点迷津

如何获得更多的服务器行为？

为了使 Web 应用程序实现更多的功能，可以在其中安装更多的服务器行为。如果能熟练地运用 JavaScript、VBScript、Java 或者 ColdFusion，那么即可自己编写服务器行为。

11.7.1　创建重复区域

　　重复区域主要是使动态数据源所在的区域进行重复，以使记录集中的所有记录都能被显示出来，创建重复区域的具体操作步骤如下。

01 选中要创建重复区域的部分。

02 执行"窗口"｜"服务器行为"命令，打开"服务器行为"面板，在该面板中单击 ⊞ 按钮，在弹出的菜单中选择"重复区域"选项，如图11-38所示。

03 选择选项后，弹出"重复区域"对话框，如图11-39所示。

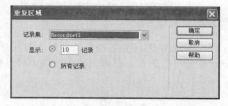

图 11-38　选择"重复区域"选项　　　　图 11-39　"重复区域"对话框

04 在该对话框中的"记录集"下拉列表中选择相应的记录集，"显示"文本框中输入要预览的记录数，默认值为10个记录。单击"确定"按钮，即可创建重复区域服务器行为。

11.7.2　创建显示区域

当需要显示某个区域时，Dreamweaver可以根据条件动态显示，如记录导航链接，当把"前一个"和"下一个"链接增加到结果页面之后指定"前一个"链接应该在第一个页面被隐藏（记录集指针已经指向头部），"下一个"链接应该在最后一页被隐藏（记录集指针已经指向尾部）。创建显示区域的具体操作步骤如下。

01 执行"窗口"｜"服务器行为"命令，打开"服务器行为"面板，在该面板中单击 ⊞ 按钮，在弹出的菜单中选择"显示区域"选项，在弹出的子菜单中可以根据需要选择，如图11-40所示。

02 如图11-41所示为"如果记录集为空则显示区域"对话框，在该对话框中的"记录集"下拉列表中选择记录集。

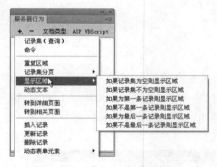

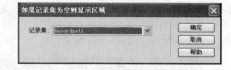

图 11-40　"显示区域"选项　　　　图 11-41　"如果记录集为空则显示区域"对话框

知识要点

"显示区域"的子菜单中主要有以下参数。

- 如果记录集为空则显示区域：只有当记录集为空时才显示所选区域。
- 如果记录集不为空则显示区域：只有当记录集不为空时才显示所选区域。
- 如果为第一条记录则显示区域：当处于记录集中的第一条记录时，显示选中区域。
- 如果不是第一条记录则显示区域：当当前页中不包括记录集中第一条记录时，显示所选区域。
- 如果为最后一条记录则显示区域：当当前页中包括记录集最后一条记录时，显示所选区域。
- 如果不是最后一条记录则显示区域：当当前页中不包括记录集中最后一条记录时，显示所选区域。

03 单击"确定"按钮,即可创建显示区域服务器行为。

显示区域服务器行为除"如果记录集为空则显示区域"和"如果记录集不为空则显示区域"两个服务器行为之外,其他4个服务器行为在使用之前都需要添加移动记录的服务器行为。

11.7.3 记录集分页

Dreamweaver CC 提供的记录集分页服务器行为,实际上是一组将当前页面和目标页面的记录集信息整理成 URL 地址参数的程序段。

01 执行"窗口"|"服务器行为"命令,打开"服务器行为"面板,在该面板中单击<kbd>+</kbd>按钮,在弹出的菜单中选择"记录集分页"选项,在弹出的子菜单中可以根据需要选择,如图11-42所示。

> **知识要点**
>
> "记录集分页"的子菜单中主要有以下参数。
>
> - 移至第一条记录:将所选的链接或文本设置为跳转到记录集显示子页的第一页的链接。
> - 移至前一条记录:将所选的链接或文本设置为跳转到上一记录显示子页的链接。
> - 移至下一条记录:将所选的链接或文本设置为跳转到下一记录子页的链接。
> - 移至最后一条记录:将所选的链接或文本设置为跳转到记录集显示子页的最后一页的链接。
> - 移至特定记录:将所选的链接或文本设置为从当前页跳转到指定记录显示子页的第一页的链接。

图 11-42 "记录集分页"选项

02 如图11-43所示是"移至第一条记录"对话框,在该对话框中的"记录集"下拉列表中选择记录集。移至特定记录服务器行为与其他4个移动记录服务器行为对话框不同,该对话框如图11-44所示。单击"确定"按钮,即可创建记录集分页服务器行为。

图 11-43 "移至第一条记录"对话框

图 11-44 "移至特定记录"对话框

> **知识要点**
>
> "移至特定记录"对话框中主要有以下参数。
>
> - 移至以下内容中的记录:在下拉列表中选择记录集。
> - 其中的列:在下拉列表中选择记录集中的一个字段。
> - 匹配 URL 参数:输入对应 URL 参数。

11.7.4　转到详细页面

转到详细页面服务器行为可以将信息或参数从一个页面传递到另一个页面。创建转到详细页面服务器行为的具体操作步骤如下。

01 在列表页面中选中要设置为指向详细页上的动态内容。

02 执行"窗口"｜"服务器行为"命令，打开"服务器行为"面板，在该面板中单击 ➕ 按钮，在弹出的菜单中选择"转到详细页面"选项，弹出"转到详细页面"对话框，如图11-45所示。

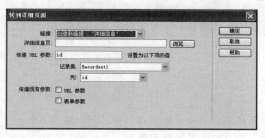

图 11-45　"转到详细页面"对话框

知识要点

"转到详细页面"对话框中主要有以下参数。

- 链接：在下拉列表中可以选择要把行为应用到哪个链接上。如果在文档中选择了动态内容，则会自动选择该内容。
- 详细信息页：在文本框中输入细节页面对应页面的 URL 地址，或单击右边的"浏览"按钮选择。
- 传递 URL 参数：在文本框中输入要通过 URL 传递到细节页中的参数名称，然后设置以下选项的值。
  - » 记录集：选择通过 URL 传递参数所属的记录集。
  - » 列：选择通过 URL 传递参数所属记录集中的字段名称，即设置 URL 传递参数的值的来源。
- URL 参数：选中此复选框，表明将结果页中的 URL 参数传递到细节页上。
- 表单参数：选中此复选框，表明将结果页中的表单值以 URL 参数的方式传递到细节页上。

03 在该对话框中设置相应的参数，单击"确定"按钮，即可创建转到详细页面记录服务器行为。

11.7.5　转到相关页面

转到相关页面可以建立一个链接打开另一个页面而不是它的子页面，并且传递信息到该页面。创建转到相关页面的具体操作步骤如下。

01 在要传递参数的页面中，选中要实现转到相关页的文字。

02 执行"窗口"｜"服务器行为"命令，打开"服务器行为"面板，在该面板中单击 ➕ 按钮，在弹出的菜单中选择"转到相关页面"选项，选择选项后，弹出"转到相关页面"对话框，如图11-46所示。

图 11-46　"转到相关页面"对话框

知识要点

"转到相关页面"对话框中主要有以下参数。

- 链接：在下拉列表中选择某个现有的链接，该行为将被应用到该链接上。如果在该页面上选中了某些文字，该行为将把选中的文字设置为链接。如果没有选中文字，那么在默认状态下Dreamweaver CC 会创建一个名为"相关"的超文本链接。
- 相关页：在文本框中输入相关页的名称或单击"浏览"按钮选择。
- URL 参数：选中此复选框，表明将当前页面中的 URL 参数传递到相关页上。
- 表单参数：选中此复选框，表明将当前页面中的表单参数值以 URL 参数的方式传递到相关页上。

03 在该对话框中设置相应的参数，单击"确定"按钮，即可创建转到相关页面服务器行为。

11.7.6 用户身份验证

为了更能有效地管理共享资源的用户，需要规范化访问共享资源的行为。通常采用注册（新用户取得访问权）→登录（验证用户是否合法并分配资源）→访问授权的资源→退出（释放资源）这个行为模式来实施管理。

01 在定义"检查新用户名"之前需要先定义一个"插入"服务器行为。其实"检查新用户名"行为是限制"插入"行为的，它用来验证插入的指定字段的值在记录集中是否唯一。

02 执行"窗口"｜"服务器行为"命令，打开"服务器行为"面板，在该面板中单击 按钮，在弹出的菜单中选择"用户身份验证"｜"检查新用户名"选项，选择选项后，弹出"检查新用户名"对话框，如图11-47 所示。

03 在该对话框中的"用户名字段"下拉列表中选择需要验证的记录字段（验证该字段在记录集中是否唯一），如果字段的值已经存在，那么可以在"如果存在，则转到"文本框中指定引导用户所去的页面。

04 在该对话框中设置相应的参数，单击"确定"按钮即可。

05 单击"服务器行为"面板中的 按钮，在弹出的菜单中选择"用户身份验证"｜"登录用户"选项，弹出"登录用户"对话框，如图11-48 所示。

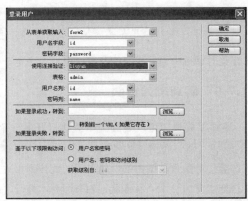

图 11-47 "检查新用户名"对话框   图 11-48 "登录用户"对话框

06 在该对话框中设置相应的参数，单击"确定"按钮即可。

知识要点

"登录用户"对话框中主要有以下参数。

- 从表单获取输入：在下拉列表中选择接受哪一个表单的提交。
- 用户名字段：在下拉列表中选择用户名所对应的文本框。
- 密码字段：在下拉列表中选择用户密码所对应的文本框。
- 使用连接验证：在下拉列表中确定使用哪一个数据库连接。
- 表格：在下拉列表中确定使用数据库中的哪一个表格。
- 用户名列：在下拉列表中选择用户名对应的字段。
- 密码列：在下拉列表中选择密码对应的字段。
- 如果登录成功（验证通过）那么就将用户引导至"如果登录成功，转到"文本框所指定的页面。
- 如果存在一个需要通过当前定义的登录行为验证才能访问的页面，则应选中"转到前一个URL（如果它存在）"复选框。
- 如果登录不成功，那么就将用户引导至"如果登录失败，转到"文本框所指定的页面。
- 在"基于以下项限制访问"选项提供的一组单选按钮中，可以选择是否包含级别验证。

07 单击"服务器行为"面板中的 ⊞ 按钮，在弹出的菜单中选择"用户身份验证" | "限制对页的访问"选项，弹出"限制对页的访问"对话框，如图11-49所示。

08 在该对话框中设置相应的参数，单击"确定"按钮即可。

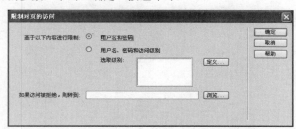

图11-49　"限制对页的访问"对话框

知识要点

"限制对页的访问"对话框中主要有以下参数。

- 在"基于以下内容进行限制"选项提供的一组单选按钮中，可以选择是否包含级别验证。
- 如果没有经过验证，那么就将用户引导至"如果访问被拒绝，则转到"文本框所指定的页面。
- 如果需要经过验证，可以单击"定义"按钮，弹出"定义访问级别"对话框，其中 ⊞ 按钮用来添加级别，⊟ 按钮用来删除级别，"名称"文本框用来指定级别的名称。

09 单击"服务器行为"面板中的 ⊞ 按钮，在弹出的菜单中选择"用户身份验证" | "注销用户"选项，弹出"注销用户"对话框，如图11-50所示。

10 在该对话框中设置相应的参数，单击"确定"按钮即可。

图 11-50　"注销用户"对话框

知识要点

"注销用户"对话框中主要有以下参数。

- 单击链接：指的是当用户指定的链接时运行。
- 页面载入：指的是加载本页面时运行。
- 在完成后，转到：用来指定运行"注销用户"行为后，引导用户所至的页面。

第12章

设计制作搜索查询系统

本章导读　　互联网经过近几年的高速发展，网上的信息量已经极其庞大。如果用户想快速地查询到自己需要的信息，应该怎么做呢？这时就需要使用搜索查询系统。在本章我们将学习如何制作搜索查询系统。

技术要点：

◆　熟悉搜索查询系统　　　　　　　　　　　　◆　掌握制作搜索系统主要页面的制作方法

◆　了解创建数据库和数据库连接的方法

实例展示

搜索页面

按名称搜索结果页面

按价格搜索结果页面

12.1 搜索查询系统概述

现在的网站上存储的数据非常多，如在一个大型网站中，数据库存储的信息可能有几十万条记录。如何在这些记录中找到用户想要的信息，这就需要网站提供查询系统来供用户使用。

搜索查询系统是网站建设过程中的一个核心内容。对于具备一定规模的网站，其数量同样达到了特定的规模。显然，如果此时将全部的数据显示在页面中，不仅网页无法容纳，而且加载过多的数据将会消耗有限的系统和网络资源。因此，在网页中只显示重要的数据内容，并且尽可能减少数据库操作。

查询系统的设计思路其实很简单，可以编写合适的 SQL 语言来查询数据库，然后将查询到的结果以网页的形式返回到客户端，如图 12-1 所示是搜索查询系统的页面结构图。

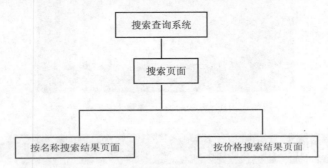

图 12-1 搜索查询系统的页面结构图

搜索页面sousuo.asp，如图 12-2 所示，在此页面中输入要查询的关键字，然后单击"查询"按钮提交表单，搜索结果将显示在页面中。

按名称搜索结果页面 jieguo.asp，如图 12-3 所示，在此页面中显示按商品名称查询的一些信息。

图 12-2 搜索页面

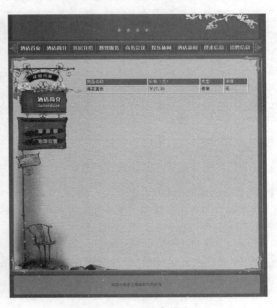

图 12-3 按名称搜索结果页面

按价格搜索结果页面 jiage.asp，如图 12-4 所示，在此页面中显示按商品价格查询的一些信息。

图 12-4　按价格搜索结果页面

12.2　创建数据库和数据库连接

　　本章讲述的搜索查询系统数据库 sousuo，其中有一个搜索查询表，其中的字段名称、数据类型和说明见表 12-1 所示。

表 12-1　搜索查询表 sousuo

字段名称	数据类型	说明
sousuo_id	自动编号	自动编号
sousuo_name	文本	商品名称
jiage	货币	商品价格
leixing	文本	商品类型
content	备注	商品简介

　　创建数据库连接的具体操作步骤如下。

01 打开要创建数据库连接的文档，执行"窗口"｜
"数据库"命令，打开"数据库"面板，在该面板
中单击 ➕ 按钮，在弹出的菜单中选择"数据源名称
（DSN）"选项，如图 12-5 所示。

02 弹出"数据源名称（DSN）"对话框，在"连接名称"
文本框中输入名称 sousuo，"数据源名称（DSN）"
下拉列表中选择 sousuo 选项，如图 12-6 所示。

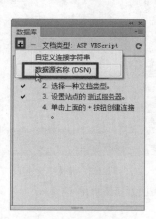

图 12-5　选择"数据源名称（DSN）"选项

图 12-6　"数据源名称（DSN）"对话框

03 单击"确定"按钮，即可成功连接，此时"数据库"面板如图 12-7 所示。

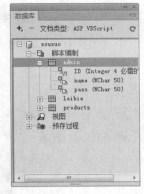

图 12-7　"数据库"面板

12.3　制作搜索系统主要页面

查询系统的页面构成比较简单，它包括了搜索页面和查询结果页面，其中搜索页面用于搜集表单信息，查询结果页面用于显示查询的结果。本节将介绍搜索系统主要页面的制作方法。

12.3.1　制作搜索页面

搜索查询页面是查询系统的首页，主要用于搜集用户的信息输入并负责将表单数据提交到查询结果显示页面。搜索页面效果如图 12-8 所示，设计的要点是插入表单对象，具体操作步骤如下。

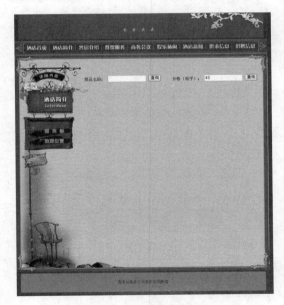

图 12-8　搜索页面效果

01 打开网页文档 index.htm，将其另存为 sousuo.asp，如图 12-9 所示。

图 12-9　另存文档

02 将光标置于相应的位置，执行"插入"｜"表格"命令。插入1行2列的表格，在"属性"面板中将"填充"和"间距"均设置为2，"对齐"设置为"居中对齐"，如图 12-10 所示。

图 12-10　插入表格

173

03 将光标置于第 1 列单元格中，执行"插入"|"表单"|"表单"命令，插入表单，在"属性"面板中的"表单名称"文本框中输入 form1，如图 12-11 所示。

图 12-11 插入表单

04 将"动作"设置为 jieguo.asp，在"目标"下拉列表中选择 _blank，"方法"设置为 GET，将光标置于表单中，输入相应的文字，如图 12-12 所示。

图 12-12 输入文字

05 将光标置于文字的右边，插入文本域，在"文本域名称"中输入 sousuo_name，"字符宽度"设置为 15，"最多字符数"设置为 25，"类型"设置为"单行"，如图 12-13 所示。

图 12-13 插入文本域

06 将光标置于文本域的后面，执行"插入"|"表单"|"按钮"命令，插入按钮，在"值"文本框中输入"查询"，"动作"设置为"提交表单"，如图 12-14 所示。

图 12-14 插入按钮

07 将光标置于第 2 列单元格中，执行"插入"|"表单"|"表单"命令，插入表单，在"属性"面板中的"表单名称"文本框中输入 form2，"动作"设置为 jiage.asp，在"目标"下拉列表中选择 _blank，讲"方法"设置为 GET，如图 12-15 所示。

图 12-15 插入表单

08 将光标置于表单中，输入相应的文字，如图 12-16 所示。

图 12-16 输入文字

09 将光标置于文字的右边，插入文本域，在"属性"面板中的"文本域"名称中输入 jiage，"字符宽度"设置为 15，"最多字符数"设置为 25，"类型"设置为"单行"，如图 12-17 所示。

10 将光标置于文本域的右边，执行"插入"｜"表单"｜"按钮"命令，插入按钮，在"属性"面板中的"值"文本框中输入"查询"，将"动作"设置为"提交表单"，如图 12-18 所示。

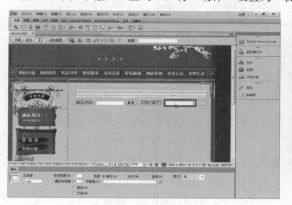 

图 12-17　插入文本域　　　　　　　　　　图 12-18　插入按钮

12.3.2　制作按名称搜索结果页面

按名称搜索结果页面的功能是获取并处理搜索查询页面所提交的表单数据，并最终将结果显示在页面中，效果如图 12-19 所示，设计的要点是创建记录集、绑定字段和创建重复区域服务器行为，具体操作步骤如下。

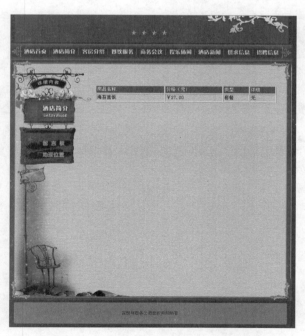

图 12-19　按名称搜索结果页面的效果

01 打开网页文档 index.htm，将其另存为 jieguo.asp。将光标置于相应的位置，执行"插入"｜"表格"命令，插入 2 行 4 列的表格，在"属性"面板中将"填充"和"间距"均设置为 2，"边框"设置为 1，如图 12-20 所示。

02 选中第 1 行单元格，在"属性"面板中将"背景颜色"设置为 #C92432，如图 12-21 所示。

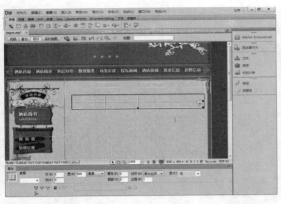

图 12-20 插入表格

图 12-21 设置单元格背景颜色

03 分别在第 1 行单元格中输入相应的文字，将"文本颜色"设置为 #FFF，如图 12-22 所示。

04 单击"绑定"面板中的 ➕ 按钮，在弹出菜单中选择"记录集（查询）"选项，弹出"记录集"对话框。在"名称"中输入 Rs1，在"连接"下拉列表中选择 sousuo，在"表格"下拉列表中选择 sousuo，"列"中选中"全部"选项，在"筛选"下拉列表中选择 sousuo_name、包含（=）、URL 参数和 sousuo_name，"排列"选择 sousuo_id 和降序，如图 12-23 所示。

图 12-22 输入文字

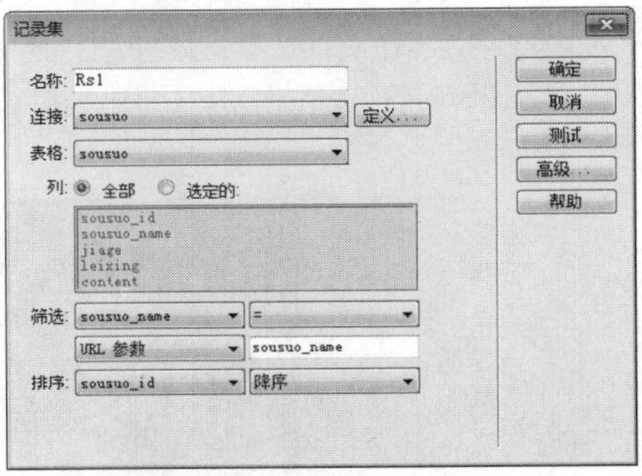

图 12-23 "记录集"对话框

05 在"记录集"对话框中单击右边的"测试"按钮，弹出"请提供一个测试值"对话框，在该对话框的文本框中输入一个商品的名称，如图 12-24 所示。

06 单击"确定"按钮，弹出"测试 SQL 指令"对话框，说明记录集已设置成功，如图 12-25 所示。

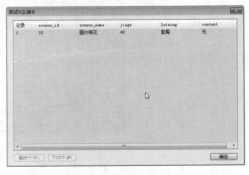

图 12-24 "请提供一个测试值"对话框

图 12-25 "测试 SQL 指令"对话框

07 单击"确定"按钮，返回到"记录集"对话框，单击"确定"按钮创建记录集，如图 12-26 所示，其代码如下所示。

```
<%Dim Rs1
Dim Rs1_cmd
Dim Rs1_numRows
Set Rs1_cmd = Server.CreateObject ("ADODB.Command")
Rs1_cmd.ActiveConnection = MM_sousuo_STRING
' 按照名称搜索
Rs1_cmd.CommandText = "SELECT * FROM sousuo
WHERE sousuo_name like ? ORDER BY sousuo_id DESC"
Rs1_cmd.Prepared = true
Rs1_cmd.Parameters.Append
Rs1_cmd.CreateParameter("param1", 200, 1, 50, Rs1__MMColParam)
Set Rs1 = Rs1_cmd.Execute
Rs1_numRows = 0%>
```

代码解析

上面的代码用于查询名称中包含有关键字的商品信息。SQL 语句中除了基本语句外，还包含了一个 like 操作符。like 操作符是定义"筛选"条件中字段与 URL 参数的运算与对比关系后产生的，即"包含"。

08 将光标置于第 2 行第 1 列的单元格中，在"绑定"面板中展开记录集 Rs1，选中 sousuo_name 字段，单击右下角的"插入"按钮绑定字段，如图 12-27 所示。

图 12-26　创建记录集　　　　　　　　　图 12-27　绑定字段

09 按照步骤 08 的方法，分别将 jiage、leixing 和 content 字段绑定到相应的位置，如图 12-28 所示。

10 选中第 2 行单元格，单击"服务器行为"面板中的 ➕ 按钮，在弹出的菜单中选中"重复区域"选项，弹出"重复区域"对话框，在该对话框中的"记录集"下拉列表中选中 Rs1，"显示"中选中"所有记录"选项，如图 12-29 所示。

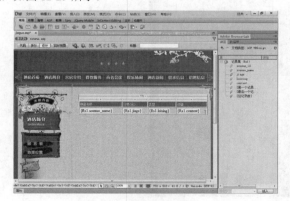

图 12-28　绑定字段　　　　　　　　图 12-29　"重复区域"对话框

11 单击 "确定" 按钮，创建重复区域服务器行为，如图 12-30 所示，插入的重复区域代码如下所示。

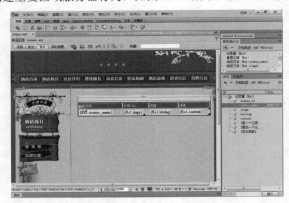

图 12-30 创建重复区域服务器行为

```
<% While ((Repeat1__numRows <> 0) AND (NOT Rs1.EOF)) %>
        <tr>
          <td><%=(Rs1.Fields.Item("sousuo_name").Value)%></td>
          <td><%=(Rs1.Fields.Item("jiage").Value)%></td>
          <td><%=(Rs1.Fields.Item("leixing").Value)%></td>
          <td><%=(Rs1.Fields.Item("content").Value)%></td>
        </tr>
        <%
  Repeat1__index=Repeat1__index+1
  Repeat1__numRows=Repeat1__numRows-1
  Rs1.MoveNext()
Wend
%>
```

提示

这段重复区域代码的作用是循环显示满足条件的商品名称、价格、类型和详细内容。

12.3.3 制作按价格搜索结果页面

按价格搜索结果页面的效果如图 12-31 所示，具体操作步骤如下。

图 12-31 按价格搜索结果页面效果

01 打开网页文档 index.htm，将其另存为 jiage.asp。将光标置于相应的位置，执行"插入"｜"表格"命令，插入 2 行 4 列的表格，在"属性"面板中将"填充"和"间距"均设置为 2，"边框"设置为 1，如图 12-32 所示。

图 12-32 插入表格

02 选中第 1 行单元格，在"属性"面板中将"背景颜色"设置为 #C92432，如图 12-33 所示。

图 12-33 设置单元格背景颜色

03 分别在第 1 行单元格中输入相应的文字，将"文本颜色"设置为 #FFF，如图 12-34 所示。

图 12-34 输入文字

04 单击"绑定"面板中的 ➕ 按钮，在弹出的菜单中

选择"记录集（查询）"选项，弹出"记录集"对话框。在该对话框中的"名称"文本框中输入 Rs1，在"连接"下拉列表中选择 sousuo，在"表格"下拉列表中选择 sousuo，"列"中选中"全部"选项，在"筛选"下拉列表中选择 jiage、<=、URL 参数和 jiage，"排列"选择 sousuo_id 和降序，如图 12-35 所示。

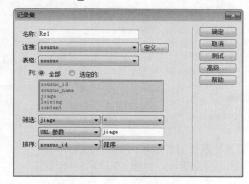

图 12-35 "记录集"对话框

05 在"记录集"对话框中单击右边的"高级"按钮，切换到"记录集"对话框的高级模式，如图 12-36 所示。

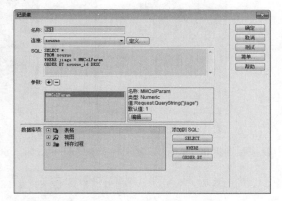

图 12-36 "记录集"对话框的高级模式

06 在该对话框中单击"编辑"按钮，弹出"编辑参数"对话框，在该对话框中的"默认值"文本框中输入 0，如图 12-37 所示。

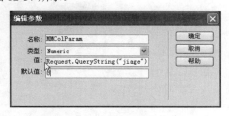

图 12-37 "编辑参数"对话框

07 单击"确定"按钮，返回到"记录集"对话框的高级模式，单击"确定"按钮，创建记录集，如图 12-38 所示，其代码如下所示。

```
<%Dim Rs1
Dim Rs1_cmd
Dim Rs1_numRows
Set Rs1_cmd = Server.CreateObject ("ADODB.Command")
Rs1_cmd.ActiveConnection = MM_sousuo_STRING
' 按价格搜索
Rs1_cmd.CommandText = "SELECT * FROM sousuo
WHERE jiage <= ? ORDER BY sousuo_id DESC"
Rs1_cmd.Prepared = true
Rs1_cmd.Parameters.Append
Rs1_cmd.CreateParameter("param1", 5, 1, -1, Rs1__MMColParam)
Set Rs1 = Rs1_cmd.Execute
Rs1_numRows = 0%>
```

代码解析

上面的代码用于查询商品名称中小于某个价格的商品。关键是设置了一个 <= 操作符。

08 将光标置于第2行第1列的单元格中，在"绑定"面板中展开记录集 Rs1，选中 sousuo_name 字段，单击"插入"按钮绑定字段，如图 12-39 所示。

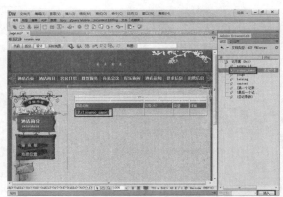

图 12-38 创建记录集　　　　　　　图 12-39 绑定字段

09 按照步骤 08 的方法，分别将 jiage、leixing 和 content 字段绑定到相应的位置，如图 12-40 所示。

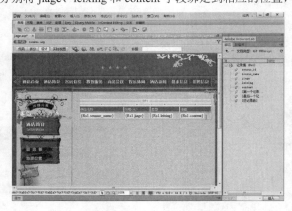

图 12-40 绑定字段

10 选中第2行单元格，单击"服务器行为"面板中的 ➕ 按钮，在弹出的菜单中选中"重复区域"选项，弹出"重复区域"对话框，在"记录集"下拉列表中选中 Rs1，"显示"中选中"所有记录"选项，如图 12-41 所示。

11 单击"确定"按钮，创建重复区域服务器行为，如图 12-42 所示。

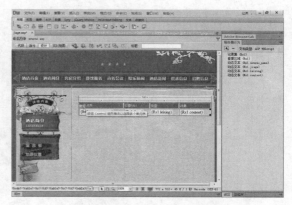

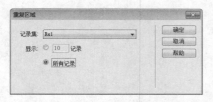

图 12-41 "重复区域"对话框   图 12-42 创建重复区域服务器行为

12 选中占位符 {Rs1.jiage}，在"绑定"面板中单击 ▼ 按钮，在弹出的菜单中选择"货币"｜"默认值"选项，如图 12-43 所示。

13 选择选项后，效果如图 12-44 所示。

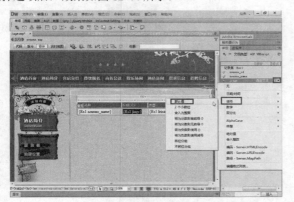

图 12-43 选择"货币"｜"默认值"选项   图 12-44 "绑定"面板

第13章

设计制作网上调查系统

本章导读　调查系统是为了了解某个事物的相关情况而提出的一系列问题。随着网络的出现，网上调查系统也随之出现，极大地方便了人们对某个特定事物的了解。网上调查系统可广泛应用在网民对某个主题活动的投选活动中，其具有操作简便、易于统计并实时显示等特点，这也就使网络上各站点能轻松应用到具体的调查应用中。本章将介绍一个网上调查系统的开发设计过程。

技术要点：

◆　熟悉网上调查系统
◆　掌握调查系统数据库表的创建方法

◆　掌握调查页的创建方法
◆　掌握查看调查结果页的制作方法

实例展示

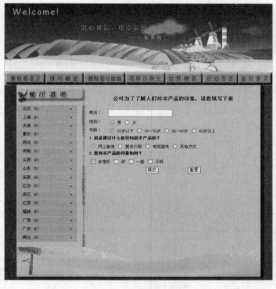

制作调查页面　　　　　　　　　　　　　制作查看调查结果面

13.1　系统设计分析

常见的调查系统由两个功能模块组成：一个是提供输入个人信息的调查信息页面，这里需要被调查对象填写内容；另一个是显示调查结果的调查结果页面，主要用于统计共有多少人参加了调查，并且记录每个被调查对象的个人信息，如图 13-1 所示是网上调查系统结构图。

图 13-1　网上调查系统结构图

利用 Dreamweaver 实现网上调查系统的设计思路如下。

（1）设计数据库表。

（2）在 Dreamweaver 中定义站点。

（3）在 Dreamweaver 中建立数据库连接。

（4）设计调查信息页面。

（5）设计调查结果页面。

调查页面 diaocha.asp，如图 13-2 所示，在这个页面中显示调查的一些信息，用户可以在此页面输入调查资料和个人资料，然后单击"提交"按钮，网页会将用户提交的资料全部提交给服务器端并插入到相应的数据表中。

查看调查结果 jieguo.asp，如图 13-3 所示，在这个页面中显示调查的详细结果信息，可以看到参加调查的总人数、调查项目的相关统计和参与调查的个人信息。

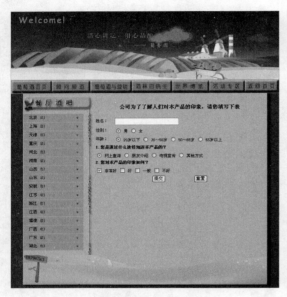

图 13-2　调查页面　　　　　　　图 13-3　查看调查结果页面

13.2　创建数据表

用户填写的个人信息以记录的形式保存在一个数据表中。本章讲述的网上调查系统数据库是 diaocha，其中有一个调查信息表，其中的字段名称、数据类型和说明见表 13-1 所示。

表 13-1　调查信息表 diaocha

字段名称	数据类型	说明
user	文本	姓名
sex	文本	性别
age	数字	年龄
tujing	数字	途径
fchh	是 / 否	产品满意度非常好
hao	是 / 否	好
yiban	是 / 否	一般
buhao	是 / 否	不好

13.3 创建数据库连接

创建数据库连接的具体操作步骤如下。

01 打开要创建数据库连接的文档，执行"窗口"｜"数据库"命令，打开"数据库"面板，在该面板中单击➕按钮，在弹出的菜单中选择"自定义连接字符串"选项，如图 13-4 所示。

02 弹出"自定义连接字符串"对话框，在"连接名称"文本框中输入 diaocha，在"连接字符串"文本框中输入以下代码，如图 13-5 所示。

```
"Provider=Microsoft.JET.Oledb.4.0;Data Source="&Server.Mappath("/diaocha.mdb")
```

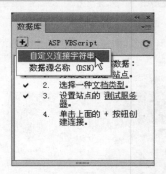

图 13-4 选择"自定义连接字符串"选项

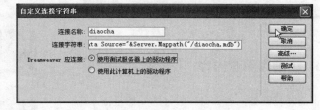

图 13-5 "自定义连接字符串"对话框

03 单击"确定"按钮，即可成功连接，此时的"数据库"面板如图 13-6 所示。

图 13-6 "数据库"面板

13.4 创建调查页面

调查信息页是调查系统的前台页面，主要用来填写被调查对象的姓名、性别、年龄及对调查产品的意见等个人信息，一般由调查对象填写。对于调查的内容一般以单选按钮和复选框的形式出现，通过单击"提交"按钮，即可将投票结果传递到处理页面。调查页面效果如图 10-7 所示，设计的要点是插入表单对象和插入记录服务器行为。

图 13-7 调查页面效果

13.4.1 制作调查内容

下面制作调查内容部分，设计的要点是插入表单对象。制作时首先利用表格完成页面的基本框架结构设计，然后在相应的单元格中插入文字和表单对象。在插入表单对象时，一定要设置表单控件的名称，并且与数据库表中相应的字段一致，具体操作步骤如下。

01 打开网页文档 index.htm，将其另存为 diaocha.asp，如图 13-8 所示。将光标置于相应的位置，按Enter 键换行，输入文字。

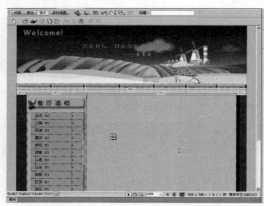

图 13-8 另存为 diaocha.asp

02 在"属性"面板中将"大小"设置为 11 点，单击"粗体"按钮 **B** 对文字加粗，单击"居中对齐"按钮 **≡** 将文字设置为居中对齐，如图 13-9 所示。

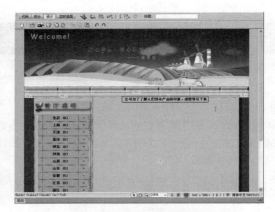

图 13-9 输入文字

03 将光标置于文字的右边，执行"插入"|"表单"|"表单"命令，插入表单，如图 13-10 所示。

图 13-10 插入表单

04 将光标置于表单中，插入 3 行 2 列的表格，将"填充"和"间距"均设置为 2，将"对齐"设置为"居中对齐"，如图 13-11 所示。

图 13-11 插入表格

05 分别在第 1 列单元格中输入相应的文字，如图13-12 所示。将光标置于第 1 行第 2 列单元格中，插入文本域。

图 13-12 输入文字

06 在"属性"面板中的"文本域名称"文本框中输入 user,"字符宽度"设置为 25,"类型"设置为"单行",如图 13-13 所示。

图 13-13 插入文本域

07 将光标置于第 2 行第 2 列的单元格中,插入单选按钮,在"属性"面板中的"单选按钮"名称文本框中输入 sex,在"选定值"文本框中输入 false,"初始状态"设置为"已选中",如图 13-14 所示。

图 13-14 插入单选按钮

08 将光标置于单选按钮的后面,输入文字"男",如图 13-15 所示。

图 13-15 输入文字

09 将光标置于文字"男"的后面,再插入一个单选按钮,在"属性"面板中的"单选按钮名称"文本框中输入 sex,在"选定值"文本框中输入 true,"初始状态"设置为"未选中",如图 13-16 所示。

图 13-16 插入单选按钮

10 将光标置于单选按钮的后面,输入文字"女",如图 13-17 所示。

图 13-17 输入文字

11 将光标置于第 3 行第 2 列的单元格中，插入单选按钮，在"属性"面板中的"单选按钮"名称文本框中输入 age，在"值"文本框中输入 1，"初始状态"设置为"已选中"，如图 13-18 所示。

图 13-18　插入单选按钮

12 将光标置于单选按钮的右边，输入文字"20 岁以下"，如图 13-19 所示。

图 13-19　输入文字

13 按照步骤 11 ～ 12 的方法，插入其他的单选按钮，"单选按钮"名称都设置为 age，"选定值"文本框中分别输入 2、3、4，并分别在单选按钮后面输入文字，如图 13-20 所示。

图 13-20　插入单选按钮并输入文字

14 将光标置于表格的右边，插入 5 行 1 列的表格，在"属性"面板中将"填充"和"间距"均设置为 2，"对齐"设置为"居中对齐"，如图 13-21 所示。

图 13-21　插入表格

15 将光标置于第 1 行单元格中，输入文字，单击"粗体"按钮 **B** 将文字加粗，如图 13-22 所示。

图 13-22　输入文字

16 将光标置于第 2 行单元格中，插入单选按钮，在"单选按钮"名称文本框中输入 tujing，在"值"文本框中输入 1，"初始状态"设为"已选中"，如图 13-23 所示。

图 13-23　插入单选按钮

17 将光标置于单选按钮的右边，输入文字"网上查询"，如图 13-24 所示。

框中输入 true，"初始状态"设置为"已选中"，如图 13-27 所示。

图 13-24　输入文字

图 13-27　插入复选框

18 按照步骤 16～17 的方法，插入其他的单选按钮，在"属性"面板中的"单选按钮"的名称文本框中都输入 tujing，在"选定值"文本框中分别输入 2、3、4，"初始状态"设置为"未选中"，并分别在单选按钮的后面输入文字，如图 13-25 所示。

21 将光标置于复选框的后面，输入文字"非常好"，如图 13-28 所示。

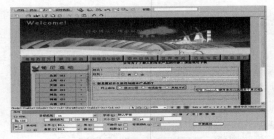

图 13-25　插入单选按钮并输入文字

图 13-28　输入文字

19 将光标置于第 3 行单元格中，输入文字，单击"粗体"按钮 **B** 将文字加粗，如图 13-26 所示。

22 按照步骤 20～21 的方法，插入其他的复选框，在"属性"面板中的"复选框名称"文本框中分别输入 hao、yiban、buhao。在"选定值"文本框中都输入 true，并分别在复选框的后面输入文字，如图 13-29 所示。

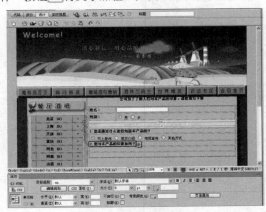

图 13-26　输入文字

20 将光标置于第 4 行单元格中，插入复选框。在"复选框名称"文本框中输入 fchh，在"选定值"文本

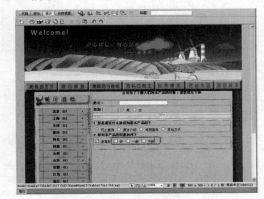

图 13-29　插入复选框并输入文字

23 将光标置于第 5 行单元格中，将"水平"设置为"居中对齐"，插入按钮，在"属性"面板中的"值"文本框中输入"提交"，"动作"设置为"提交表单"，如图 13-30 所示。

24 将光标置于"提交"按钮的后面，再插入一个按钮，在"属性"面板中的"值"文本框中输入"重置"，"动作"设置为"重设表单"，如图 13-31 所示。

图 13-30　插入按钮　　　　　　　　　　　　　　图 13-31　插入按钮

13.4.2　插入动态数据

表单对象插入完成后，还需要将动态数据提交到调查表 diaocha 中。使用"插入记录"服务器行为可以插入动态数据，具体操作步骤如下。

01 单击"服务器行为"面板中的 ⊞ 按钮，在弹出的菜单中选择"插入记录"选项，弹出"插入记录"对话框，在该对话框的"连接"下拉列表中选择 diaocha，在"插入到表格"下拉列表中选择 diaocha，在"插入后转到"文本框中输入 jieguo.asp，在"获取值自"下拉列表中选择 form1，如图 13-32 所示。

02 单击"确定"按钮，创建插入记录服务器行为，如图 13-33 所示，其代码如下。

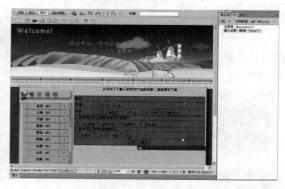

图 13-32　"插入记录"对话框　　　　　　　　　图 13-33　创建服务器行为

```
<%
If (CStr(Request("MM_insert")) = "form1") Then
  If (Not MM_abortEdit) Then
    Dim MM_editCmd
    Set MM_editCmd = Server.CreateObject ("ADODB.Command")
    MM_editCmd.ActiveConnection = MM_diaocha_STRING
    ' 使用 INSERT INTO 语句将调查信息写入到调查表 diaocha 中
    MM_editCmd.CommandText = "INSERT INTO diaocha ([user], sex, age, tujing,
fchh, hao, yiban, buhao) VALUES (?, ?, ?, ?, ?, ?, ?, ?)"
    MM_editCmd.Prepared = true
```

```
        MM_editCmd.Parameters.Append MM_editCmd.CreateParameter("param1", 202,
1, 50, Request.Form("user")) ' adVarWChar
        MM_editCmd.Parameters.Append MM_editCmd.CreateParameter("param2", 202,
1, 50, Request.Form("sex")) ' adVarWChar
        MM_editCmd.Parameters.Append MM_editCmd.CreateParameter("param3", 5, 1,
-1, MM_IIF(Request.Form("age"), Request.Form("age"), null)) ' adDouble
        MM_editCmd.Parameters.Append MM_editCmd.CreateParameter("param4", 5, 1,
-1, MM_IIF(Request.Form("tujing"), Request.Form("tujing"), null)) ' adDouble
        MM_editCmd.Parameters.Append MM_editCmd.CreateParameter("param5", 5, 1,
-1, MM_IIF(Request.Form("fchh"), 1, 0)) ' adDouble
        MM_editCmd.Parameters.Append MM_editCmd.CreateParameter("param6", 5, 1,
-1, MM_IIF(Request.Form("hao"), 1, 0)) ' adDouble
        MM_editCmd.Parameters.Append MM_editCmd.CreateParameter("param7", 5, 1,
-1, MM_IIF(Request.Form("yiban"), 1, 0)) ' adDouble
        MM_editCmd.Parameters.Append MM_editCmd.CreateParameter("param8", 5, 1,
-1, MM_IIF(Request.Form("buhao"), 1, 0)) ' adDouble
      MM_editCmd.Execute
      MM_editCmd.ActiveConnection.Close
      ' 提交成功后，转到调查结果页面jieguo.asp
      Dim MM_editRedirectUrl
      MM_editRedirectUrl = "jieguo.asp"
      If (Request.QueryString <> "") Then
        If (InStr(1, MM_editRedirectUrl, "?", vbTextCompare) = 0) Then
          MM_editRedirectUrl = MM_editRedirectUrl & "?" & Request.QueryString
        Else
          MM_editRedirectUrl = MM_editRedirectUrl & "&" & Request.QueryString
        End If
      End If
      Response.Redirect(MM_editRedirectUrl)
    End If
  End If%>
```

代码解析

这段代码的核心作用是使用 INSERT INTO 语句将调查信息写入到调查表 diaocha 中，提交成功后，转到调查结果页面 jieguo.asp。

13.5 查看调查结果

查看调查结果页面效果如图 13-34 所示，设计的要点是创建记录集、绑定字段、设置成百分数、添加动态数据和重复区域服务器行为。

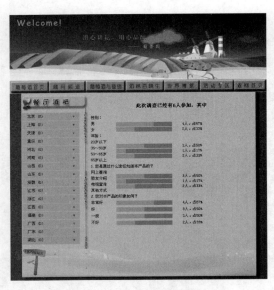

图 13-34　查看调查结果页面效果

13.5.1　建立记录集

在要显示动态数据前首先要建立记录集，具体操作步骤如下。

01 打开网页文档 index.htm，将其另存为 jieguo.asp。将光标置于相应位置并输入文字，在"属性"面板中将"大小"设为 11 点，单击"粗体"按钮 **B** 将文字加粗，单击"居中对齐"按钮 将文字设置为"居中对齐"，如图 13-35 所示。

图 13-35　输入文字

02 将光标置于文字的后面，执行"插入"｜"表格"命令，插入 8 行 2 列的表格，此表格记为表格 1，在"属性"面板中将"填充"设置为 2，"间距"设置为 1，"对齐"设置为"居中对齐"，如图 13-36 所示。

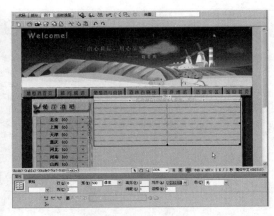

图 13-36　插入表格

03 选中第 1 行的单元格，在"属性"面板中单击"合并所选单元格，使用跨度"按钮 ，在合并后的单元格中输入文字，如图 13-37 所示。

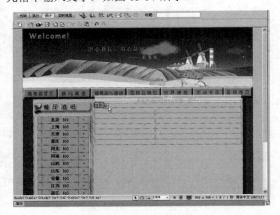

图 13-37　输入文字

04 选中第 4 行单元格，合并单元格，分别在其他单元格中输入相应的文字，如图 13-38 所示。

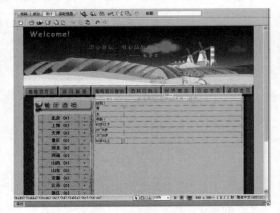

图 13-38　输入文字

05 将光标置于第 2 行第 2 列的单元格中，按住鼠标左键向下拖曳至第 3 行第 2 列的单元格，合并单元格，如图 13-39 所示。

图 13-39　合并单元格

06 将光标置于合并后的单元格中，插入 1 行 3 列的表格 2，在"属性"面板中将"间距"设置为 1，将表格 2 的第 1 列单元格的"背景颜色"设置为 #C48536，如图 13-40 所示。

图 13-40　设置单元格属性

07 将光标置于表格 2 的第 1 列单元格中，插入 1 行 1 列的表格 3，在"属性"面板中将"背景颜色"设置为 #FF9900，如图 13-41 所示。

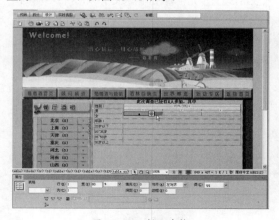

图 13-41　插入表格

08 将光标置于表格 2 的第 3 列单元格中，输入文字，如图 13-42 所示。

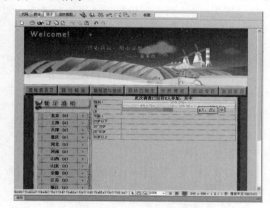

图 13-42　输入文字

09 将光标置于第 5 行第 2 列的单元格中，按住鼠标左键向下拖曳至第 8 行第 2 列的单元格中，合并单元格，如图 13-43 所示。

图 13-43　合并单元格

10 将光标置于合并后的单元格中，按照步骤 06～08 的方法插入表格，设置单元格属性，输入文字，如图 13-44 所示。

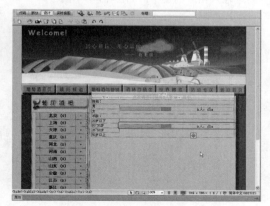

图 13-44　输入文字

11 将光标置于表格 1 的右边，插入 10 行 2 列的表格 6，在"属性"面板中将"填充"设置为 2，"间距"设置为 1，"对齐"设置为"居中对齐"，如图 13-45 所示。

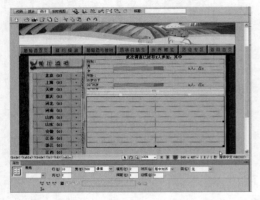

图 13-45　插入表格

12 选中第 1 行单元格，在"属性"面板中单击"合并所选单元格，使用跨度"按钮 ▦，合并单元格，在合并后的单元格中输入文字，如图 13-46 所示。

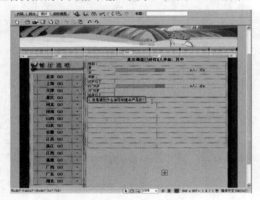

图 13-46　输入文字

13 选中第 4 行单元格并合并单元格，分别在其他单元格中输入相应的文字，如图 13-47 所示。

图 13-47　输入文字

14 将光标置于第 2 行第 2 列的单元格中，按住鼠标左键向下拖曳至第 5 行第 2 列的单元格,合并单元格，如图 13-48 所示。

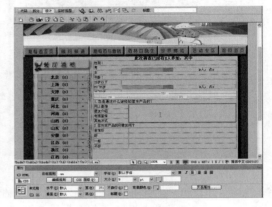

图 13-48　合并单元格

15 将光标置于合并后的单元格中，按照步骤 06 ～ 08 的方法插入表格，设置单元格属性，输入文字，如图 13-49 所示。

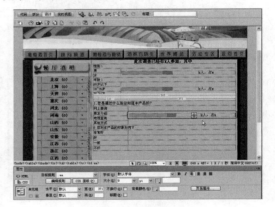

图 13-49　输入文字

16 按照步骤 06 ～ 08 的方法分别在其他单元格中插入表格,设置单元格属性,输入文字,如图 13-50 所示。

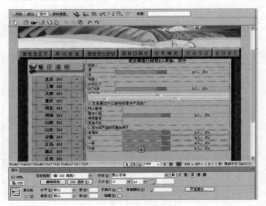

图 13-50　输入文字

17 单击"绑定"面板中的 ➕ 按钮，在弹出菜单中选择"记录集（查询）"选项，弹出"记录集"对话框，在"名称"文本框中输入 Rs1，在"连接"下拉列表中选择 diaocha，在"表格"下拉列表中选择 diaocha，"列"中选中"选定的"选项，在其列表框中选择 user，如图 13-51 所示。

18 单击"确定"按钮，创建记录集，如图 13-52 所示。

图 13-51　创建记录集

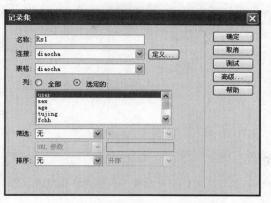

图 13-52　"记录集"对话框

19 单击"绑定"面板中的 ➕ 按钮，在弹出的菜单中选择"记录集（查询）"选项，弹出"记录集"对话框，在该对话框中单击"高级"按钮，切换到"记录集"对话框的高级模式，在该对话框中的"名称"文本框中输入 sex，如图 13-53 所示。

20 在"连接"下拉列表中选择 diaocha，在 SQL 文本框中输入 SQL 语句，如图 13-54 所示。

```
SELECT count (sex) as sexNum, (sexNum/(SELECT count (user) FROM diaocha)) as
myPercent FROM diaocha group by sex ORDER BY sex
```

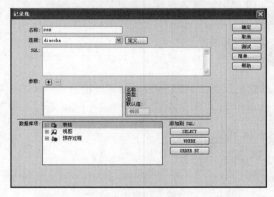

图 13-53　"记录集"对话框的高级模式

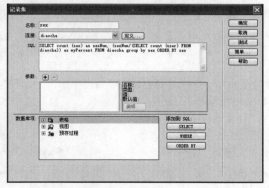

图 13-54　设置"记录集"对话框的高级模式

代码解析

上面创建的 SQL 定义语句中包含了一个子查询语句，它用于查询统计男女的性别人数和百分比。

21 单击"确定"按钮，创建记录集，如图 13-55 所示。按照步骤 19～20 的方法为"年龄"创建记录集，在"记录集"对话框的高级模式的"名称"文本框中输入 age。

22 在"连接"下拉列表中选择 diaocha，在 SQL 文本框中输入 SQL 语句，如图 13-56 所示。

```
SELECT count (age) as ageNum, (ageNum/(SELECT count (user) FROM diaocha)) as
MyPercent FROM diaocha group by age ORDER BY age
```

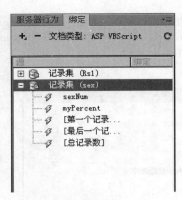

图 13-55　创建记录集

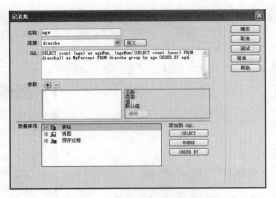

图 13-56　"记录集"对话框的高级模式

代码解析

上面创建的 SQL 定义语句中包含了一个子查询语句，它用于查询统计各年龄段的人数及比例。

知识要点

"记录集"对话框的高级模式中可以进行如下设置。

- 名称：设置记录集的名称。
- 连接：选择要使用的数据库连接。如果没有，则可单击其右侧的"定义"按钮定义一个数据库链接。
- SQL：在文本区域中输入 SQL 语句。
- 参数：如果在 SQL 语句中使用了变量，则可单击"+"按钮，可在这里设置变量，即输入变量的"名称""默认值"和"运行值"。
- 数据库项：数据库项目列表，Dreamweaver CC 把所有的数据库项目都列在了这个表中，用可视化的形式和自动生成 SQL 语句的方法让用户在做动态网页时会感到方便和轻松。

23 按照步骤 19～20 的方法为"知道本产品的途径"创建记录集，在"记录集"对话框的高级模式的"名称"文本框中输入 tujing，在"连接"下拉列表中选择 diaocha，在 SQL 文本框中输入 SQL 语句，如图 13-57 所示。

```
SELECT count (tujing) as tujingNum, (tujingNum/(SELECT count (user) FROM
diaocha)) as myPercent FROM diaocha group by tujing ORDER BY tujing
```

代码解析

上面的代码用于查询、统计了解本产品的各途径的人数及比例。

24 按照步骤 19～20 的方法为对产品的印象"非常好"创建记录集，在"记录集"对话框的高级模式的"名称"文本框中输入 fchh，在"连接"下拉列表中选择 diaocha，在 SQL 文本框中输入 SQL 语句，如图 13-58 所示。

```
SELECT count (fchh) as myCount, (myCount/(SELECT count (user) from diaocha))
as myPercent FROM diaocha WHERE fchh=True
```

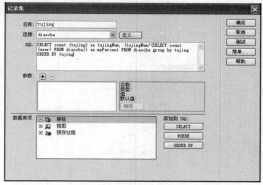

图 13-57 "记录集"对话框的高级模式　　　　图 13-58 "记录集"对话框的高级模式

代码解析

上面的代码用于查询统计对产品的印象非常好的人数及比例。

25 按照步骤 19～20 的方法为对产品的印象"好"创建记录集，在"记录集"对话框的高级模式中的"名称"文本框中输入 hao，在"连接"下拉列表中选择 diaocha，在 SQL 文本框中输入 SQL 语句，如图 13-59 所示。

代码解析

下面的代码用于查询统计对产品的印象好的人数及比例。

```
SELECT count (hao) as myCount, (myCount/(SELECT count (user) from diaocha))
as myPercent FROM diaocha  WHERE hao= True
```

26 按照步骤 19～20 的方法为对产品的印象"一般"创建记录集，在"记录集"对话框的高级模式中的"名称"文本框中输入 yiban，在"连接"下拉列表中选择 diaocha，在 SQL 文本框中输入 SQL 语句，如图 13-60 所示。

代码解析

下面的代码用于查询统计对产品的印象一般的人数及比例。

```
SELECT count (yiban) as myCount, (myCount/(SELECT count (user) from
diaocha)) as myPercent  FROM diaocha WHERE yiban= True
```

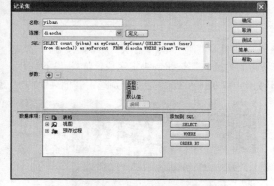

图 13-59 "记录集"对话框的高级模式　　　　图 13-60 "记录集"对话框的高级模式

27 按照步骤 19～20 的方法为对产品的印象"不好"创建记录集，在"记录集"对话框的高级模式中的"名称"文本框中输入 buhao，在"连接"下拉列表中选择 diaocha，在 SQL 文本框中输入 SQL 语句，如图 13-61 所示。

```
SELECT count (buhao) as myCount, (myCount/(SELECT count (user) from
diaocha)) as MyPercent FROM diaocha WHERE buhao= True
```

28 通过以上步骤，创建的记录集如图 13-62 所示。

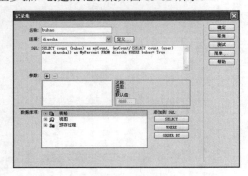

图 13-61 "记录集"对话框的高级模式   图 13-62 创建记录集

13.5.2 动态数据的绑定

定义数据源之后，就要根据需要向页面指定位置添加动态数据，在 Dreamweaver 中通常把添加动态数据称为动态数据的绑定。动态数据可以添加到页面上的任意位置，可以像普通文本一样添加到文档的正文中，还可以把它绑定到 HTML 的属性中。动态数据绑定的具体操作步骤如下。

01 选中文字"此次调查已经有 X 人参加，其中"的 X，在"绑定"面板中展开记录集 Rs1，选中"[总记录数]"选项，单击右下角的"插入"按钮，绑定字段，如图 13-63 所示。

02 选中"性别"项中的"X 人"中的 X，在"绑定"面板中展开记录集 sex，选中 sexNum 字段，单击右下角的"插入"按钮，绑定字段，如图 13-64 所示。

图 13-63 绑定字段   图 13-64 绑定字段

03 选中"性别"项中的"占 X"中的 X，在"绑定"面板中展开记录集 sex，选中 myPercent 字段，单击右下角的"插入"按钮，绑定字段，如图 13-65 所示。

04 按照步骤 02 ～ 03 的方法，分别选中其他项中的 X，展开对应的记录集，绑定相应的字段，如图 13-66 所示。

图 13-65 绑定字段   图 13-66 绑定字段

05 选中"性别"项中的占位符 {sex.myPercent}，切换到拆分视图，修改为如下代码，如图 13-67 所示。

```
<%= FormatPercent((sex.Fields.Item("myPercent").Value), 0, -2, -2, -2) %>
```

代码解析

上面的代码使用了格式化函数 FormatPercent，它将进行投票数的百分比格式的显示。

06 按照步骤 05 的方法为其他表示所占总人数比的动态数据也设置成百分数的形式。

07 选中表格 3，执行"窗口"｜"标签检查器"命令，打开"标签检查器"面板，在该面板中列出的表格属性中找到并选中 width，这时在右边会出现一个 按钮，如图 13-68 所示。

图 13-67　修改代码

图 13-68　"标签检查器"面板

08 单击此按钮，弹出"动态数据"对话框，在该对话框中的"域"列表框中展开记录集 sex，选中 mypercent 字段，在"格式"下拉列表中选择"百分比 - 舍入为整数"选项，如图 13-69 所示。

知识要点

"动态数据"对话框中的参数如下：

- "域"：在列表框中选择一种数据源；
- "格式"：选择一种数据格式；
- "代码"：在"域"列表中选择字段后，在代码文本框中就会显示代码，如果需要，可以修改文本框中的代码插入到页面中，以显示动态文本。

09 单击"确定"按钮，添加动态数据，如图 13-70 所示。

图 13-69　"动态数据"对话框

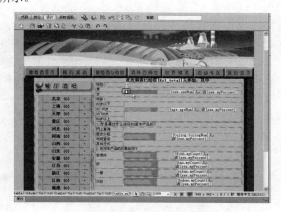

图 13-70　添加动态数据

10 按照步骤07～09方法，为其他项所对应的1行1列的表格添加动态数据，如图13-71所示。

11 选中"性别"项中的1行3列的表格，单击"服务器行为"面板中的 + 按钮，在弹出的菜单中选择"重复区域"选项，弹出"重复区域"对话框，在该对话框中的"记录集"下拉列表中选择sex，"显示"中选中"所有记录"选项，如图13-72所示。

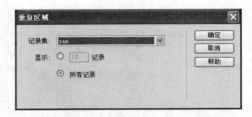

图13-71　添加动态数据　　　　　图13-72　"重复区域"对话框

12 单击"确定"按钮，创建重复区域服务器行为，如图13-73所示。

13 按照步骤11～12的方法，分别为其他项中的1行3列的表格创建重复区域服务器行为，如图13-74所示。

图13-73　创建服务器行为　　　　　图13-74　创建服务器行为

知识要点

当出现BOF或EOF为True问题时，应如何解决呢？

所谓BOF（Begin Of File）、EOF（End Of File）即是表示当前记录的指针在所有记录的开始，也在所有记录的最后，换句话说就是目前数据库里完全没有数据。当在网络浏览器或"动态数据视图"模式中查看动态页面时，因为没有数据可以显示，可能会发生此错误。其实程序本身并没有任何问题，就因为数据库是空的，以致于程序无法正常运行。

修改方法有以下几种：

1. 直接添加一条数据：在数据表中添加一条数据，即可避免这个问题。

2. 创建显示区域服务器行为：在页面所要显示的动态内容中创建显示区域服务器行为，步骤如下。

　（1）选取页面上的动态内容。

　（2）单击"服务器行为"面板中的 + 按钮，在弹出的菜单中选择"显示区域"|"如果记录集不为空则显示区域"选项，创建一个服务器行为。

（3）选取提供动态内容的记录集，然后单击"确定"按钮，即可设置完毕。

（4）检查一下页面上是否还有其他要显示记录集内容的地方，例如是否有插入 [记录集导航条] 或 [记录集导航状态] 等应用服务器组件。对页面上动态内容的每一个元素重复步骤 1~3。

BOF 或 EOF 为 True 的问题在 Dreamweaver CC 中还有一个常导致的原因，那就是重复区域的设置。

在许多的作品中我们经常需要一个以上的记录集的设置到页面上显示结果，所以在设置重复区域时要注意目前要使用的重复区域中所使用的记录集，有许多人都贪图方便而忽略了是否正确地选取了使用的记录集，一旦显示的是 A 记录集的内容，却使用 B 记录集的条数来计算重复区域的内容，也容易出现这个错误。

第14章

设计制作留言板系统

本章导读　留言系统是网站上用户进行交流的方式之一，在Internet创建的初期，留言系统作为一个重要的交流工具在网站收集用户意见方面起到了很重要的作用，随着Internet技术的发展，留言系统已经有了更多的功能。本章主要学习留言系统的制作过程。

技术要点：

◆ 熟悉留言系统设计分析　　　　　　　　　◆ 掌握留言详细信息页面的创建方法

◆ 了解创建数据表与数据库连接　　　　　　◆ 掌握发表留言页面的创建方法

◆ 掌握留言列表页面的创建方法

实例展示

留言列表页面　　　　　　　　　　　　　　　　发表留言页面

14.1　系统设计分析

　　留言系统作为一个非常重要的交流工具，在收集用户意见方面起到了很大的作用。留言系统页面结构比较简单，基本的留言系统由留言列表页、留言详细内容页和发表留言页组成，如图 14-1 所示是留言系统页面结构图。

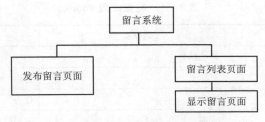

图 14-1　留言板系统页面结构图

留言列表页面 liebiao.asp，如图 14-2 所示，这个页面显示留言的标题、作者和留言时间等，单击留言标题可以进入留言的详细信息页。

留言详细信息页面 xiangxi.asp，如图 14-3 所示，这个页面显示了留言的详细信息。

发表留言页面 fabiao.asp，如图 14-4 所示，在这个页面中可以发表留言内容，然后提交到后台数据库中。

图 14-2　留言列表页面　　　　图 14-3　留言详细信息页面　　　　图 14-4　发表留言页面

14.2　创建数据表与数据库连接

作为一个留言管理系统主要用到了创建数据库和数据库表、建立数据源连接、建立记录集、添加重复区域来显示多条记录、页面之间传递信息等技巧和方法。这些功能的实现将在后面的制作过程中进行详细的介绍。本节主要讲述使用 Access 建立数据库和数据表的方法，同时掌握数据库的连接方法。

14.2.1　设计数据库

数据库是计算机中用于储存、处理大量文件的软件。将数据利用数据库储存起来，用户可以灵活地操作这些数据，从现存的数据中统计出任何想要的信息组合，任何内容的添加、删除、修改、检索都是建立在连接基础上进行的。

在制作具体网站功能页面前，首先做一件最重要的工作，就是创建数据库表，用来存放留言信息。本章的留言系统数据库表 gbook.mdb，其中的字段名称、数据类型和说明见表 14-1 所示。

表 14-1　数据库表 gbook

字段名称	数据类型	说明
g_id	自动编号	自动编号
subject	文本	标题
author	文本	作者
email	文本	联系信箱

续表

字段名称	数据类型	说明
date	文本	留言时间
content	备注	留言内容

14.2.2 创建数据库连接

在设计完数据库表之后，下面就创建数据库连接，具体操作步骤如下。

01 启动 Dreamweaver CC，打开要创建数据库连接的文档，执行"窗口"｜"数据库"命令，打开"数据库"面板，在该面板中单击 ➕ 按钮，在弹出的菜单中选择"数据源名称（DSN）"选项，如图 14-5 所示。

02 弹出"数据源名称（DSN）"对话框，在"连接名称"文本框中输入 gbook，在"数据源名称（DSN）"下拉列表中选择 gbook，如图 14-6 所示。

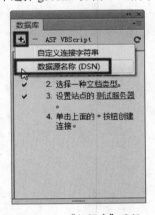

图 14-5 "数据库"面板

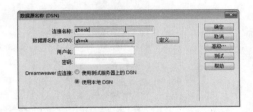

图 14-6 "数据源名称（DSN）"对话框

03 单击"确定"按钮，即可成功连接，此时的"数据库"面板如图 14-7 所示。

图 14-7 成功连接数据库

14.3 留言列表页面

留言列表页面效果如图 14-8 所示，主要是利用创建记录集、显示区域、绑定字段、创建重复区域和转到详细页面服务器行为制作的。

图 14-8　留言列表页面效果

14.3.1　基本页面设计

下面设计基本页面，具体操作步骤如下。

01 打开网页文档 index.htm，将其另存为 liebiao.asp，如图 14-9 所示。

02 将光标置于相应的位置，执行"插入"｜"表格"命令，插入 1 行 3 列的表格，在"属性"面板中将"填充"设置为 4，"对齐"设置为"居中对齐"，此表格记为表格 1，如图 14-10 所示。

图 14-9　另存文档

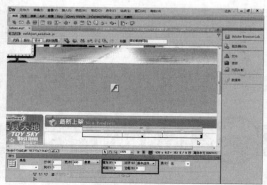

图 14-10　插入表格

03 将光标置于第 1 列单元格中,执行"插入"|"图像"命令,插入图像 images/wanju.gif,如图 14-11 所示。

04 分别在第 2 列和第 3 列单元格中输入文字,如图 14-12 所示。

图 14-11　插入图像

图 14-12　输入文字

05 按 Enter 键换行,插入 1 行 1 列的表格 2,在"属性"面板中将"填充"设置为 4,如图 14-13 所示。

06 将光标置于表格 2 中,输入相应的文字,如图 14-14 所示。

图 14-13　插入表格

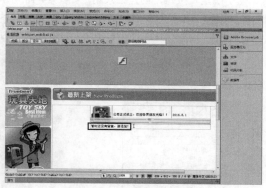

图 14-14　输入文字

07 选中文字"添加",在"属性"面板中的"链接"文本框中输入 fabiao.asp,设置链接,如图 14-15 所示。

图 14-15　设置链接

14.3.2　创建记录集

基本页面设计好后,在这个页面的基础上添加记录集、绑定动态数据,以显示留言标题列表,具体操作步骤如下。

01 执行"窗口"｜"绑定"命令，打开"绑定"面板，在该面板中单击➕按钮，在弹出的菜单中选择"记录集（查询）"选项，如图 14-16 所示。

02 弹出"记录集"对话框，在该对话框中的"名称"文本框中输入 Rs1，在"连接"下拉列表中选择 gbook，在"表格"下拉列表中选择 gbook，"列"中选中"选定的"选项，在列表框中选择 g_id、subject 和 date，在"排序"下拉列表中选择 g_id 和降序，如图 14-17 所示。

图 14-16 选择"记录集（查询）"选项

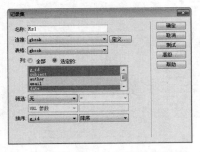

图 14-17 "记录集"对话框

03 单击"确定"按钮，创建记录集，如图 14-18 所示。创建记录集的核心代码如下所示。

04 选中表格 2，执行"窗口"｜"服务器行为"命令，打开"服务器行为"面板，在该面板中单击➕按钮，在弹出的菜单中选择"显示区域"｜"如果记录集为空则显示区域"选项，如图 14-19 所示。

图 14-18 创建记录集

图 14-19 选择"如果记录集为空显示区域"选项

```asp
<% If Rs1.EOF And Rs1.BOF Then %>
  <table width="480" border="0" align="center" cellpadding="4"
  cellspacing="0">
    <tr>
      <td>暂时还没有留言，请<a href="fabiao.asp">添加</a>！</td>
      </tr>
  </table>
  <% End If ' end Rs1.EOF And Rs1.BOF %>
```

05 弹出"如果记录集为空则显示区域"对话框，在该对话框中的"记录集"下拉列表中选择 Rs1，如图 14-20 所示。

图 14-20 "如果记录集为空则显示区域"对话框

06 单击"确定"按钮，创建如果记录集为空则显示区域服务器行为，如图 14-21 所示。

图 14-21 创建服务器行为

07 选中文字"公司正式成立，欢迎各界朋友光临"，在"绑定"面板中展开记录集 Rs1，选中 subject 字段，单击右下角的"插入"按钮，绑定字段，如图 14-22 所示。

图 14-22 绑定字段

08 选中文字"2016.8.1"，在"绑定"面板中展开记录集 Rs1，选中 date 字段，单击右下角的"插入"按钮，绑定字段，如图 14-23 所示。

图 14-23 绑定字段

14.3.3 添加重复区域

使用"重复区域"行为可以循环显示留言列表信息，下面设置重复区域，具体操作步骤如下。

01 选择表格 1，执行"窗口"｜"服务器行为"命令，打开"服务器行为"面板，在该面板中单击 按钮，在弹出的菜单中选择"重复区域"选项，如图 14-24 所示。

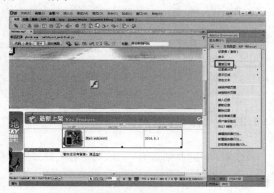

图 14-24 选择"重复区域"选项

02 弹出"重复区域"对话框，在该对话框中的"记录集"下拉列表中选择Rs1，"显示"中选中"15记录"选项，如图 14-25 所示。

图 14-25 "重复区域"对话框

03 单击"确定"按钮，创建重复区域服务器行为，如图 14-26 所示。创建重复区域后的代码如下所示。

图 14-26 创建重复区域服务器行为

```
<%
While ((Repeat1__numRows <> 0) AND (NOT Rs1.EOF))
%>
  <table width="480" border="0" align="center" cellpadding="4"
cellspacing="0">
    <tr>
      <td width="52"><img src="images/jiaju.jpg" width="50" height="27"></
td>
      <td width="252"><%=(Rs1.Fields.Item("subject").Value)%></td>
      <td width="152"><%=(Rs1.Fields.Item("date").Value)%></td>
    </tr>
  </table>
  <%
  Repeat1__index=Repeat1__index+1
  Repeat1__numRows=Repeat1__numRows-1
  Rs1.MoveNext()
Wend
%>
```

14.3.4 转到详细页面

使用"转到详细页面"可以对留言的标题添加链接，链接到留言内容的详细页面，具体操作步骤如下。

01 选中占位符 {Rs1.subject}，单击"服务器行为"面板中的 ➕ 按钮，在弹出的菜单中选择"转到详细页面"
选项，如图 14-27 所示。

图 14-27　选择"转到详细页面"选项

02 弹出"转到详细页面"对话框，在该对话框中的"详细信息页"文本框中输入 xiangxi.asp，在"记录集"
下拉列表中选择 Rs1，在"列"下拉列表中选择 g_id，在"传递现有参数"中选中"URL 参数"复选框，
如图 14-28 所示。此时代码如下所示。

```
<A HREF="xiangxi.asp?<%= Server.htmlEncode(MM_keepURL)
& MM_joinChar(MM_keepURL) & "g_id=" & Rs1.Fields.Item("g_id").Value %>">
<%=(Rs1.Fields.Item("subject").Value)%></A>
```

图 14-28　"转到详细页面"对话框

03 单击"确定"按钮，创建转到详细页面服务器行为，如图 14-29 所示。

图 14-29 创建转到详细页面服务器行为

14.4 留言详细信息页面

浏览者可以在留言列表页面中单击留言标题，进入自己感兴趣的内容，以便链接到详细的内容页面来阅读。留言详细信息页面效果如图 14-30 所示，显示留言的详细信息，主要利用创建记录集和绑定字段制作。

图 14-30 留言详细信息页面效果

14.4.1 设计页面静态部分

下面设计页面的静态部分，具体操作步骤如下。

01 打开网页文档 index.htm，将其另存为 xiangxi.asp，如图 14-31 所示。

02 将光标置于相应的位置，执行"插入"|"表格"命令。插入 3 行 1 列的表格，在"属性"面板中将"填充"设置为 4，"对齐"设置为"居中对齐"，如图 14-32 所示。

图 14-31 另存文档

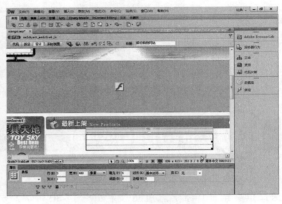

图 14-32 插入表格

03 将光标置于第 1 行单元格中，将"水平"设置为"居中对齐"，输入文字，单击"粗体"按钮**B**将文字加粗，如图 14-33 所示。

04 分别在第 2 行和第 3 行单元格中输入文字，如图 14-34 所示。

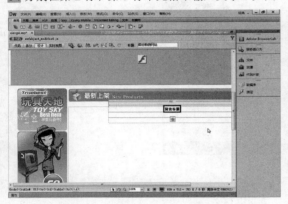

图 14-33 输入文字

图 14-34 输入文字

14.4.2 创建记录集

下面创建名称为 Rs1 的记录集，从留言表 gbook 中读取留言的详细信息，具体操作步骤如下。

01 单击"绑定"面板中的➕按钮，在弹出的菜单中选择"记录集（查询）"选项，弹出"记录集"对话框，在"名称"文本框中输入 Rs1，在"连接"下拉列表中选择 gbook，在"表格"下拉列表中选择 gbook，"列"中选中"全部"选项，在"筛选"下拉列表中选择 g_id、=、URL 参数和 g_id，如图 14-35 所示。单击"确定"按钮，创建记录集，如图 14-36 所示。创建的记录集代码如下。

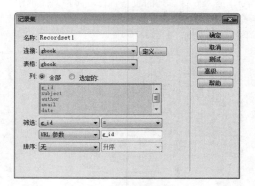

图 14-35 "记录集"对话框

图 14-36 创建记录集

```
<%
Dim Rs1
Dim Rs1_cmd
Dim Rs1_numRows

Set Rs1_cmd = Server.CreateObject ("ADODB.Command")
Rs1_cmd.ActiveConnection = MM_gbook_STRING
Rs1_cmd.CommandText = "SELECT * FROM gbook WHERE g_id = ?"
Rs1_cmd.Prepared = true
Rs1_cmd.Parameters.Append Rs1_cmd.CreateParameter("param1", 5, 1, -1, Rs1__
MMColParam) ' adDouble
Set Rs1 = Rs1_cmd.Execute
Rs1_numRows = 0
%>
```

02 选中文字"留言标题",在"绑定"面板中展开记录集 Rs1,选中 subject 字段,单击右下角的"插入"按钮,绑定字段,如图 14-37 所示。

03 按照步骤 02 的方法,分别将 date 和 content 字段绑定到相应的位置,如图 14-38 所示。

图 14-37 绑定字段

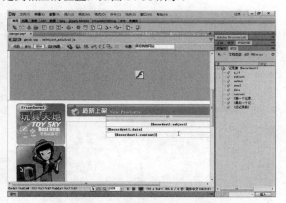

图 14-38 绑定字段

14.5 发表留言页面

发表留言页面效果如图 14-39 所示,主要利用插入表单对象、检查表单行为和创建登录用户服务器行为制作。

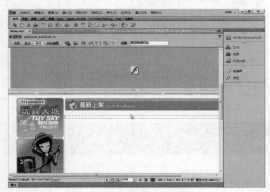

图 14-39　发表留言页面效果

14.5.1　插入表单对象

发表留言页面的主要功能是客户能够输入留言内容，这些留言内容需要在表单对象中输入，下面就讲述表单对象的插入方法，具体操作步骤如下。

01 打开网页文档 index.htm，将其另存为 fabiao.asp。将光标置于相应的位置，执行"插入"｜"表单"｜"表单"命令，插入表单，如图 14-40 所示。

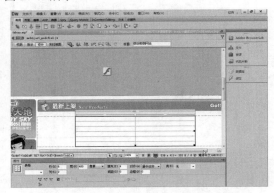

图 14-40　插入表单

02 将光标置于表单中，执行"插入"｜"表格"命

令，插入 6 行 2 列的表格，在"属性"面板中将"填充"设置为 4，"对齐"设置为"居中对齐"，如图 14-41 所示。

图 14-41　插入表格

03 分别在单元格中输入相应的文字，如图 14-42 所示。

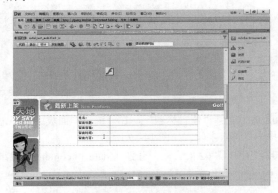

图 14-42　输入文字

04 将光标置于第 1 行第 2 列单元格中，执行"插入"｜"表单"｜"文本域"命令。插入文本域，在"属性"面板中的"文本域名称"文本框中输入 author，"字符宽度"设置为 25，"类型"设置为"单行"，如图 14-43 所示。

图 14-43　插入文本域

05 将光标置于第2行第2列单元格中,执行"插入"|"表单"|"文本域"命令,插入文本域,在"属性"面板的"文本域名称"文本框中输入 subject,"字符宽度"设置为35,"类型"设置为"单行",如图 14-44 所示。

图 14-44 插入文本域

06 将光标置于第3行第2列单元格中,执行"插入"|"表单"|"文本域"命令,插入文本域,在"属性"面板的"文本域名称"文本框中输入 email,"字符宽度"设置为25,"类型"设置为"单行",如图 14-45 所示。

图 14-45 插入文本域

07 将光标置于第4行第2列的单元格中,执行"插入"|"表单"|"选择(列表/菜单)"命令,插入列表/菜单,如图 14-46 所示。

图 14-46 插入列表/菜单

08 选中列表/菜单,在"属性"面板中单击"列表值"按钮,弹出"列表值"对话框,在该对话框中单击 ➕ 按钮,添加项目标签,如图 14-47 所示。

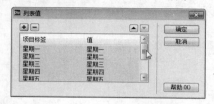

图 14-47 "列表值"对话框

09 单击"确定"按钮,添加到"初始化时选定"列表框中,在"列表/菜单名称"文本框中输入 date,"类型"设置为"菜单",如图 14-48 所示。

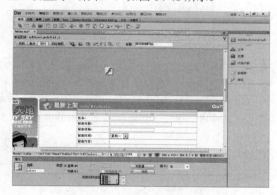

图 14-48 设置列表菜单属性

10 将光标置于第5行第2列单元格中,插入文本区域,在"属性"面板的"文本域名称"文本框中输入 content,"字符宽度"设置为45,"行数"设置为6,"类型"设置为"多行",如图 14-49 所示。

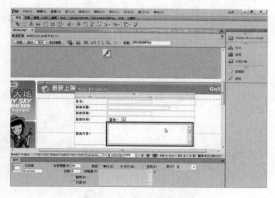

图 14-49 插入文本区域

11 将光标置于第6行第2列的单元格中,执行"插入"|"表单"|"按钮"命令,插入按钮,在"属性"面板中的"值"文本框中输入"提交","动作"设置为"提交表单",如图 14-50 所示。

12 将光标置于"提交"按钮的后面,再插入一个按钮，在"属性"面板中的"值"文本框中输入"重置"，"动作"设置为"重置表单"，如图 14-51 所示。

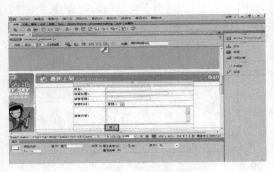

图 14-50　插入按钮

图 14-51　插入按钮

14.5.2　插入记录

使用"插入记录"服务器行为可以将用户提交的留言内容插入到留言表 gbook 中，具体操作步骤如下。

01 单击"服务器行为"面板中的 ⊞ 按钮，在弹出的菜单中选择"插入记录"选项，弹出"插入记录"对话框，在该对话框中的"连接"下拉列表中选择 gbook，在"插入到表格"下拉列表中选择 gbook，在"插入后，转到"文本框中输入 liebiao.asp，如图 14-52 所示。

02 单击"确定"按钮，创建插入记录服务器行为，如图 14-53 所示。插入记录的代码如下。

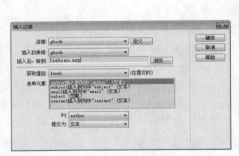

图 14-52　"插入记录"对话框

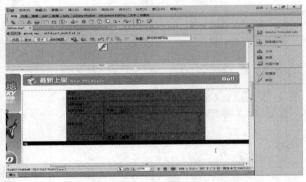

图 14-53　创建插入记录服务器行为

```asp
<%If (CStr(Request("MM_insert")) = "form1") Then
  If (Not MM_abortEdit) Then
    ' execute the insert
    Dim MM_editCmd
    Set MM_editCmd = Server.CreateObject ("ADODB.Command")
    MM_editCmd.ActiveConnection = MM_gbook_STRING
    MM_editCmd.CommandText = "INSERT INTO gbook (author, subject, email,
content) VALUES (?, ?, ?, ?)"
    MM_editCmd.Prepared = true
    MM_editCmd.Parameters.Append MM_editCmd.CreateParameter("param1", 202,
1, 50, Request.Form("author")) ' adVarWChar
    MM_editCmd.Parameters.Append MM_editCmd.CreateParameter("param2", 202,
1, 50, Request.Form("subject")) ' adVarWChar
    MM_editCmd.Parameters.Append MM_editCmd.CreateParameter("param3", 202,
1, 50, Request.Form("email")) ' adVarWChar
    MM_editCmd.Parameters.Append MM_editCmd.CreateParameter("param4", 203,
1, 536870910, Request.Form("content")) ' adLongVarWChar
    MM_editCmd.Execute
    MM_editCmd.ActiveConnection.Close
```

```
    ' append the query string to the redirect URL
    Dim MM_editRedirectUrl
    MM_editRedirectUrl = "liebiao.asp"
    If (Request.QueryString <> "") Then
      If (InStr(1, MM_editRedirectUrl, "?", vbTextCompare) = 0) Then
        MM_editRedirectUrl = MM_editRedirectUrl & "?" & Request.QueryString
      Else
        MM_editRedirectUrl = MM_editRedirectUrl & "&" & Request.QueryString
      End If
    End If
    Response.Redirect(MM_editRedirectUrl)
  End If
End If
%>
```

第15章

设计制作新闻发布管理系统

第15章 设计制作新闻发布管理系统

本章导读

新闻发布管理系统是网站最基本也是非常重要的模块，如大型门户网站新浪、搜狐、网易等的新闻模块。这些网站每天都要发布数以万条的新闻资讯，为用户提供大量门类齐全的信息。这些信息都是通过新闻管理模块来管理的，利用管理模块，管理人员可以很方便地进行网站内容的更新。本章主要学习新闻发布管理系统的制作过程。

技术要点：

◆ 熟悉新闻发布系统设计分析 ◆ 掌握设计制作新闻系统主要页面的方法

◆ 掌握创建数据表与数据库连接的方法

实例展示

后台管理主页面

后台登录页面

新闻列表页面

新闻详细页面

15.1　系统设计分析

新闻网站属于资讯网的一种，其作用和目的主要是发布信息，并达到信息宣传的效果。因此信息是新闻系统的主体内容，当信息量达到一定的程度时，使用数据库的方式进行管理是最好的方式。新闻系统是一个常见的系统，用户要首先分析一个新闻系统要实现的功能，才能明确该系统的网页组成。基本的新闻发布管理系统可以分为两部分，如图 15-1 所示是新闻发布管理系统结构图。一是前台页面，此部分包括新闻列表页面和新闻详细页面；二是后台页面，管理员登录后可以添加新闻记录、修改新闻记录以及删除新闻记录。

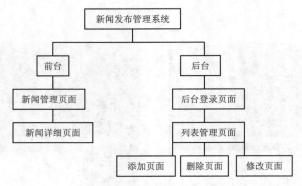

图 15-1　新闻发布管理系统结构图

新闻发布管理系统其实就是网站管理员发布、管理新闻，普通浏览者查看浏览新闻。其中发布新闻即将新闻信息添加到数据库中，查看浏览新闻也即是读取数据库中新闻信息。对新闻的管理操作就是对数据库内容的修改更新或删除操作。

新闻系统的一个主要特点就是网站管理员可以登录后台对新闻信息进行管理，因此新闻系统需要一个管理员后台登录页面。后台登录页面 login.asp，如图 15-2 所示，管理员在这里输入用户名和密码后就可以进入后台管理主页面，这样可以限制没有权限的用户登录后台，增强了系统的安全性。

网站管理员登录后台后，进入的是后台列表管理主页面 admin.asp，如图 15-3 所示，在这个页面中可以对所有的新闻信息进行编辑，因此该页面包含的内容比较多，如可以选择、添加、修改或删除。

图 15-2　后台登录页面

图 15-3　后台列表管理主页面

新闻列表页面 class.asp，如图 15-4 所示，在这个页面中显示了新闻标题和发表时间，单击新闻标题可以进入新闻详细页面。

新闻详细页面 detail.asp，如图 15-5 所示，在这个页面中显示了新闻的详细内容。

图 15-4　新闻列表页面　　　　　　　　　图 15-5　新闻详细页面

15.2　创建数据表与数据库连接

首先要设计一个存储新闻信息的数据库文件，以便在开发新闻系统过程中能够对数据库进行操作。

15.2.1　设计数据库

本章讲述的新闻发布管理系统数据库 news.mdb 是使用 Access 制作的，其中包括两张数据表，新闻信息表 news 和管理员表 admin，其中的字段名称、数据类型和说明分别见表 15-1 和表 15-2 所示。

表 15-1　新闻信息表 news

字段名称	数据类型	说明
news_id	自动编号	自动编号
subject	文本	新闻标题
content	备注	新闻内容
news_date	日期 / 时间	发表时间
author	文本	作者

表 15-2　管理员表 admin

字段名称	数据类型	说明
id	自动编号	自动编号
name	文本	用户名
password	文本	密码

Dreamweaver+ASP动态网页开发课堂实录

高手指导

新闻系统非常重视新闻发布的时间，因此每添加一条新闻，便同时要记录发布的时间。不过往往发布新闻的过程中会发现页面提示日期格式的错误，导致中断了后台新闻数据的提交。

出现上面的问题，除了所提交数据不符合时间日期格式要求外，主要是由于程序本身缺乏自动化设计的思想。实际上，可以通过设置 news_date 字段的"默认值"，实现对日期时间的自动添加。这样不需要考虑输入数据是否符合格式要求，还提高了工作效率。

news_date 字段中应该保存留言被存入数据库的时间，可以在 Access 中将其默认值设置为 ＝ Now()，这样每当记录保存时，都会自动计算出正确的时间。

15.2.2　创建数据库连接

在 Dreamweaver 中创建数据库连接，具体操作步骤如下。

01 打开要创建数据库连接的文档，执行"窗口"｜"数据库"命令，打开"数据库"面板，在该面板中单击 ➕ 按钮，在弹出的菜单中选择"自定义连接字符串"选项，如图 15-6 所示。

02 弹出"自定义连接字符串"对话框，在该对话框中的"连接名称"文本框中输入 news，在"连接字符串"文本框中输入以下代码，如图 15-7 所示。

```
"Provider=Microsoft.JET.Oledb.4.0;Data Source="&Server.Mappath("/news.mdb")
```

图 15-6　选择"自定义连接字符串"选项

图 15-7　"自定义连接字符串"对话框

03 单击"确定"按钮，即可成功连接，此时的"数据库"面板如图 15-8 所示。

图 15-8　"数据库"面板

15.3　后台管理主页面

后台管理主页面效果如图 15-9 所示，它显示所有的新闻，并带有添加、修改和删除新闻的功能。设计的要点是创建记录集、插入动态表格、插入记录集导航条、显示区域、创建转到详细页面和限制对页的访问服务器行为。

图 15-9 后台管理主页面效果

15.3.1 创建记录集

下面创建记录集 Rs1，从新闻表 news 中按照新闻编号 news_id 的降序读取新闻信息，具体操作步骤如下。

01 打开网页文档 index.htm，将其另存为 admin.asp，执行"窗口"｜"绑定"命令，如图 15-10 所示。

02 打开"绑定"面板，在该面板中单击 ➕ 按钮，在弹出的菜单中选择"记录集（查询）"选项，如图 15-11 所示。

图 15-10 另存为 admin.asp

图 15-11 选择"记录集（查询）"选项

03 弹出"记录集"对话框，在该对话框中的"名称"文本框中输入 Rs1，在"连接"下拉列表中选择 news，在"表格"下拉列表中选择 news，如图 15-12 所示。

04 "列"中选中"全部"选项，在"排序"下拉列表中选择 news_id 和"降序"，单击"确定"按钮，创建记录集，如图 15-13 所示，创建记录集后的代码如下。

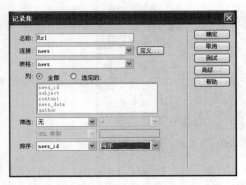

图 15-12 "记录集"对话框

图 15-13 创建记录集

```
<%
Dim Rs1
Dim Rs1_cmd
Dim Rs1_numRows
Set Rs1_cmd = Server.CreateObject ("ADODB.Command")
Rs1_cmd.ActiveConnection = MM_news_STRING
' 使用 SELECT 语句从新闻表 news 中读取新闻记录
Rs1_cmd.CommandText = "SELECT * FROM news ORDER BY news_id DESC"
Rs1_cmd.Prepared = true
Set Rs1 = Rs1_cmd.Execute
Rs1_numRows = 0
%>
```

代码解析

目前几乎所有的数据库都支持 SQL 语言，使其成为一种通用性结构化数据查询语言。表面上，SQL 用于搜索指定条件的记录，而记录搜索的结果实际上可以看作是对数据的过滤。

上面这段代码的核心作用就是使用 SELECT 语句从新闻表 news 中读取新闻记录，并且按照新闻编号 news_id 的降序排列。

15.3.2 插入动态表格

下面使用"动态表格"制作新闻列表的显示，具体操作步骤如下。

01 将光标置于相应的位置，单击"数据"插入栏中的"动态表格"按钮 ，弹出"动态表格"对话框，在该对话框中的"记录集"下拉列表中选择 Rs1，"显示"中选中"10 记录"选项，"边框"设置为 0，"单元格边距"和"单元格间距"均设置为 2，如图 15-14 所示。

02 单击"确定"按钮，插入动态表格，在"属性"面板中将"宽"设置为 590 像素，"对齐"设置为"居中对齐"，如图 15-15 所示。

知识要点

"动态表格"对话框中主要有以下参数。

- 记录集：在下拉列表中选择需要重复的记录集的名称。
- 显示：设置可重复显示的记录的条数。
- 边框：设置所插入的动态表格的边框。
- 单元格边距：设置所插入的动态表格的单元格内容和单元格边界之间的像素数。
- 单元格间距：设置所插入的动态表格的单元格之间的像素数。

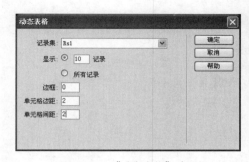

图 15-14 "动态表格"对话框

图 15-15 插入动态表格

15.3.3 插入记录集导航条

在网页中显示数据库记录，无论是显示一条记录还是多条记录，都无法将全部记录显示出来，因此有必要建立记录集导航条，具体操作步骤如下。

01 将光标置于动态表格的右边，按 Enter 键换行，单击"数据"插入栏中的"记录集导航条"按钮 ，弹出"记录集导航条"对话框，在该对话框中的"记录集"下拉列表中选择 Rs1，"显示方式"中选中"文本"选项，单击"确定"按钮，插入记录集导航条，如图 15-16 所示。

02 在"属性"面板中将"对齐"设置为"居中对齐"，如图 15-17 所示，插入记录集导航条后的代码如下。

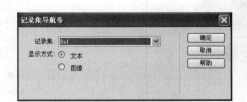

图 15-16 "记录集导航条"对话框

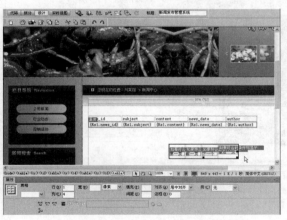

图 15-17 插入记录集导航条

知识要点

"记录集导航条"对话框主要有以下参数。

- 记录集：在下拉列表中选择导航分页的记录集的名称。
- 显示方式：设置导航条以哪种方式显示。
  - » 文本：当选中此选项，会以"上一页""下一页"等方式进行显示。
  - » 图像：当选中此单选按钮，Dreamweaver 将自动产生 4 幅图像分别表示"第一页""下一页""上一页"和"最后一页"的功能。

```
<table border="0" align="center">
```

```
<tr>
<td><% If MM_offset <> 0 Then %><a href="<%=MM_moveFirst%>">第一页</a>
<% End If ' end MM_offset <> 0 %>
</td>
<td><% If MM_offset <> 0 Then %><a href="<%=MM_movePrev%>">前一页</a>
<% End If ' end MM_offset <> 0 %>
</td>
<td><% If Not MM_atTotal Then %><a href="<%=MM_moveNext%>">下一页</a>
<% End If %>
</td>
<td><% If Not MM_atTotal Then %><a href="<%=MM_moveLast%>">最后一页</a>
<% End If %>
</td>
</tr>
</table>
```

代码解析

这段代码的核心作用是记录集分页。记录集分页是指以分页显示的方式，在页面浏览记录集中的所有记录。显然记录集的数量较大时可以采用记录集分页技术。记录集分页的优点有二：一是将避免对所有数据的提取，而减轻服务器的负担，进而提高页面的执行效率；二是提高页面数据的阅读性，并同时保持页面的美观。

03 将光标置于记录集导航条的右边，按 Enter 键换行，执行"插入"｜"表格"命令，插入 1 行 1 列的表格，如图 15-18 所示。

04 在"属性"面板中将"填充"和"间距"均设置为 2，"对齐"设置为"居中对齐"，将光标置于表格中，输入相应的文字，如图 15-19 所示。

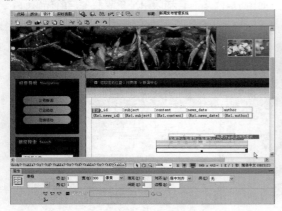

图 15-18　插入表格

图 15-19　输入文字

05 选中文字"添加"，在"属性"面板中的"链接"中输入 addnews.asp，选中表格，执行"窗口"｜"服务器行为"命令，如图 15-20 所示。

06 打开"服务器行为"面板，在该面板中单击 按钮，在弹出的菜单中选择"显示区域"｜"如果记录集为空则显示区域"选项，如图 15-21 所示。

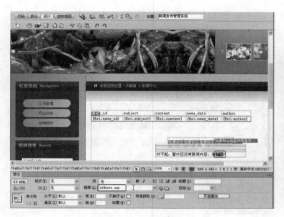

图 15-20　设置链接

图 15-21　选择"如果记录集为空则显示区域"选项

07 弹出"如果记录集为空则显示区域"对话框，在该对话框中的"记录集"下拉列表中选择 Rs1，如图 15-22 所示。

08 单击"确定"按钮，创建如果记录集为空则显示区域服务器行为，如图 15-23 所示。

图 15-22　"如果记录集为空则显示区域"对话框

图 15-23　创建服务器行为

09 选中动态表格和记录集导航条，单击"服务器行为"面板中的 ➕ 按钮，在弹出的菜单中选择"显示区域"|"如果记录集不为空则显示区域"选项，如图 15-24 所示。

10 弹出"如果记录集不为空则显示区域"对话框，在该对话框中的"记录集"下拉列表中选择 Rs1，如图 15-25 所示，单击"确定"按钮创建服务器行为。

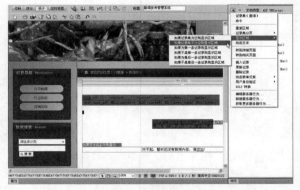

图 15-24　"如果记录集不为空则显示区域"选项　　图 15-25　"如果记录集不为空则显示区域"对话框

11 将动态表格中的第 3 列单元格中的内容删除，将第 1 行单元格和第 2 行第 5 列单元格的英文字段修改为文字，如图 15-26 所示。

12 选中文字"添加"，在"属性"面板中的"链接"文本框中输入 addnews.asp，设置链接，如图 15-27 所示。

 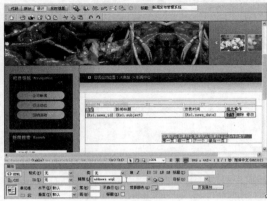

图 15-26　修改为文字　　　　　　　　　图 15-27　设置链接

15.3.4　转到详细页面

下面使用"转到详细页面"服务器行为链接到删除新闻页面和修改新闻页面，具体操作步骤如下。

01 选中文字"修改"，单击"服务器行为"面板中的+按钮，在弹出菜单中选择"转到详细页面"，弹出"转到详细页面"对话框，在"详细信息页"文本框中输入 modifynews.asp，在"记录集"下拉列表中选择 Rs1，在"列"下拉列表中选择 news_id，如图 15-28 所示。

02 单击"确定"按钮，创建转到详细页面服务器行为，如图 15-29 所示。

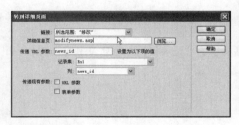 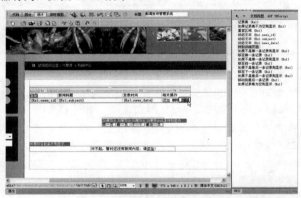

图 15-28　"转到详细页面"对话框　　　　　图 15-29　创建服务器行为

提示

在这里不用选中"URL 参数"复选框，因为程序会自动获取所设置列名为参数名，若是没有特殊的修改，建议可以直接使用。

03 选中文字"删除"，单击"服务器行为"面板中的+按钮，在弹出的菜单中选择"转到详细页面"选项，弹出"转到详细页面"对话框，在"详细信息页"文本框中输入 delnews.asp，在"记录集"下拉列表中选择 Rs1，在"列"下拉列表中选择 news_id，单击"确定"按钮，创建转到详细页面服务器行为，如图 15-30 所示。

04 单击"服务器行为"面板中的+按钮，在弹出的菜单中选择"用户身份验证"｜"限制对页的访问"选项，弹出"限制对页的访问"对话框，在该对话框中的"如果访问被拒绝，则转到"文本框中输入 login.asp，如图 15-31 所示。单击"确定"按钮，创建限制对页的访问服务器行为。

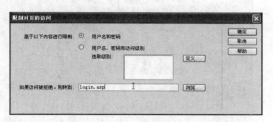

图 15-30 "转到详细页面"对话框   图 15-31 "限制对页的访问"对话框

15.4 后台登录页面

新闻系统的后台管理功能对于新闻系统是很重要的，因为新闻是随时更新的，管理者可以登录后台，实时增加、修改或删除数据库中的新闻内容，让网站能随时保持最新的新闻信息。

由于后台管理页面是不允许网站浏览者进入的，必须受到权限的限制。因此可以利用输入管理员的用户名和密码登录来实现这个功能。后台登录页面效果如图 15-32 所示，设计的要点是插入表单对象、检查表单、创建记录集和登录用户服务器行为。

图 15-32 后台登录页面效果

15.4.1 插入表单对象

制作后台登录页面时，首先插入"用户名"和"密码"两个文本域，具体操作步骤如下。

01 打开网页文档 index.htm，另存为 login.asp。将光标置于相应的位置，执行"插入"｜"表单"｜"表单"命令，插入表单，如图 15-33 所示。

02 将光标置于表单中，插入 3 行 2 列的表格，在"属性"面板中将"填充"和"间距"均设置为 2，如图 15-34 所示。

图 15-33　插入表单

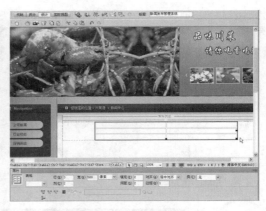

图 15-34　插入表格

03 将"对齐"设置为"居中对齐"，"边框"设置为1，"边框颜色"设置为#7CD36E，分别在单元格中输入相应的文字，如图 15-35 所示。

04 将光标置于第 1 行第 2 列单元格中，插入文本域，在"属性"面板中的"文本域名称"中输入 name，"字符宽度"设置为 30，"类型"设置为"单行"，如图 15-36 所示。

图 15-35　输入文字

图 15-36　插入文本域

05 将光标置于第 2 行第 2 列的单元格中，插入文本域，在"属性"面板中的"文本域名称"文本框中输入 password，"字符宽度"设置为 30，"类型"设置为"密码"，如图 15-37 所示。

06 将光标置于第 3 行第 2 列单元格中，执行"插入"｜"表单"｜"按钮"命令，插入按钮，在"属性"面板的"值"文本框中输入"登录"，"动作"设置为"提交表单"，如图 15-38 所示。

图 15-37　插入文本域

图 15-38　插入按钮

07 将光标置于登录按钮的后面，再插入一个按钮，在"属性"面板中的"值"文本框中输入"重置"，"动作"设置为"重置表单"，如图15-39所示。

08 选中表单，执行"窗口"｜"行为"命令，打开"行为"面板，在该面板中单击"添加行为"按钮 **➕**，在弹出的菜单中选择"检查表单"选项，如图15-40所示。

图 15-39　插入按钮

图 15-40　选择"检查表单"选项

09 弹出"检查表单"对话框，在该对话框中文本域 name 和 password 的"值"均选中"必需的"复选框，"可接受"中选中"任何东西"选项，如图15-41所示。

10 单击"确定"按钮，将行为添加到"行为"面板中，如图15-42所示。

> **提示**
>
> 利用 Dreamweaver CC 内置行为中的检查表单，可以对用户名和密码进行验证。

图 15-41　"检查表单"对话框

图 15-42　添加行为

15.4.2　身份验证

在插入完表单对象和使用"检查表单"行为后，下面就在服务器端添加"登录用户"服务器行为，来验证用户输入的用户名和密码是否正确，具体操作步骤如下。

01 单击"绑定"面板中的 **➕** 按钮，在弹出的菜单中选择"记录集（查询）"选项，弹出"记录集"对话框，在该对话框中的"名称"文本框中输入 Rs1，如图15-43所示。

02 在"连接"下拉列表中选择 news，在"表格"下拉列表中选择 admin，"列"中选中"全部"选项，单击"确定"按钮，创建记录集，如图15-44所示。

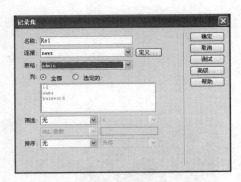

图 15-43 "记录集"对话框

图 15-44 创建记录集

03 单击"服务器行为"面板中的⊞按钮,在弹出的菜单中选择"用户身份验证"|"登录用户"选项,如图 15-45 所示。弹出"登录用户"对话框。

04 在"从表单获取输入"下拉列表中选择 form1,在"使用连接验证"下拉列表中选择 news,在"表格"下拉列表中选择 admin,"用户名列"选择 name,"密码列"选择 password,在"如果登录成功,则转到"文本框中输入 admin.asp,在"如果登录失败,则转到"文本框中输入 login.asp,如图 15-46 所示。

图 15-45 选择"登录用户"选项

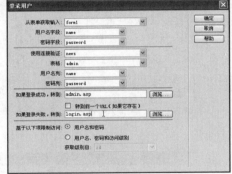

图 15-46 "登录用户"对话框

05 单击"确定"按钮,创建登录用户服务器行为,如图 15-47 所示,其代码如下。

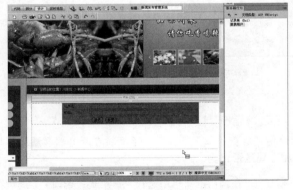

图 15-47 创建服务器行为

提示

下面这段代码的核心作用是验证从表单 form1 中获取的用户名和密码是否与数据库表中的 name 和 password 一致,如果一致则转向后台管理主页面 admin.asp;如果不一致,则转向后台登录页面 login.asp。

```
<% MM_LoginAction = Request.ServerVariables("URL")
If Request.QueryString <> ""
Then
MM_LoginAction = MM_LoginAction + "?" + Server.htmlEncode(Request.
QueryString)
MM_valUsername = CStr(Request.Form("name"))
If MM_valUsername <> ""
Then
  Dim MM_fldUserAuthorization
  Dim MM_redirectLoginSuccess
  Dim MM_redirectLoginFailed
  Dim MM_loginSQL
  Dim MM_rsUser
  Dim MM_rsUser_cmd
  MM_fldUserAuthorization = „"
, 如果登录成功, 则转向 admin.asp
  MM_redirectLoginSuccess = „admin.asp"
, 如果登录失败, 则转向 login.asp
  MM_redirectLoginFailed = „login.asp"
, 使用 SELECT 语句从新闻表中读取 name 和 password
  MM_loginSQL = „SELECT name, password"
  If MM_fldUserAuthorization <> ""
Then
MM_loginSQL = MM_loginSQL & "," & MM_fldUserAuthorization
MM_loginSQL = MM_loginSQL & " FROM [admin] WHERE name = ? AND password = ?"
  Set MM_rsUser_cmd = Server.CreateObject ("ADODB.Command")
  MM_rsUser_cmd.ActiveConnection = MM_news_STRING
  MM_rsUser_cmd.CommandText = MM_loginSQL
  MM_rsUser_cmd.Parameters.Append MM_rsUser_cmd.CreateParameter("param1",
200, 1, 50, MM_valUsername) ' adVarChar
  MM_rsUser_cmd.Parameters.Append MM_rsUser_cmd.CreateParameter("param2",
200, 1, 50, Request.Form("password")) ' adVarChar
  MM_rsUser_cmd.Prepared = true
  Set MM_rsUser = MM_rsUser_cmd.Execute
  If Not MM_rsUser.EOF Or Not MM_rsUser.BOF Then
    Session("MM_Username") = MM_valUsername
    If (MM_fldUserAuthorization <> "")
Then
    Session("MM_UserAuthorization") =
CStr(MM_rsUser.Fields.Item(MM_fldUserAuthorization).Value)
    Else
      Session("MM_UserAuthorization") = ""
    End If
    if CStr(Request.QueryString("accessdenied")) <> "" And false
Then
      MM_redirectLoginSuccess = Request.QueryString("accessdenied")
    End If
    MM_rsUser.Close
    Response.Redirect(MM_redirectLoginSuccess)
  End If
  MM_rsUser.Close
  Response.Redirect(MM_redirectLoginFailed)
End If%>
```

15.5 添加新闻页面

新闻系统中最重要的就是实现添加新闻的功能, 就是将页面的表单数据添加到网站的数据库中。添加
新闻的页面效果如图 15-48 所示, 设计的要点是插入表单对象、插入记录和限制对页面的访问服务器行为。

图 15-48　添加新闻页面效果

15.5.1　插入表单对象

添加新闻页面制作时首先要插入表单对象，以供浏览者能够输入信息，具体操作步骤如下。

01 打开网页文档 index.htm，将其另存为 addnews.asp。将光标置于相应的位置，执行"插入"｜"表单"｜"表单"命令，插入表单，如图 15-49 所示。

02 将光标置于表单中，插入 4 行 2 列的表格，在"属性"面板中将"填充"和"间距"均设置为 2，将"对齐"设置为"居中对齐"，"边框"设置为 1，"边框颜色"设置为 #7CD36E，如图 15-50 所示。

图 15-49　插入表单　　　　　　　　　　　　　图 15-50　插入表格

03 分别在单元格中输入相应的文字，如图 15-51 所示。

04 将光标置于第 1 行第 2 列的单元格中，执行"插入"｜"表单"｜"文本域"命令。插入文本域，在"属性"面板中的"文本域名称"文本框中输入 subject，将"字符宽度"设置为 40，"类型"设置为"单行"，如图 15-52 所示。

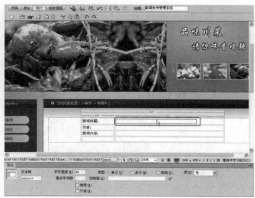

图 15-51 输入文字 图 15-52 插入文本域

05 将光标置于第 2 行第 2 列的单元格中，插入文本域，在"属性"面板中的"文本域名称"文本框中输入 author，"字符宽度"设置为 30，"类型"设置为"单行"，如图 15-53 所示。

06 将光标置于第 3 行第 2 列的单元格中，插入文本域，在"属性"面板中的"文本域名称"文本框中输入 content，"行数"设置为 8，"类型"设置为"多行"，如图 15-54 所示。

图 15-53 插入文本域 图 15-54 插入文本域

07 将光标置于第 4 行第 2 列的单元格中，插入按钮，在"属性"面板中的"值"文本框中输入"提交"，"动作"设置为"提交表单"，如图 15-55 所示。

08 将光标置于"提交"按钮的后面，再插入一个按钮，在"属性"面板中的"值"文本框中输入"重置"，"动作"设置为"重置表单"，如图 15-56 所示。

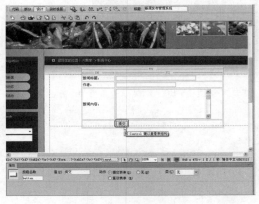

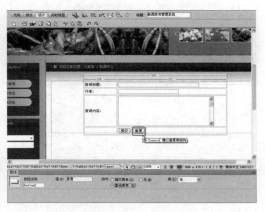

图 15-55 插入按钮 图 15-56 插入按钮

提示

一般来说，要将插入表单的名称设置为数据库表的字段名称，这样在加入插入记录的服务器行为时即可自动对应，省去设置的时间。

15.5.2 插入记录

要把用户在表单中输入的新闻信息保存到服务器端的数据库表中，需要使用"插入记录"服务器行为来实现，具体操作步骤如下。

01 单击"绑定"面板中的<kbd>+</kbd>按钮，在弹出的菜单中选择"记录集（查询）"选项，弹出"记录集"对话框，在该对话框的"名称"文本框中输入 Rs1，如图 15-57 所示。

02 在"连接"下拉列表中选择 news，在"表格"下拉列表中选择 news，"列"中选中"全部"选项，单击"确定"按钮，创建记录集，如图 15-58 所示。

图 15-57 "记录集"对话框

图 15-58 创建记录集

03 单击"服务器行为"面板中的<kbd>+</kbd>按钮，在弹出的菜单中选择"插入记录"选项，弹出"插入记录"对话框，在该对话框中的"连接"下拉列表中选择 news，在"插入到表格"下拉列表中选择 news，如图 15-59 所示。

04 在"插入后，转到"文本框中输入 admin.asp，在"获取值自"下拉列表中选择 form1，单击"确定"按钮，创建插入记录服务器行为，如图 15-60 所示，插入记录的核心代码如下。

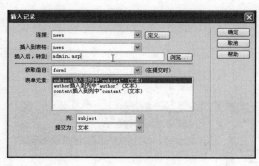

图 15-59 "插入记录"对话框

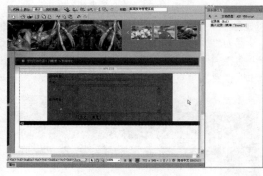

图 15-60 创建服务器行为

```
<%Dim MM_editAction
MM_editAction = CStr(Request.ServerVariables("SCRIPT_NAME"))
If (Request.QueryString <> "") Then
    MM_editAction = MM_editAction & "?" & Server.htmlEncode(Request.
QueryString)
End If
Dim MM_abortEdit
MM_abortEdit = false%>
```

```
<%
    If (CStr(Request("MM_insert")) = "form2") Then
      If (Not MM_abortEdit) Then
        ' 使用 INSERT INTO 语句插入记录到新闻表 news 中
        Dim MM_editCmd
        Set MM_editCmd = Server.CreateObject ("ADODB.Command")
        MM_editCmd.ActiveConnection = MM_news_STRING
        MM_editCmd.CommandText = "INSERT INTO news (subject, author, content)
VALUES (?, ?, ?)"
        MM_editCmd.Prepared = true
        MM_editCmd.Parameters.Append MM_editCmd.CreateParameter("param1", 202,
1, 50, Request.Form("subject")) ' adVarWChar
        MM_editCmd.Parameters.Append MM_editCmd.CreateParameter("param2", 202,
1, 50, Request.Form("author")) ' adVarWChar
        MM_editCmd.Parameters.Append MM_editCmd.CreateParameter("param3", 203,
1, 536870910, Request.Form("content")) ' adLongVarWChar
        MM_editCmd.Execute
        MM_editCmd.ActiveConnection.Close
        ' 转到后台管理主页面 admin.asp
        Dim MM_editRedirectUrl
        MM_editRedirectUrl = "admin.asp"
        If (Request.QueryString <> "") Then
          If (InStr(1, MM_editRedirectUrl, "?", vbTextCompare) = 0) Then
            MM_editRedirectUrl = MM_editRedirectUrl & "?" & Request.QueryString
          Else
            MM_editRedirectUrl = MM_editRedirectUrl & "&" & Request.QueryString
          End If
        End If
        Response.Redirect(MM_editRedirectUrl)
      End If
    End If
%>
```

代码解析

插入记录服务器行为是制作新闻添加页面的核心技术。这段代码的核心作用是将填写的新闻信息提交到新闻表 news 中，如果提交成功则转向后台管理主页面。

15.5.3 限制对页的访问

新闻发表页面只允许后台登录成功的用户访问，为了禁止没有权限的用户访问新闻添加页面，需要使用"限制对页的访问"服务器行为监视每位后台访问者，具体操作步骤如下。

01 单击"服务器行为"面板中的 ⊞ 按钮，在弹出的菜单中选择"用户身份验证"|"限制对页的访问"选项，弹出"限制对页的访问"对话框，在该对话框中的"如果访问被拒绝，则转到"文本框中输入 login.asp，如图 15-61 所示。

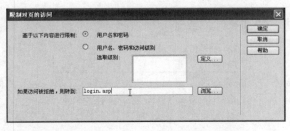

图 15-61 "限制对页的访问"对话框

02 单击"确定"按钮，创建限制对页的访问服务器行为，其代码如下所示。

```
<%MM_authorizedUsers=""
MM_authFailedURL="login.asp"
MM_grantAccess=false
If Session("MM_Username") <> "" Then
  If (true Or CStr(Session("MM_UserAuthorization"))="") Or _
  (InStr(1,MM_authorizedUsers,Session("MM_UserAuthorization"))>=1) Then
    MM_grantAccess = true
  End If
End If
If Not MM_grantAccess Then
  MM_qsChar = "?"
  If (InStr(1,MM_authFailedURL,"?") >= 1) Then MM_qsChar = "&"
  MM_referrer = Request.ServerVariables("URL")
  if (Len(Request.QueryString()) > 0)
Then MM_referrer = MM_referrer & "?" & Request.QueryString()
  MM_authFailedURL = MM_authFailedURL & MM_qsChar & "accessdenied=
" & Server.URLEncode(MM_referrer)
  Response.Redirect(MM_authFailedURL)
End If%>
```

指点迷津

将数据提交到服务器后，为什么会出现操作必须使用可更新的查询呢？

这个问题的原因是在服务器上并没有写入的权限。在资源管理器切换到该文件夹后执行"工具"|"文件夹选项"命令，在弹出的对话框中切换到"查看"选项卡，取消选中"使用简单文件共享（推荐）"复选框。

单击"确定"按钮，再执行"文件"|"属性"命令，在弹出的对话框中切换到"安全"选项卡，在这里会看到不同的组或用户对于文件的使用权限。

单击"添加"按钮，在弹出的对话框的"查找位置"文本框中的值即为计算机名，所以要添加的用户为："IUSR_KEN"。输入 IUSR_KEN 之后单击"检查名称"按钮，如果验证无误，会马上回到原对话框中。

最后单击"确定"按钮完成添加用户的操作。选取这个添加的账号，然后选择"修改"的权限，会发现"写入"的权限也自动被复选，最后可以单击"确定"按钮来完成设置。如此一来这个数据库的文件即能拥有正确的权限来执行。

15.6 删除新闻页面

删除新闻页面效果如图 15-62 所示,设计的要点是插入表单对象、创建记录集、创建删除记录和限制对页的访问服务器行为,具体操作步骤如下。

图 15-62 删除新闻页面效果

01 打开网页文档 index.htm,将其另存为 delnews.asp。将光标置于相应的位置,执行"插入"|"表单"|"表单"命令,插入表单,如图 15-63 所示。

02 将光标置于表单中,执行"插入"|"表单"|"按钮"命令,插入按钮,在"属性"面板中的"值"文本框中输入"删除新闻","动作"设置为"提交表单",如图 15-64 所示。

图 15-63 插入表单

图 15-64 插入按钮

03 单击"绑定"面板中的 ➕ 按钮,在弹出的菜单中选择"记录集(查询)",弹出"记录集"对话框,在"名称"文本框中输入 Rs1,在"连接"下拉列表中选择 news,如图 15-65 所示。

04 在"表格"下拉列表中选择 news，"列"中选中"全部"选项，在"筛选"下拉列表中分别选择 news_
id、＝、URL 参数和 news_id，单击"确定"按钮，创建记录集，如图 15-66 所示。

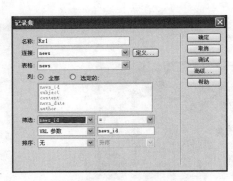

图 15-65　"记录集"对话框　　　　　　　　图 15-66　创建记录集

05 单击"服务器行为"面板中的➕按钮，在弹出的菜单中选择"删除记录"，弹出"删除记录"对话框，
在"连接"下拉列表中选择 news，在"从表格中删除"下拉列表中选择 news，在"提交此表单以删除"中
选择 form1，在"删除后，转到"文本框中输入 admin.asp，如图 15-67 所示。

06 单击"确定"按钮，创建删除记录服务器行为，如图 15-68 所示。删除页面的代码如下。

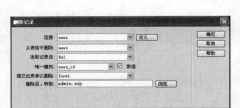

图 15-67　"删除记录"对话框　　　　　　　图 15-68　创建服务器行为

```asp
<%
If (CStr(Request("MM_delete")) = "form2" And CStr(Request("MM_recordId")) <>
"")
 Then
  If (Not MM_abortEdit)
Then
    Set MM_editCmd = Server.CreateObject ("ADODB.Command")
    MM_editCmd.ActiveConnection = MM_news_STRING
    ' 使用 DELETE 语句将当前新闻记录从新闻表 news 中删除
    MM_editCmd.CommandText = "DELETE FROM news WHERE news_id = ?"
    MM_editCmd.Parameters.Append MM_editCmd.CreateParameter("param1", 5, 1,
-1, Request.Form("MM_recordId")) ' adDouble
    MM_editCmd.Execute
    MM_editCmd.ActiveConnection.Close
    ' 转到后台管理 admin.asp 页面
    Dim MM_editRedirectUrl
    MM_editRedirectUrl = "admin.asp"
    If (Request.QueryString <> "")
Then
      If (InStr(1, MM_editRedirectUrl, "?", vbTextCompare) = 0)
Then
```

```
        MM_editRedirectUrl = MM_editRedirectUrl & "?" & Request.QueryString
      Else
        MM_editRedirectUrl = MM_editRedirectUrl & "&" & Request.QueryString
      End If
    End If
    Response.Redirect(MM_editRedirectUrl)
  End If
End If
%>
```

07 单击"服务器行为"面板中的 ➕ 按钮,在弹出的菜单中选择"用户身份验证"|"限制对页的访问"选项,弹出"限制对页的访问"对话框,在该对话框中的"如果访问被拒绝,则转到"文本框中输入login.asp,选择"用户名和密码"单选按钮,如图15-69所示。

08 单击"确定"按钮,创建限制对页的访问服务器行为。

图 15-69 "限制对页的访问"对话框

15.7 修改新闻页面

修改新闻页面效果如图15-70所示,设计的要点是创建记录集、更新记录表单向导和创建限制对页的访问,具体操作步骤如下。

图 15-70 修改新闻页面效果

01 打开网页文档 index.htm，将其另存为 modifynews.asp。单击"绑定"面板中的➕按钮，在弹出的菜单中选择"记录集（查询）"选项，弹出"记录集"对话框，在该对话框中的"名称"文本框中输入 Rs1，如图 15-71 所示。

02 在"连接"下拉列表中选择 news，在"表格"下拉列表中选择 news，"列"中选中"全部"选项，在"筛选"下拉列表中分别选择 news_id、＝、URL 参数和 news_id，单击"确定"按钮，创建记录集，如图 15-72 所示。

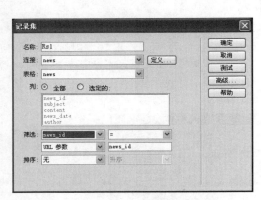

图 15-71　"记录集"对话框

图 15-72　创建记录集

03 将光标置于相应的位置，单击"数据"插入栏中的"更新记录表单向导"按钮，弹出"更新记录表单"对话框，在该对话框的"连接"下拉列表中选择 news，在"要更新的表格"下拉列表中选择 news，在"选取记录自"下拉列表中选择 Rs1，在"唯一键列"下拉列表中选择 news_id，在"在更新后，转到"文本框中输入 admin.asp，在"表单字段"列表框中选中 news_id 字段，单击➖按钮将其删除，如图 15-73 所示。

04 选中 subject 字段，在"标签"文本框中输入"新闻标题："，选中 author 字段，在"标签"文本框中输入"作者："，选中 content 字段，"在标签"文本框中输入"新闻内容："，在"显示为"下拉列表中选择"文本区域"，选中 news_date 字段，在"显示为"下拉列表中选择"隐藏域"，在"提交为"下拉列表中选择"日期"，单击"确定"按钮，插入更新记录表单，如图 15-74 所示，插入更新记录的代码如下所示。

图 15-73　"更新记录表单"对话框

图 15-74　插入更新记录表单

```
<%
If (CStr(Request("MM_update")) = "form2") Then
  If (Not MM_abortEdit) Then
    Dim MM_editCmd
    Set MM_editCmd = Server.CreateObject ("ADODB.Command")
    MM_editCmd.ActiveConnection = MM_news_STRING
    ' 使用 UPDATE 语句更新新闻表 news 中的字段
    MM_editCmd.CommandText = "UPDATE news SET subject = ?, author = ?,
content = ?, news_date = ? WHERE news_id = ?"
```

```
        MM_editCmd.Prepared = true
        MM_editCmd.Parameters.Append MM_editCmd.CreateParameter("param1", 202,
1, 50, Request.Form("subject")) ' adVarWChar
        MM_editCmd.Parameters.Append MM_editCmd.CreateParameter("param2", 202,
1, 50, Request.Form("author")) ' adVarWChar
        MM_editCmd.Parameters.Append MM_editCmd.CreateParameter("param3", 203,
1, 536870910, Request.Form("content")) ' adLongVarWChar
        MM_editCmd.Parameters.Append MM_editCmd.CreateParameter("param4", 135,
1, -1, MM_IIF(Request.Form("news_date"), Request.Form("news_date"), null)) '
adDBTimeStamp
        MM_editCmd.Parameters.Append MM_editCmd.CreateParameter("param5", 5, 1,
-1, MM_IIF(Request.Form("MM_recordId"), Request.Form("MM_recordId"), null)) '
adDouble
        MM_editCmd.Execute
        MM_editCmd.ActiveConnection.Close
        ' 更新成功后转到后台管理页面 admin.asp
        Dim MM_editRedirectUrl
        MM_editRedirectUrl = "admin.asp"
        If (Request.QueryString <> "") Then
          If (InStr(1, MM_editRedirectUrl, "?", vbTextCompare) = 0) Then
            MM_editRedirectUrl = MM_editRedirectUrl & "?" & Request.QueryString
          Else
            MM_editRedirectUrl = MM_editRedirectUrl & "&" & Request.QueryString
          End If
        End If
        Response.Redirect(MM_editRedirectUrl)
      End If
    End If
%>
```

代码解析

这段代码的核心作用是使用 UPDATE 语句更新新闻表 news 中的字段，更新成功后转到后台管理页面 admin.asp。

05 单击"服务器行为"面板中的▣按钮，在弹出的菜单中选择"用户身份验证"｜"限制对页的访问"选项，弹出"限制对页的访问"对话框，在该对话框中的"如果访问被拒绝，则转到"文本框中输入 login.asp，如图 15-75 所示。

06 单击"确定"按钮，创建限制对页面的访问服务器行为。

图 15-75 "限制对页的访问"对话框

指点迷津

当出现修改程序执行"@ 命令只能在 Active Server Page 中使用一次"的错误时，应如何解决呢？

切换到代码视图，到页面的最上方会看到有两行一模一样的代码，是以"<%@…………%>"形式存在的，即是产生错误的主因，修改的方式其实相当简单，将其中一行删除即可。

15.8 新闻列表页面

新闻网站的首页一般都是以新闻标题罗列的方式，将全部或主要新闻标题显示在页面中的。这样浏览者便可以根据自己感兴趣的内容，通过单击标题链接而进入新闻详细页面。新闻列表页面效果如图15-76所示，设计的要点是创建记录集、绑定字段、创建重复区域、转到详细页面、记录集分页和显示区域服务器行为。

图 15-76　新闻列表页面效果

15.8.1 设计页面静态部分

下面先利用插入表格和输入相关文字的方法，制作页面静态部分效果，具体操作步骤如下。

01 打开网页文档 index.htm，将其另存为 class.asp。将光标置于相应的位置，执行"插入"｜"表格"命令，插入 1 行 2 列的表格，此表格记为表格 1，如图 15-77 所示。

02 在"属性"面板中将"填充"和"间距"均设置为 2，将"对齐"设置为"居中对齐"，"边框"设置为 1，"边框颜色"设置为 #7CD36E，在表格 1 中输入相应的文字，如图 15-78 所示。

图 15-77　插入表格

图 15-78　输入文字

03 将光标置于表格 1 的右边，按 Enter 键换行，执行"插入"｜"表格"命令，插入 1 行 1 列的表格，此表格记为表格 2，如图 15-79 所示。

04 在"属性"面板中将"填充"和"间距"均设置为 2，"对齐"设置为"居中对齐"，在表格 2 中输入相应的文字，如图 15-80 所示。

图 15-79 插入表格

图 15-80 输入文字

05 将光标置于表格 2 的右边，按 Enter 键换行，执行"插入"｜"表格"命令，插入 1 行 1 列的表格，此表格记为表格 3，如图 15-81 所示。

06 在"属性"面板中将"填充"和"间距"均设置为 2，"对齐"设置为"居中对齐"，在表格 3 中输入相应的文字，如图 15-82 所示。

图 15-81 插入表格

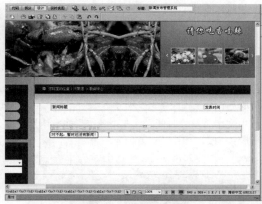

图 15-82 输入文字

15.8.2 添加记录集

下面创建记录集，从新闻表 news 中读取新闻记录，从而显示在页面上，具体操作步骤如下。

01 单击"绑定"面板中的 ⊞ 按钮，在弹出的菜单中选择"记录集（查询）"选项，弹出"记录集"对话框，在该对话框中的"名称"文本框中输入 Rs1，在"连接"下拉列表中选择 news，如图 15-83 所示。

02 在"表格"下拉列表中选择 news，"列"中选中"全部"选项，在"排序"下拉列表中选择 news_id 和"降序"，单击"确定"按钮，创建记录集，如图 15-84 所示，创建记录集的代码如下。

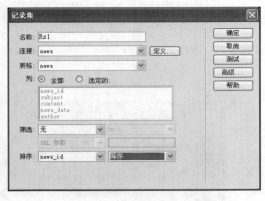

图 15-83　"记录集"对话框

图 15-84　创建记录集

```
<%
Dim Rs1
Dim Rs1_cmd
Dim Rs1_numRows
Set Rs1_cmd = Server.CreateObject ("ADODB.Command")
Rs1_cmd.ActiveConnection = MM_news_STRING
' 使用 SELECT 语句从新闻表 news 中读取新闻记录
Rs1_cmd.CommandText = "SELECT * FROM news ORDER BY news_id DESC"
Rs1_cmd.Prepared = true
Set Rs1 = Rs1_cmd.Execute
Rs1_numRows = 0
%>
```

代码解析

这段代码的核心作用是使用 SELECT 语句从新闻表 news 中读取新闻记录，并且按照商品编号的降序排列记录。

03 选中文字"新闻标题"，在"绑定"面板中展开记录集 Rs1，选中 subject 字段，单击右下角的"插入"按钮绑定字段，如图 15-85 所示。

04 选中文字"发表时间"，在"绑定"面板中展开记录集 Rs1，选中 news_date 字段，单击右下角的"插入"按钮绑定字段，如图 15-86 所示。

图 15-85　绑定字段

图 15-86　绑定字段

05 选中表格 1，单击"服务器行为"面板中的 ➕ 按钮，在弹出的菜单中选择"重复区域"选项，弹出"重复区域"对话框，如图 15-87 所示。

06 在该对话框中的"记录集"下拉列表中选择 Rs1，"显示"中选中"10 记录"选项，单击"确定"按钮，创建重复区域服务器行为，如图 15-88 所示。

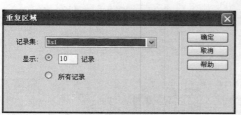

图 15-87 "重复区域"对话框

图 15-88 创建服务器行为

15.8.3 转到详细页面

使用"转到详细页面"服务器行为可以对新闻标题添加链接,链接到新闻详细信息页面,具体操作步骤如下。

01 选中 {Rs1.subject},单击"服务器行为"面板中的⊞按钮,在弹出的菜单中选择"转到详细页面"选项,弹出"转到详细页面"对话框,在该对话框中的"详细信息页"文本框中输入 detail.asp,如图 15-89 所示。

02 在"记录集"下拉列表中选择 Rs1,在"列"下拉列表中选择 news_id,单击"确定"按钮,创建转到详细页面服务器行为,如图 15-90 所示,其代码如下所示。

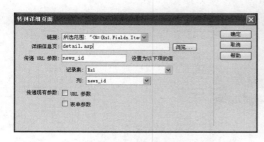

图 15-89 "转到详细页面"对话框

图 15-90 创建服务器行为

```
<A HREF="detail.asp?<%= Server.htmlEncode(MM_keepNone)
& MM_joinChar(MM_keepNone) & "news_id=" & Rs1.Fields.Item("news_id").Value
%>">
<%=(Rs1.Fields.Item("subject").Value)%></A>
```

代码解析

这段代码的核心作用是给新闻标题添加链接,链接到新闻详细信息页 detail.asp。

15.8.4 记录集分页

如果按每页 10 条记录显示记录集中的数据，还有很多条记录无法显示，这时可以通过插入"记录集分页"服务器行为来实现记录集多页显示，具体操作步骤如下。

01 选中文字"首页"，单击"服务器行为"面板中的 <kbd>+</kbd> 按钮，在弹出的菜单中选择"记录集分页" | "移至第一条记录"选项，如图 15-91 所示。

02 弹出"移至第一条记录"对话框，在该对话框中的"记录集"下拉列表中选择 Rs1，单击"确定"按钮，创建移至第一条记录服务器的行为，如图 15-92 所示。

图 15-91 "移至第一条记录"对话框

图 15-92 创建服务器行为

03 按照步骤 01 ～ 02 的方法，分别对文字"上一页""下一页"和"最后页"创建"移至前一条记录""移至下一条记录"和"移至最后一条记录"服务器行为，如图 15-93 所示。记录集分页的代码如下。

```
<% If MM_offset <> 0 Then %>
<A HREF="<%=MM_moveFirst%>"> 首页 </A>
<% End If ' end MM_offset <> 0 %>
<% If MM_atTotal Then %>
<A HREF="<%=MM_movePrev%>"> 上一页 </A>
<% End If ' end MM_atTotal %>
<% If MM_offset = 0 Then %>
<A HREF="<%=MM_moveNext%>"> 下一页 </A>
<% End If ' end MM_offset = 0 %>
<% If Not MM_atTotal Then %>
<A HREF="<%=MM_moveLast%>"> 最后页 </A>
<% End If ' end Not MM_atTotal %>
```

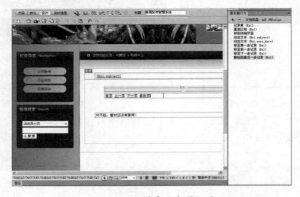

图 15-93 创建服务器行为

04 选中文字"首页"，单击"服务器行为"面板中的 <kbd>+</kbd> 按钮，在弹出的菜单中选择"显示区域" | "如果不是第一条记录则显示区域"选项，如图 15-94 所示。

05 弹出"如果不是第一条记录则显示区域"对话框，在该对话框中的"记录集"下拉列表中选择Rs1，单击"确定"按钮，创建如果不是第一条记录则显示区域服务器行为，如图 15-95 所示。

图 15-94 "移至第一条记录"对话框　　　　　　图 15-95 创建服务器行为

06 按照步骤 04 ～ 05 的方法，分别对文字"上一页""下一页"和"最后页"创建"如果为最后一条记录则显示区域""如果为第一条记录则显示区域"和"如果不是最后一条记录则显示区域"服务器行为，如图 15-96 所示。

> **提示**
>
> 创建显示区域服务器行为后，如果没有显示插入的标记，可以执行"查看"|"可视化助理"|"不可见元素"命令。

图 15-96 创建服务器行为

07 选中表格 1 和表格 2，单击"服务器行为"面板中的 ⊞ 按钮，在弹出的菜单中选择"显示区域" | "如果记录集不为空则显示区域"选项，如图 15-97 所示。

08 弹出"如果记录集不为空则显示区域"对话框，在该对话框中的"记录集"下拉列表中选择 Rs1，单击"确定"按钮，创建如果记录集不为空则显示区域服务器行为，如图 15-98 所示。

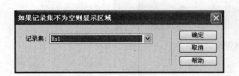

图 15-97 "如果记录集不为空则显示区域"对话框　　　　图 15-98 创建服务器行为

09 选中表格 3，单击"服务器行为"面板中的 + 按钮，在弹出的菜单中选择"显示区域" | "如果记录集为空则显示区域"选项，如图 15-99 所示。

10 弹出"如果记录集为空则显示区域"对话框，在该对话框中的"记录集"下拉列表中选择 Rs1，单击"确定"按钮，创建如果记录集为空则显示区域服务器行为，如图 15-100 所示。

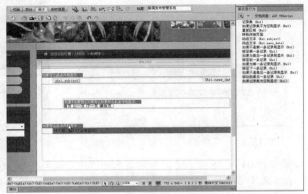

图 15-99 "如果记录集为空则显示区域"对话框   图 15-100 创建服务器行为

15.9 新闻详细页面

新闻详细页面效果如图 15-101 所示，这个页面是用来显示新闻详细内容的网页。设计的要点是创建记录集和绑定字段，具体操作步骤如下。

图 15-101 新闻详细页面效果

01 打开网页文档 index.htm，将其另存为 detail.asp。将光标置于相应的位置，执行"插入" | "表格"命令，插入 3 行 1 列的表格，在"属性"面板中将"填充"和"间距"均设置为 2，如图 15-102 所示。

02 将"对齐"设置为"居中对齐","边框"设置为1,"边框颜色"设置为#7CD36E,将光标置于第1行单元格中,将"水平"设置为"居中对齐",输入文字,将大小设置为14像素,单击"粗体"按钮**B**对文字加粗,如图15-103所示。

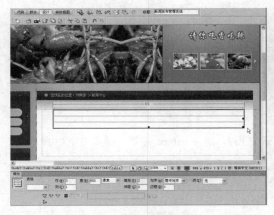
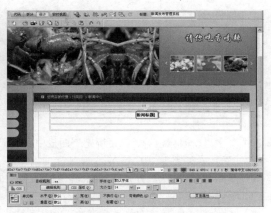

图 15-102　插入表格　　　　　　　　　　　图 15-103　输入文字

03 分别在其他单元格中输入文字,如图15-104所示。单击"绑定"面板中的⊞按钮,在弹出的菜单中选择"记录集(查询)"选项,弹出"记录集"对话框。

04 在该对话框中的"名称"文本框中输入Rs1,在"连接"下拉列表中选择news,在"表格"下拉列表中选择news,"列"中选中"全部"选项,在"筛选"下拉列表中分别选择news_id、=、URL参数和news_id,如图15-105所示。

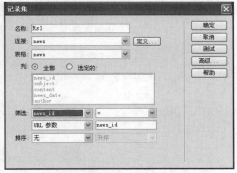

图 15-104　输入文字　　　　　　　　　　图 15-105　"记录集"对话框

05 单击"确定"按钮,创建记录集,如图15-106所示,其代码如下所示,用来从数据库表news中读取一条新闻。

图 15-106　创建记录集

```
<%
Dim Rs1
Dim Rs1_cmd
Dim Rs1_numRows
Set Rs1_cmd = Server.CreateObject ("ADODB.Command")
Rs1_cmd.ActiveConnection = MM_news_STRING
Rs1_cmd.CommandText = "SELECT * FROM news WHERE news_id = ?"
Rs1_cmd.Prepared = true
Rs1_cmd.Parameters.Append
Rs1_cmd.CreateParameter("param1", 5, 1, -1, Rs1__MMColParam)
Set Rs1 = Rs1_cmd.Execute
Rs1_numRows = 0
%>
```

06 选中文字"新闻标题",在"绑定"面板中展开记录集 Rs1,选中 subject 字段,单击右下角的"插入"
按钮绑定字段,如图 15-107 所示。

07 按照步骤 06 的方法,分别将 author、news_date 和 content 字段绑定到相应的位置,如图 15-108 所示,
绑定后的代码如下。

图 15-107　绑定字段

图 15-108　绑定字段

```
<tr>
    <td align="center">
<span class="STYLE1"><%=(Rs1.Fields.Item("subject").Value)%></span></td>
    </tr>
    <tr>
    <td> 作者: <%=(Rs1.Fields.Item("author").Value)%>
发表时间: <%=(Rs1.Fields.Item("news_date").Value)%></td>
    </tr>
    <tr>
    <td> 新闻内容: <br><%=(Rs1.Fields.Item("content").Value)%></td>
</tr>
```

代码解析

这段代码的核心作用是显示新闻的标题、作者、发表时间和新闻内容信息。

第16章

设计制作会员注册管理系统

本章导读

在浏览某些网站时，常需要用户进行注册，在注册时用户需填写姓名、账号、密码、电话等信息，这些信息将被储存在一个数据表中，为的是方便管理员对注册用户统一管理。注册完毕后，用户只需输入账号及密码即可登录网站浏览某些信息。本章主要学习会员注册管理系统的制作方法。

技术要点：

◆　熟悉会员注册管理系统设计分析　　　　◆　掌握会员注册管理系统各页面的制作方法

实例展示

注册页面

会员登录页面

会员管理总页面

会员修改页面

16.1 系统设计分析

本章介绍的会员注册管理系统主要分为注册、登录和管理 3 部分,其中注册和登录模块需要进行数据有效性验证,如图 16-1 所示是会员注册管理系统结构图。

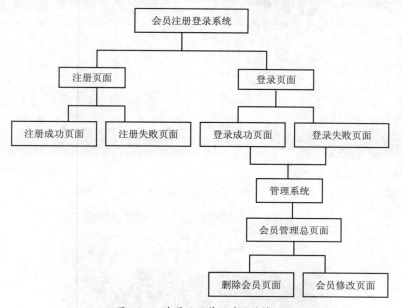

图 16-1 会员注册管理系统结构图

注册页面 zhuce.asp,如图 16-2 所示,在这个页面中输入会员注册的详细信息。

会员登录页面 denglu.asp,如图 16-3 所示,根据用户提交的用户名和密码判断是否正确。如果用户名和密码有误,转向登录失败页面,否则转向登录成功页面。

图 16-2 注册页面

图 16-3 会员登录页面

会员管理总页面 guanli.asp,如图 16-4 所示,在这个页面中可以修改、删除会员。

删除会员页面 shanchu.asp,如图 16-5 所示,在这个页面中单击"删除按钮"可以删除会员。

图 16-4　会员管理总页面

图 16-5　删除会员页面

会员修改页面 xiugai.asp，如图 16-6 所示，此页面中用于修改会员的资料。

图 16-6　会员修改页面

16.2　创建数据库与数据库连接

　　会员管理系统的数据库文件主要用于存储用户注册的用户名、密码及一些个人信息，如性别、年龄、E-mail、电话等。

16.2.1　创建数据库表

　　会员管理系统首先要设计一个存储用户注册资料的数据库文件，这里设计一个 Access 数据库，在后面的实例中能够实现用户名、密码等资料的添加和修改功能。本章讲述的会员注册管理系统数据库是 zhuce.mdb，其中有一个会员信息表 zhuce，其中的字段名称、数据类型和说明见表 16-1 所示。

表 16-1 会员信息表 zhuce

字段名称	数据类型	说明
zhuce_id	自动编号	自动编号
zhuce_name	文本	用户名
email	文本	电子邮箱
tel	数字	电话
pass	文本	密码

16.2.2 创建数据库连接

在数据库创建编辑完成后,必须在 Dreamweaver 中建立能够使用的数据库连接对象,这样才能在动态网页中使用这个数据库文件。连接数据库的方法有很多,下面就介绍使用自定义字符串的方法连接数据库,具体操作步骤如下。

01 打开要创建数据库连接的文档,执行"窗口"|"数据库"命令,打开"数据库"面板,在该面板中单击 按钮,在弹出的菜单中选择"数据源名称(DSN)"选项,如图 16-7 所示。

02 弹出"数据源名称(DSN)"对话框,在该对话框中的"连接名称"文本框中输入 zhuce,在"数据源名称(DSN)"下拉列表中选择 zhuce,如图 16-8 所示。

图 16-7 选择"数据源名称(DSN)"选项

图 16-8 "数据源名称(DSN)"对话框

03 单击"确定"按钮,即可成功连接,此时"数据库"面板如图 16-9 所示,显示出了数据库表中的字段。

图 16-9 "数据库"面板

04 此时会在网站根目录下自动创建一个名为 Connections 的文件夹,Connections 文件内有一名为 zhuce.asp 的文件,其代码如下。

```
<%' FileName="Connection_ado_conn_string.htm"
' Type="ADO"
' DesigntimeType="ADO"
' HTTP="true"
' Catalog=""
```

```
' Schema=""
Dim MM_zhuce_STRING
MM_zhuce_STRING = "Provider=Microsoft.JET.Oledb.4.0;
Data Source="&Server.Mappath("/zhuce.mdb")%>
```

16.3 会员注册

一个会员管理系统首先需要提供新用户注册功能，会员注册页面除了提供输入信息的平台、表单的检查等静态功能外，还提供数据的提交，以及重名的检查等动态动能。

16.3.1 注册页面

注册页面效果如图 16-10 所示，这个页面主要用于新会员的注册，实际上新会员注册的操作就是向数据库中的 zhuce 表中添加记录。设计的要点是插入表单对象、检查表单、插入记录和创建检查新用户名服务器行为，具体操作步骤如下。

01 打开网页文档 index.htm，将其另存为 zhuce.asp，如图 16-11 所示。

02 将光标置于相应位置，执行"插入"｜"表单"｜"表单"命令，插入表单，如图 16-12 所示。

图 16-10　注册页面效果

图 16-11　另存文档

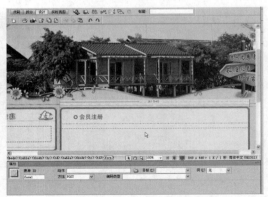

图 16-12　插入表单

03 将光标置于表单中，插入 6 行 2 列的表格，在"属性"面板中将"填充"设置为 4，"对齐"设置为"居中对齐"，如图 16-13 所示。

04 分别在表格的第 1 列单元格中输入相应的文字，如图 16-14 所示。

第16章 设计制作会员注册管理系统

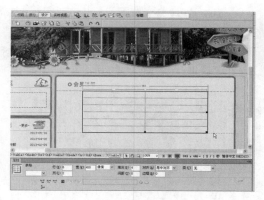

图 16-13 插入表格

图 16-14 输入文字

05 将光标置于第 1 行第 2 列的单元格中，执行"插入"｜"表单"｜"文本域"命令，插入文本域，在"属性"面板中的"文本域"名称文本框中输入 zhuce_name，"字符宽度"设置为 25，"类型"设置为"单行"，如图 16-15 所示。

06 将光标置于第 2 行第 2 列的单元格中，执行"插入"｜"表单"｜"文本域"命令，插入文本域，在"属性"面板中的"文本域名称"文本框中输入 pass，"字符宽度"设置为 25，"类型"设置为"密码"，如图 16-16 所示。

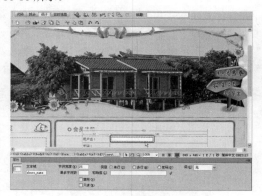

图 16-15 插入文本域

图 16-16 插入文本域

07 将光标置于第 3 行第 2 列的单元格中，插入文本域，在"属性"面板中的"文本域名称"文本框中输入 pass1，"字符宽度"设置为 25，"类型"设置为"密码"，如图 16-17 所示。

08 将光标置于第 4 行第 2 列的单元格中，插入文本域，在"属性"面板中的"文本域"名称文本框中输入 tel，"字符宽度"设置为 11，"类型"设置为"单行"，如图 16-18 所示。

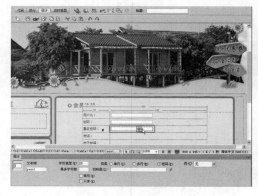

图 16-17 插入文本域

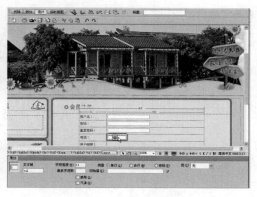

图 16-18 插入文本域

259

09 将光标置于第 5 行第 2 列的单元格中，插入文本域，在"文本域名称"文本框中输入 email，"字符宽度"设置为 25，"类型"设置为"单行"，如图 16-19 所示。

10 将光标置于第 5 行第 2 列的单元格中，执行"插入"｜"表单"｜"按钮"命令，插入按钮，在"属性"面板中的"值"文本框中输入"注册"，"动作"设置为"提交表单"，如图 16-20 所示。

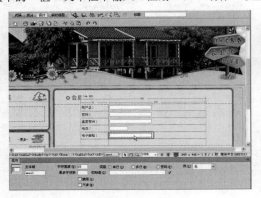

图 16-19　插入文本域

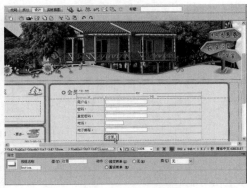

图 16-20　插入按钮

11 将光标置于"注册"按钮的后面，再插入一个按钮，在"属性"面板的"值"文本框中输入"重置"，"动作"设置为"重设表单"，如图 16-21 所示。

12 选中表单，单击"行为"面板中的"添加行为"按钮 **+**，在弹出的菜单中选择"检查表单"，弹出"检查表单"对话框。将文本域 zhuce_name、pass 和 pass1 的"值"都选中"必需的"复选框，"可接受"选中"任何东西"单选按钮，文本域 tel 的"值"选中"必需的"复选框，"可接受"选中"数字"单选按钮，文本域 email 的"值"选中"必需的"复选框，"可接受"选中"电子邮件地址"单选按钮，如图 16-22 所示。

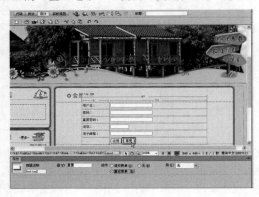

图 16-21　插入按钮

图 16-22　"检查表单"对话框

13 单击"确定"按钮，将行为添加到"行为"面板中，如图 16-23 所示。

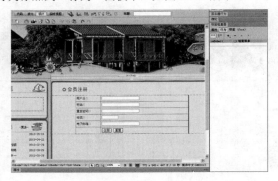

图 16-23　添加行为

14 切换到拆分视图，在验证表单动作的源代码中输入以下代码，用于验证两次输入的密码是否一致，如图
16-24 所示。

```
if(MM_findObj(pass').value!=MM_findObj('pass1').value)errors +='- 两次密码输入不
一致 \n'
```

15 单击"服务器行为"面板中的➕按钮，在弹出的菜单中选择"插入记录"选项，弹出"插入记录"对话
框，在该对话框中的"连接"下拉列表中选择 zhuce，"插入到表格"下拉列表中选择 zhuce，"插入后转到"
文本框中输入 zhuceok.asp，"获取值自"下拉列表中选择 form1，如图 16-25 所示。

图 16-24　输入代码 　　　　　　　　　　　 图 16-25　"插入记录"对话框

16 单击"确定"按钮，创建插入记录服务器行为，如图 16-26 所示，插入记录的代码如下。

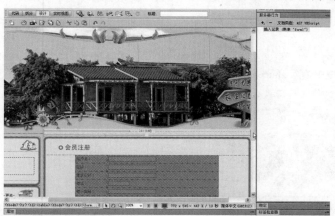

图 16-26　创建插入记录服务器行为

```
    <%
    If (CStr(Request("MM_insert")) = "form1")
    Then
      If (Not MM_abortEdit)
    Then
        Dim MM_editCmd
        Set MM_editCmd = Server.CreateObject ("ADODB.Command")
        MM_editCmd.ActiveConnection = MM_zhuce_STRING
    ' 使用 INSERT INTO 语句将会员资料添加到会员表 zhuce 中
        MM_editCmd.CommandText = "INSERT INTO zhuce (zhuce_name, pass, tel,
email) VALUES (?, ?, ?, ?)"
        MM_editCmd.Prepared = true
        MM_editCmd.Parameters.Append MM_editCmd.CreateParameter("param1", 202,
1, 50, Request.Form("zhuce_name")) ' adVarWChar
```

```
        MM_editCmd.Parameters.Append MM_editCmd.CreateParameter("param2", 202,
1, 50, Request.Form("pass")) ' adVarWChar
        MM_editCmd.Parameters.Append MM_editCmd.CreateParameter("param3", 5, 1,
-1, MM_IIF(Request.Form("tel"), Request.Form("tel"), null)) ' adDouble
        MM_editCmd.Parameters.Append MM_editCmd.CreateParameter("param4", 202,
1, 50, Request.Form("email")) ' adVarWChar
    MM_editCmd.Execute
    MM_editCmd.ActiveConnection.Close
    ' 注册成功后转到 zhuceok.asp 页面
    Dim MM_editRedirectUrl
    MM_editRedirectUrl = "zhuceok.asp"
    If (Request.QueryString <> "") Then
      If (InStr(1, MM_editRedirectUrl, "?", vbTextCompare) = 0) Then
        MM_editRedirectUrl = MM_editRedirectUrl & "?" & Request.QueryString
      Else
        MM_editRedirectUrl = MM_editRedirectUrl & "&" & Request.QueryString
      End If
    End If
    Response.Redirect(MM_editRedirectUrl)
  End If
End If
%>
```

代码解析

上面这段代码的核心作用就是使用 insert into 语句，将在表单中填写的会员资料添加到会员表 zhuce 中。表单控件的名称与数据表中字段的名称一致，在"插入记录"对话框设置窗口中，表单控件会自动对应与其相同名称的字段。注册成功后转到 zhuceok.asp 页面。

17 单击"服务器行为"面板中的 ⊞ 按钮，在弹出的菜单中选择"用户身份验证"|"检查新用户名"选项，如图 16-27 所示。

18 弹出"检查新用户名"对话框，在该对话框中的"用户名字段"下拉列表中选择 zhuce_name，"如果已存在，则转到"文本框中输入 zhucebai.asp，如图 16-28 所示。

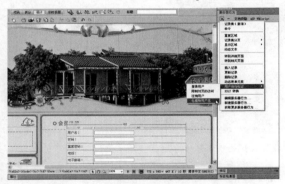

图 16-27 选择"检查新用户名"选项　　　　　　　图 16-28 "检查新用户名"对话框

19 单击"确定"按钮，创建检查新用户名服务器行为，代码如下。

```
<%MM_flag = "MM_insert"
If (CStr(Request(MM_flag)) <> "")
Then
  Dim MM_rsKey
  Dim MM_rsKey_cmd
  MM_dupKeyRedirect = "zhucebai.asp"
  MM_dupKeyUsernameValue = CStr(Request.Form("zhuce_name"))
  Set MM_rsKey_cmd = Server.CreateObject ("ADODB.Command")
  MM_rsKey_cmd.ActiveConnection = MM_zhuce_STRING
```

```
        MM_rsKey_cmd.CommandText = "SELECT zhuce_name FROM zhuce WHERE zhuce_name
= ?"
        MM_rsKey_cmd.Prepared = true
        MM_rsKey_cmd.Parameters.Append MM_rsKey_cmd.CreateParameter("param1", 200,
1, 50, MM_dupKeyUsernameValue) ' adVarChar
        Set MM_rsKey = MM_rsKey_cmd.Execute
        If Not MM_rsKey.EOF Or Not MM_rsKey.BOF Then
            MM_qsChar = "?"
            If (InStr(1, MM_dupKeyRedirect, "?") >= 1) Then MM_qsChar = "&"
            MM_dupKeyRedirect = MM_dupKeyRedirect & MM_qsChar & "requsername=" & MM_
dupKeyUsernameValue
            Response.Redirect(MM_dupKeyRedirect)
        End If
        MM_rsKey.Close
    End If%>
```

代码解析

使用"检查新用户名"服务器行为，可以验证用户在注册信息页面输入的用户名是否与数据库中的现有会员用户名是否重复。如果用户名已存在，则转到 zhucebai.asp 页面。

16.3.2　注册成功与失败页面

为了方便浏览者进行登录，应该在注册成功页面 zhuceok.asp 中设置一个转到 denglu.asp 页面的链接对象，以方便用户登录。同时为了方便浏览者重新进行注册，则应该在 zhucebai.asp 页面设置一个转到注册页面zhuce.asp 的链接对象。注册成功与失败页面的效果分别如图 16-29 和图 16-30 所示，具体操作步骤如下。

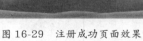

图 16-29　注册成功页面效果

图 16-30　注册失败页面效果

01 打开网页文档 index.htm，将其另存为 zhuceok.asp。将光标置于相应的位置，按 Enter 键换行，执行"插入"｜"表格"命令，插入 2 行 1 列的表格，如图 16-31 所示。

02 在"属性"面板中将"填充"设置为 4，"对齐"设置为"居中对齐"，选中所有单元格，将"水平"设置为"居中对齐"，分别在单元格中输入相应的文字，如图 16-32 所示。

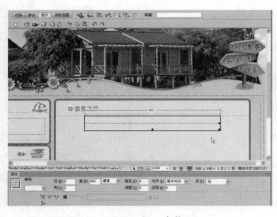

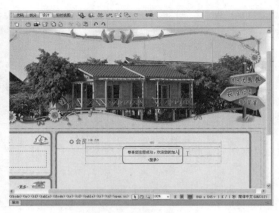

图 16-31　插入表格　　　　　　　　　　　　　　　图 16-32　输入文字

03 选中文字"登录"，在"属性"面板中的"链接"文本框中输入 denglu.asp，设置链接，如图 16-33 所示。

04 打开网页文档 index.htm，将其另存为 zhucebai.asp。插入 2 行 1 列的表格，在"属性"面板中将"填充"设置为 4，"对齐"设置为"居中对齐"，如图 16-34 所示。

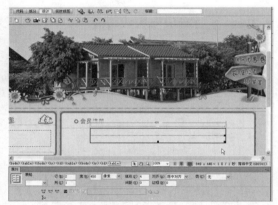

图 16-33　设置文字连接　　　　　　　　　　　　　图 16-34　插入表格

05 选中所有单元格，将"水平"设置为"居中对齐"，分别在单元格中输入相应的文字，如图 16-35 所示。

06 选中文字"重新注册"，在"属性"面板中的"链接"文本框中输入 zhuce.asp，设置链接，如图 16-36 所示。

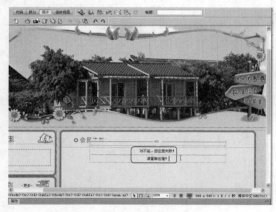

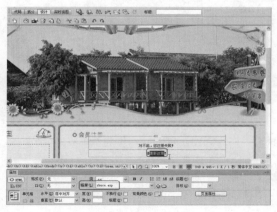

图 16-35　输入文字　　　　　　　　　　　　　　　图 16-36　设置文字连接

16.4 会员登录

在注册系统中，对于已经录入数据库的记录，会员在下次进入站点时，将凭借其注册成功的用户名及对应的注册密码进行登录，即可享受注册会员应有的权利了。

16.4.1 会员登录页面

在用户访问该登录系统时，首先要进行身份验证，这个功能是靠登录页面来实现的。如果输入的用户名和密码与数据库中的已有的用户名和密码相匹配，则登录成功，进入 dengluok.asp 页面；如果输入的用户名和密码与数据库中已有的用户名和密码不匹配，则登录失败，进入 denglubai.asp 页面。会员登录页面的效果如图 16-37 所示，设计的要点是插入表单对象、检查表单、创建记录集和创建登录用户服务器行为，具体操作步骤如下。

图 16-37 会员登录页面效果

01 打开网页文档 index.htm，将其另存为 denglu.asp。将光标置于相应的位置，执行"插入"｜"表单"｜"表单"命令，插入表单，如图 16-38 所示。

02 将光标置于表单中，执行"插入"｜"表格"命令，插入 3 行 2 列的表格，在"属性"面板中将"填充"设置为 4，"对齐"设置为"居中对齐"，如图 16-39 所示。

图 16-38 插入表单

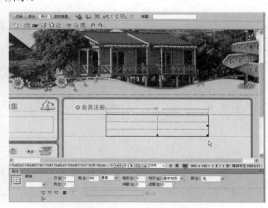

图 16-39 插入表格

03 分别在单元格中输入相应的文字，如图16-40所示。

图16-40　输入文字

04 将光标置于第1行第2列的单元格中，执行"插入"|"表单"|"文本域"命令，插入文本域，在"属性"面板的"文本域名称"文本框中输入zhuce_name，"字符宽度"设置为25，"类型"设置为"单行"，如图16-41所示。

图16-41　插入文本域

05 将光标置于第2行第2列的单元格中，插入文本域，在"属性"面板中的"文本域名称"文本框中输入pass，"字符宽度"设置为25，"类型"设置为"密码"，如图16-42所示。

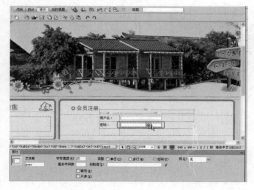

图16-42　插入文本域

06 将光标置于第3行第2列的单元格中，执行"插入"|"表单"|"按钮"命令，插入按钮，在"属性"面板中的"值"文本框中输入"登录"，"动作"设置为"提交表单"，如图16-43所示。

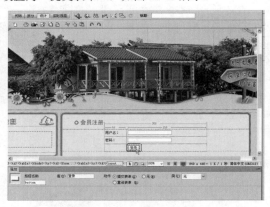

图16-43　插入按钮

07 将光标置于"登录"按钮的后面，再插入一个按钮，在"属性"面板中的"值"文本框中输入"重置"，"动作"设置为"重设表单"，如图16-44所示。

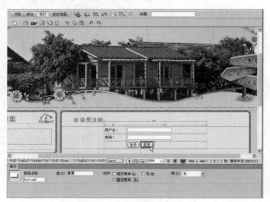

图16-44　插入按钮

08 选中表单，单击"行为"面板中的"添加行为"按钮+，在弹出的菜单中选择"检查表单"选项，弹出"检查表单"对话框，在该对话框中将文本域zhuce_name和pass的"值"选中"必需的"复选框，"可接受"选中"任何东西"单选按钮，如图16-45所示。

图16-45　"检查表单"对话框

09 单击"确定"按钮，将行为添加到"行为"面板中，如图 16-46 所示。

10 单击"绑定"面板中的⊞，在弹出菜单中选择"记录集（查询）"，弹出"记录集"对话框。在该对话框中的"名称"文本框中输入 Rs1，"连接"下拉列表中选择 zhuce，在"表格"下拉列表中选择 zhuce，"列"选中"选定的"单选按钮，在其列表框中选择 zhuce name 和 pass，如图 16-47 所示。

图 16-46　"行为"面板

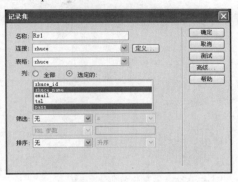

图 16-47　"记录集"对话框

11 单击"确定"按钮，创建记录集，如图 16-48 所示。

12 单击"服务器行为"面板中的⊞按钮，在弹出的菜单中选择"用户身份验证"｜"登录用户"选项。弹出"登录用户"对话框，在该对话框中的"从表单获取输入"下拉列表中选择 form1，"使用连接验证"下拉列表中选择 zhuce，在"表格"下拉列表中选择 zhuce，在"用户名列"下拉列表中选择 zhuce_name，在"密码列"下拉列表中选择 pass，在"如果登录成功，则转到"文本框中输入 dengluok.asp，在"如果登录失败，则转到"文本框中输入 denglubai.asp，如图 16-49 所示。

图 16-48　创建记录集

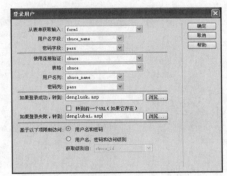

图 16-49　"登录用户"对话框

13 单击"确定"按钮，创建登录用户服务器行为，如图 16-50 所示，其代码如下。

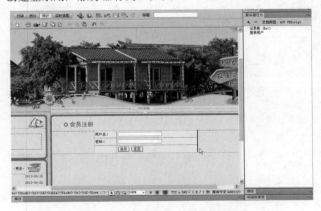

图 16-50　创建登录用户服务器行为

```
    <%MM_LoginAction = Request.ServerVariables(«URL»)
    If Request.QueryString <> ""
    Then
    MM_LoginAction = MM_LoginAction + «?» + Server.htmlEncode(Request.
QueryString)
    MM_valUsername = CStr(Request.Form("zhuce_name"))
    If MM_valUsername <> "" Then
      Dim MM_fldUserAuthorization
      Dim MM_redirectLoginSuccess
      Dim MM_redirectLoginFailed
      Dim MM_loginSQL
      Dim MM_rsUser
      Dim MM_rsUser_cmd
      MM_fldUserAuthorization = „"
      , 登录成功后转到页面 dengluok.asp
      MM_redirectLoginSuccess = „dengluok.asp"
       , 登录失败后转到页面 denglubai.asp
      MM_redirectLoginFailed = „denglubai.asp"
       , 从会员表中读取会员名称和密码
      MM_loginSQL = „SELECT zhuce_name, pass"
      If MM_fldUserAuthorization <> ""
    Then MM_loginSQL = MM_loginSQL & "," & MM_fldUserAuthorization
      MM_loginSQL = MM_loginSQL & " FROM zhuce WHERE zhuce_name = ? AND pass =
?"
      Set MM_rsUser_cmd = Server.CreateObject ("ADODB.Command")
      MM_rsUser_cmd.ActiveConnection = MM_zhuce_STRING
      MM_rsUser_cmd.CommandText = MM_loginSQL
       MM_rsUser_cmd.Parameters.Append MM_rsUser_cmd.CreateParameter("param1",
200, 1, 50, MM_valUsername) ' adVarChar
       MM_rsUser_cmd.Parameters.Append MM_rsUser_cmd.CreateParameter("param2",
200, 1, 50, Request.Form("pass")) ' adVarChar
      MM_rsUser_cmd.Prepared = true
      Set MM_rsUser = MM_rsUser_cmd.Execute
      If Not MM_rsUser.EOF Or Not MM_rsUser.BOF Then
        Session("MM_Username") = MM_valUsername
        If (MM_fldUserAuthorization <> "") Then
           Session("MM_UserAuthorization") = CStr(MM_rsUser.Fields.Item(MM_
fldUserAuthorization).Value)
        Else
          Session("MM_UserAuthorization") = ""
        End If
        if CStr(Request.QueryString("accessdenied")) <> "" And false Then
          MM_redirectLoginSuccess = Request.QueryString("accessdenied")
        End If
        MM_rsUser.Close
        Response.Redirect(MM_redirectLoginSuccess)
      End If
      MM_rsUser.Close
      Response.Redirect(MM_redirectLoginFailed)
    End If%>
```

代码解析

这段代码的作用是验证登录的用户名和密码是否与数据库表中的用户名和密码一致。首先从表单获取输入的用户名和密码信息，然后从会员表 zhuce 中读取用户名和密码，看是否一致，如果一致则转向登录成功页面 dengluok.asp，如果不一致，则转向登录失败页面 denglubai.asp。

16.4.2 登录成功页面

在会员登录页面如果输入的用户名和密码与数据库中已有的用户名和密码相匹配，则登录成功，进入到登录成功页面，效果如图 16-51 所示，具体操作步骤如下。

图 16-51 登录成功页面效果

01 打开网页文档 index.htm，将其另存为 dengluok.asp。将光标置于相应的位置，按 Enter 键换行，执行"插入"｜"表格"命令，插入 1 行 1 列的表格，如图 16-52 所示。

02 在"属性"面板中将"填充"设置为 4，"对齐"设置为"居中对齐"，将光标置于单元格中，将"水平"设置为"居中对齐"，输入相应的文字，如图 16-53 所示。

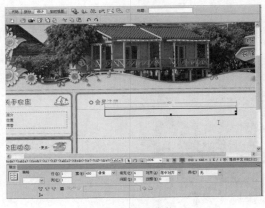
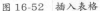

图 16-52 插入表格

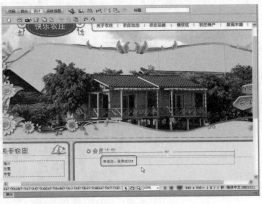

图 16-53 输入文字

16.4.3 登录失败页面

在会员登录页面如果输入的用户名和密码与数据库中已有的用户名和密码不匹配，则登录失败，进入登录失败页面，效果如图 16-54 所示，具体操作步骤如下。

图 16-54 登录失败页面效果

01 打开网页文档 index.htm，将其另存为 denglubai.asp。将光标置于相应的位置，按 Enter 键换行，执行"插入"｜"表格"命令，插入 2 行 1 列的表格，如图 16-55 所示。

02 在"属性"面板中将"填充"设置为 4，"对齐"设置为"居中对齐"，选中所有的单元格，将"水平"设置为"居中对齐"，分别在单元格中输入相应的文字，如图 16-56 所示。

图 16-55 插入表格

图 16-56 输入文字

03 选中文字"重新登录"，在"属性"面板中的"链接"文本框中输入 denglu.asp，设置链接，如图 16-57 所示。

图 16-57 设置链接

16.5 管理系统

在一般情况下，会员管理系统都应该为会员提供修改资料的功能及删除功能。实际上修改注册用户资料的过程就是更新记录的过程，删除用户资料的过程就是删除记录的过程。

16.5.1 会员管理总页面

会员管理总页面效果如图 16-58 所示，在这个页面中列出了所有的会员资料，可以单击后面的"修改"和"删除"链接，进入修改会员资料和删除会员的操作。设计的要点是创建记录、插入动态表格、插入记录集导航、创建显示区域、转到详细页面和限制对页的访问服务器行为，具体操作步骤如下。

图 16-58 会员管理总页面效果

01 打开网页文档 index.htm，将其另存为 guanli.asp。单击"绑定"面板中的 ➕ 按钮，在弹出的菜单中选择"记录集（查询）"选项，弹出"记录集"对话框，在该对话框的"名称"文本框中输入 Rs1，在"连接"下拉列表中选择 zhuce，在"表格"下拉列表中选择 zhuce，"列"中选中"全部"选项，在"排序"下拉列表中选择 zhuce_id 和"降序"，如图 16-59 所示。

02 单击"确定"按钮，创建记录集，如图 16-60 所示为绑定面板中的记录集。

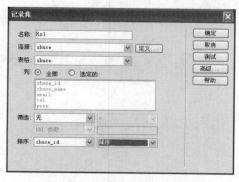

图 16-59 "记录集"对话框

图 16-60 记录集

03 将光标置于相应的位置，单击"数据"插入栏中的"动态表格"按钮 📊，弹出"动态表格"对话框，在该对话框中的"记录集"下拉列表中选择 Rs1，如图 16-61 所示。

04 "显示"中选中"10记录"选项,"边框"和"单元格间距"均设置为0,"单元格边距"设置为4,单击"确定"按钮,插入动态表格,如图16-62所示。

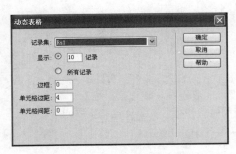

图 16-61 "动态表格"对话框

图 16-62 插入动态表格

05 将光标置于动态表格的右边,按Enter键换行,单击"数据"插入栏的"记录集导航条"按钮,弹出"记录集导航条"对话框,在该对话框中的"记录集"下列表中选择Rs1,"显示方式"中选中"文本"选项,如图16-63所示。

06 单击"确定"按钮,插入记录集导航,在"属性"面板中"宽"设置为300像素,"对齐"设置为"居中对齐",如图16-64所示。

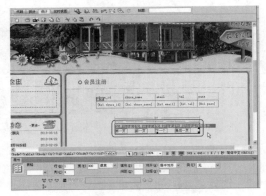

图 16-63 "记录集导航条"对话框

图 16-64 插入记录集导航

07 将光标置于记录集导航条的右边,插入1行1列的表格,如图16-65所示。

08 将光标置于表格中,输入相应的文字,如图16-66所示。

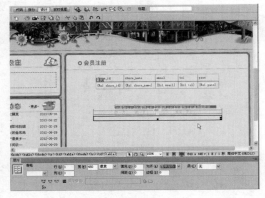

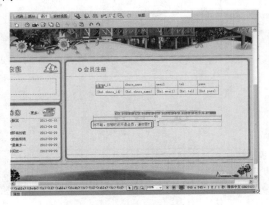

图 16-65 插入表格

图 16-66 输入文字

09 选中文字"注册",在"属性"面板中的"链接"文本框中输入 zhuce.asp,设置链接,如图 16-67 所示。

10 选中表格,单击"服务器行为"面板中的 ⊞ 按钮,在弹出的菜单中选择"显示区域"|"如果记录集为空则显示区域"选项,如图 16-68 所示。弹出"如果记录集为空则显示区域"对话框,在该对话框的"记录集"下拉列表中选择 Rs1。

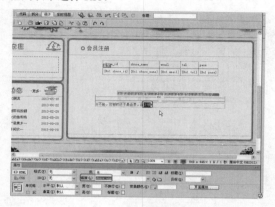

图 16-67 设置链接

图 16-68 "如果记录集为空则显示区域"对话框

11 单击"确定"按钮,创建如果记录集为空则显示区域的服务器行为,如图 16-69 所示。

12 选中动态表格和记录集导航条,单击"服务器行为"面板中的 ⊞ 按钮,在弹出的菜单中选择"显示区域"|"如果记录集不为空则显示区域"选项,弹出"如果记录集不为空则显示区域"对话框,在该对话框中的"记录集"下拉列表中选择 Rs1,如图 16-70 所示。

图 16-69 创建服务器行为

图 16-70 "如果记录集不为空则显示区域"对话框

13 单击"确定",创建如果记录集不为空则显示区域服务器行为,如图 16-71 所示。

14 将动态表格中的第 1 行和第 5 列单元格中的内容修改为文字,如图 16-72 所示。

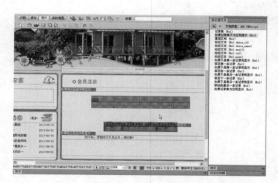

图 16-71 创建如果记录集不为空则显示区域服务器行为

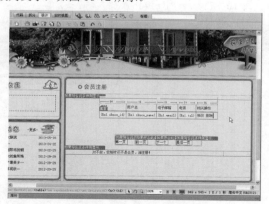

图 16-72 修改为文字

15 选中文字"修改",单击"服务器行为"面板中的⊞按钮,在弹出的菜单中选择"转到详细页面"选项,弹出"转到详细页面"对话框,在"详细信息页"文本框中输入 xiugai.asp,在"记录集"下拉列表中选择 Rs1,"列"下拉列表中选择 zhuce_id,如图 16-73 所示。

16 单击"确定"按钮创建转到详细页面服务器行为,链接到修改会员资料页面,如图 16-74 所示。

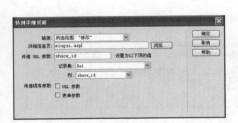
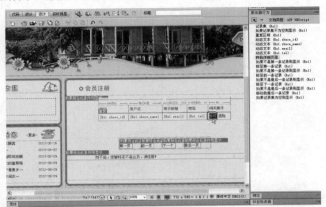

图 16-73 "转到详细页面"对话框　　　　　图 16-74 创建转到详细页面服务器行为

17 选中文字"删除",单击"服务器行为"面板中的⊞按钮,在弹出的菜单中选择"转到详细页面",弹出"转到详细页面"对话框,在"详细信息页"文本框中输入 shanchu.asp,在"记录集"下拉列表中选择 Rs1,"列"下拉列表中选择 zhuce_id,如图 16-75 所示。

18 单击"确定"按钮创建转到详细页面服务器行为,链接到删除会员页面,如图 16-76 所示。

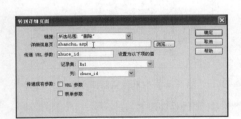
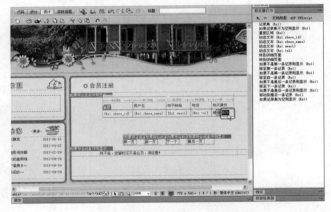

图 16-75 "转到详细页面"对话框　　　　　图 16-76 创建转到详细页面服务器行为

19 单击"服务器行为"面板中的⊞按钮,在弹出的菜单中选择"用户身份验证"|"限制对页的访问"选项,弹出"限制对页的访问"对话框,在该对话框中的"如果访问被拒绝,则转到"文本框中输入 denglu.asp,如图 16-77 所示。单击"确定"按钮,创建限制对页的访问服务器行为。

图 16-77 "限制对页的访问"对话框

16.5.2　删除会员页面

删除会员页面效果如图 16-78 所示，主要使用了"删除记录"和"限制对页的访问"服务器行为，具体操作步骤如下。

图 16-78　删除会员页面效果

01 打开网页文档 index.htm，将其另存为 shanchu.asp。将光标置于相应的位置，执行"插入"｜"表单"｜"表单"命令，插入表单，如图 16-79 所示。

02 将光标置于表单中，执行"插入"｜"表单"｜"按钮"命令，插入按钮，在"属性"面板中的"值"文本框中输入"删除会员"，"动作"设置为"提交表单"，如图 16-80 所示。

图 16-79　插入表单

图 16-80　插入按钮

03 单击"绑定"面板中的按钮，在弹出的菜单中选择"记录集（查询）"选项，弹出"记录集"对话框，在该对话框中的"名称"文本框中输入 Rs1，在"连接"下拉列表中选择 zhuce，在"表格"下拉列表中选择 zhuce，"列"中选中"全部"选项，在"筛选"下拉列表中分别选择 zhuce_id、＝、URL 参数和 zhuce_id，如图 16-81 所示。

04 单击"确定"按钮，创建记录集，如图 16-82 所示。

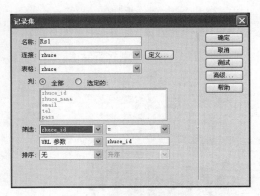

图 16-81 "记录集"对话框

图 16-82 创建记录集

05 单击"服务器行为"面板中的 ⊞ 按钮，在弹出的菜单中选择"删除记录"选项，弹出"删除记录"对话框，在该对话框中的"连接"下拉列表中选择 zhuce，在"从表格中删除"下拉列表中选择 zhuce，在"提交此表单以删除"下拉列表中选择 form1，在"删除后，转到"文本框中输入 guanli.asp，如图 16-83 所示。

06 单击"确定"按钮，创建删除记录服务器行为，如图 16-84 所示，其代码如下所示。

图 16-83 "删除记录"对话框

图 16-84 创建删除记录服务器行为

```asp
<%If (CStr(Request("MM_delete")) = "form1" And CStr(Request("MM_recordId")) <> "") Then
  If (Not MM_abortEdit) Then
    Set MM_editCmd = Server.CreateObject ("ADODB.Command")
    MM_editCmd.ActiveConnection = MM_zhuce_STRING
    ' 使用 DELETE 语句从 zhuce 表中删除记录
    MM_editCmd.CommandText = "DELETE FROM zhuce WHERE zhuce_id = ?"
    MM_editCmd.Parameters.Append MM_editCmd.CreateParameter("param1", 5, 1,
-1, Request.Form("MM_recordId")) ' adDouble
    MM_editCmd.Execute
    MM_editCmd.ActiveConnection.Close
    ' 删除成功后转到 guanli.asp 页面
    Dim MM_editRedirectUrl
    MM_editRedirectUrl = "guanli.asp"
    If (Request.QueryString <> "") Then
      If (InStr(1, MM_editRedirectUrl, "?", vbTextCompare) = 0) Then
        MM_editRedirectUrl = MM_editRedirectUrl & "?" & Request.QueryString
      Else
        MM_editRedirectUrl = MM_editRedirectUrl & "&" & Request.QueryString
      End If
    End If
    Response.Redirect(MM_editRedirectUrl)
  End If
End If%>
```

代码解析

这段代码的核心作用是使用 DELETE 语句从 zhuce 表中删除记录。在网页应用程序的开发过程中，往往一个相对完善的后台管理系统，它除了具备信息的添加和更新功能外，还必须具有删除信息的功能。

07 单击"服务器行为"面板中的  按钮，在弹出的菜单中选择"用户身份验证"｜"限制对页的访问"选项，弹出"限制对页的访问"对话框，在该对话框中的"如果访问被拒绝，则转到"文本框中输入 denglu.asp，如图 16-85 所示。

图 16-85 "限制对页的访问"对话框

08 单击"确定"按钮，创建限制对页的访问服务器行为。

16.5.3 会员修改页面

会员修改页面的效果如图 16-86 所示，会员修改资料的过程其实就是更新记录的过程。设计的要点是创建记录集、更新记录表单向导和限制对页的访问，具体操作步骤如下。

图 16-86 会员修改页面效果

01 打开网页文档 index.htm，将其另存为 xiugai.asp。单击"绑定"面板中的  按钮，在弹出的菜单中选择"记录集（查询）"选项，弹出"记录集"对话框，在该对话框中的"名称"文本框中输入 Rs1，如图 16-87 所示。
02 在"连接"下拉列表中选择 zhuce，在"表格"下拉列表中选择 zhuce，"列"中选中"全部"选项，在"筛选"下拉列表中分别选择 zhuce_id、=、URL 参数和 zhuce_id，单击"确定"按钮，创建记录集，如图 16-88 所示。

Dreamweaver+ASP动态网页开发课堂实录

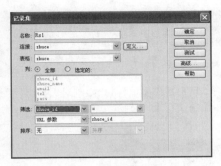

图 16-87　"记录集"对话框

图 16-88　创建记录集

03 将光标置于相应的位置，单击"数据"插入栏中的"更新记录表单向导"按钮，弹出"更新记录表单"对话框，在该对话框中的"连接"下拉列表中选择 zhuce，在"要更新的表格"下拉列表中选择 zhuce，在"选取记录自"下拉列表中选择 Rs1，在"唯一键列"下拉列表中选择 zhuce_id，在"在更新后，转到"文本框中输入 guanli.asp，如图 16-89 所示。

04 在"表单字段"列表框中选中 zhuce_id 字段，单击□按钮将其删除，选中 zhuce_name 字段，"标签"文本框中输入"用户名："，选中 pass 字段，"标签"文本框中输入"密码："，选中 tel 字段，"标签"文本框中输入"电话："，选中 email 字段，"标签"文本框中输入"电子邮箱："，单击"确定"按钮，插入更新记录表单，如图 16-90 所示，其代码如下所示。

图 16-89　"更新记录表单"对话框

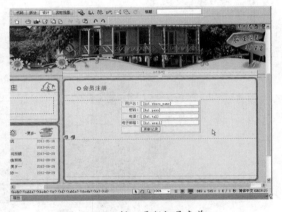

图 16-90　插入更新记录表单

```
<%If (CStr(Request("MM_update")) = "form1") Then
  If (Not MM_abortEdit) Then
    Dim MM_editCmd
    Set MM_editCmd = Server.CreateObject ("ADODB.Command")
    MM_editCmd.ActiveConnection = MM_zhuce_STRING
    ' 更新会员表 zhuce 中的记录
    MM_editCmd.CommandText = "UPDATE zhuce SET zhuce_name = ?, pass = ?, tel
= ?, email = ? WHERE zhuce_id = ?"
    MM_editCmd.Prepared = true
      MM_editCmd.Parameters.Append MM_editCmd.CreateParameter("param1", 202,
1, 50, Request.Form("zhuce_name")) ' adVarWChar
      MM_editCmd.Parameters.Append MM_editCmd.CreateParameter("param2", 202,
1, 50, Request.Form("pass")) ' adVarWChar
      MM_editCmd.Parameters.Append MM_editCmd.CreateParameter("param3", 5, 1,
-1, MM_IIF(Request.Form("tel"), Request.Form("tel"), null)) ' adDouble
      MM_editCmd.Parameters.Append MM_editCmd.CreateParameter("param4", 202,
1, 50, Request.Form("email")) ' adVarWChar
      MM_editCmd.Parameters.Append MM_editCmd.CreateParameter("param5", 5, 1,
-1, MM_IIF(Request.Form("MM_recordId"), Request.Form("MM_recordId"), null)) '
adDouble
```

278

```
        MM_editCmd.Execute
        MM_editCmd.ActiveConnection.Close
        ' 更新成功后转到 guanli.asp 页面
        Dim MM_editRedirectUrl
        MM_editRedirectUrl = "guanli.asp"
        If (Request.QueryString <> "") Then
          If (InStr(1, MM_editRedirectUrl, "?", vbTextCompare) = 0) Then
            MM_editRedirectUrl = MM_editRedirectUrl & "?" & Request.QueryString
          Else
            MM_editRedirectUrl = MM_editRedirectUrl & "&" & Request.QueryString
          End If
        End If
        Response.Redirect(MM_editRedirectUrl)
      End If
    End If%>
```

代码解析

这段代码的核心作用就是使用 UPDATE 来更新会员资料。既然有会员资料的录入，便有可能需要对资料进行更新。而与资料录入不同的是，更新是指对指定的已经存在的记录进行更新。

05 单击"服务器行为"面板中的![+]按钮，在弹出的菜单中选择"用户身份验证"｜"限制对页的访问"选项，弹出"限制对页的访问"对话框，在该对话框中的"如果访问被拒绝，则转到"文本框中输入 denglu.asp，如图 16-91 所示。

图 16-91 "限制对页的访问"对话框

06 单击"确定"按钮，创建限制对页的访问服务器行为。

第17章
设计企业形象展示网站

本章导读　企业在Internet上拥有自己的网站将是必然趋势，网上形象的树立将成为企业宣传的关键。网站是企业在互联网上的标志，在互联网上建立自己的网站，通过互联网可以宣传产品和服务，以及与用户及其他企业建立实时互动的信息交换。

技术要点：

◆　熟悉企业网站概述
◆　熟悉企业网站主要功能栏目
◆　熟悉企业网站色彩搭配和风格

◆　掌握制作企业网站二级页面的方法
◆　掌握企业网站新闻发布系统的制作方法

实例展示

企业网站首页

17.1　企业网站概述

　　企业网站是以企业宣传为主题而构建的网站，域名后缀一般为.com。与一般门户型网站不同，企业网站相对来说信息量比较少。该类型网站页面结构的设计主要是从公司简介、产品展示、服务等几个方面来进行的。

17.1.1　明确企业网站建站目的

　　如今的互联网时代，大大小小的网站层出不穷。很多企业和商家觉得网站能够给自己带来效益，但是总是不明确为什么要建设网站。因此，进行网站建设一定要对自己有个明确的认识，从而才能开始更好的网站建设工作。

　　进行网站建设的第一步并不是如何开始自己的网站建设，而是要知道自己为什么要建站？建站想实现怎样的预期目标？当然，了解企业自身的发展状况、管理团队、营销渠道、产品优势、竞争对手都是必不可少的工作。

在网站建设中应该避免的是不要人云亦云，看到人家网站有什么功能就要在自己的网站上也添加。这样一来，就会完全忽略了自身产品、企业、销售渠道、服务等各方面的综合情况，企业网站建设初期是一个很大的工程，需要综合自己的企业资料进行各方面的综合分析，才能真正体现企业受众的需求。

网站的功能不是越多越好，这样极容易让网站浪费很多资源。因此，网站建设时不要贪图网站页面的华美，在网站上加入很多图片或者Flash，在一定程度上也影响访问速度，从而流失掉一部分访问客户。在注重网站外观的同时更要注重网站的内在功能，让客户有好的体验度的网站才是成功的。

17.1.2 网站总体策划

明确建站目的后，接下来就要策划网站。对建立一个成功的网站而言，最重要的是前期策划，而不是技术。一个成功的策划者应该考虑多方面的因素。

（1）网站建设要明确自己的网站侧重点在哪里。自身的优势和劣势也必须提前做一个评估。而如何通过网站建设能放大优势，补充劣势也是网站区别于其他网站的一个重要考察点。一个别具风格而又充分考虑到用户体验和客户需求的网站才是更多受众所需要的网站。

（2）网站建设少不了实地的市场调查。市场调查包括向客户和合作伙伴汲取更加有意义的资料，明白客户最需要的是什么？什么才是合作伙伴最需要的？这样网站最终呈现的才有可能是被喜欢并且接受的网站，也才能充分实现网站所追求的效益转化。

（3）收集整理质量相对比较高的内容，高质量的网站内容是吸引受众注意并且引起关注的重要因素。所以一定要尽可能多地收集和整理网站需要的内容和素材，而不是要等网站上线了才去慢慢地整理。内容为王是推广中的一个重要法宝，对于网站初期的基础框架的搭建，原创的文章也是非常必要的。

（4）明确自己的竞争优势。网上、网下的竞争对手是谁？（网上竞争对手可以通过搜索引擎查找），与他们相比，公司在商品、价格、服务、品牌、配送渠道等方面有什么优势？竞争对手的优势能否学习？如何根据自己的竞争优势来确定公司的营销战略？

（5）如何为客户提供信息？网站信息来源在哪里？信息是集中到网站编辑处更新、发布还是由各部门自行更新、发布？集中发布可能安全性好，便于管理，但信息更新速度可能较慢，有时还可能出现协调不力的问题。

17.2 企业网站主要功能栏目

企业网站不仅代表着企业的网络品牌形象，同时也是开展网络营销的根据地，网站建设的水平对网络营销的效果有直接的影响。有调查表明，许多知名企业的网站设计水平与企业的品牌形象很不相称，功能也很不完善，甚至根本无法满足网络营销的基本需要。那么，怎样才能建设一个真正有用的网站呢？

首先应该对企业网站可以实现的功能有一个全面的认识。建设企业网站，不是为了赶时髦，也不是为了标榜自己的实力，而是在于让企业网站真正发挥作用，让网站成为有效的网络营销工具和网上销售渠道。一般企业网站主要有以下功能。

● **公司概况**：包括公司背景、发展历史、主要业绩、经营理念、经营目标及组织结构等，让用户对公司的情况有一个概括的了解。

● **企业新闻动态**：可以利用互联网的信息传播优势，构建一个企业新闻发布平台，通过建立一个新闻发布／管理系统，企业信息发布与管理将变得简单、迅速，及时向互联网发布本企业的新闻、公告等信息。通过公司动态可以让用户了解公司的发展动向，加深对公司的印象，从而达到展示企业实力和形象的目的。

● **产品展示**：如果企业提供多种产品服务，利用产品展示系统对产品进行系统的管理，包括产品的添加与删除、产品类别的添加与删除、特价产品和最新产品、推荐产品的管理、产品的快速搜索等。

可以方便高效地管理网上产品，为网上客户提供一个全面的产品展示平台，更重要的是网站可以通过某种方式建立起与客户的有效沟通，更好地与客户进行对话，收集反馈信息，从而改进产品质量和提供服务水平。

- **产品搜索**：如果公司产品比较多，无法在简单的目录中全部列出，而且经常有产品升级换代，为了让用户能够方便地找到所需要的产品，除了设计详细的分级目录之外，增加关键词搜索功能不失为有效的措施。

- **网上招聘**：这也是网络应用的一个重要方面，网上招聘系统可以根据企业自身特点，建立一个企业网络人才库，人才库对外可以进行在线网络即时招聘，对内可以方便管理人员对招聘信息和应聘人员的管理，同时人才库可以为企业储备人才，为日后需要时使用。

- **销售网络**：目前用户直接在网站订货的并不多，但网上看货网下购买的现象比较普遍，尤其是价格比较贵重或销售渠道比较少的商品，用户通常喜欢通过网络获取足够信息后在本地的实体商场购买。因此要尽可能详尽地告诉用户在什么地方可以买到他所需要的产品。

- **售后服务**：有关质量保证条款、售后服务措施，以及各地售后服务的联系方式等都是用户比较关心的信息，而且，是否可以在本地获得售后服务往往是影响用户购买决策的重要因素，对于这些信息应该尽可能详细地提供。

- **技术支持**：这一点对于生产或销售高科技产品的公司尤为重要，网站上除了产品说明书之外，企业还应该将用户关心的技术问题及其答案公布在网上，如一些常见故障处理、产品的驱动程序、软件工具的版本等信息资料，可以用在线提问或常见问题回答的方式体现。

- **联系信息**：网站上应该提供足够详尽的联系信息，除了公司的地址、电话、传真、邮政编码、E-mail地址等基本信息之外，最好能详细地列出客户或者业务伙伴可能需要联系的具体部门的联系方式。对于有分支机构的企业，同时还应当有各地分支机构的联系方式，在为用户提供方便的同时，也起到了对各地业务的支持作用。

- **辅助信息**：有时由于企业产品比较少，网页内容显得有些单调，可以通过增加一些辅助信息来弥补这种不足。辅助信息的内容比较广泛，可以是本公司、合作伙伴、经销商或用户的一些相关新闻、趣事，或产品保养/维修常识等。

17.3　企业网站色彩搭配和风格

网站作为一种媒体，首先要吸引人驻足观看。设计良好、美观、清晰、到位的网站整体结构和定位，是令访问者初次浏览即对网站"一见钟情"，进而留下阅读细节内容的保证。

17.3.1　企业网站色彩搭配

企业网站给人的第一印象是网站的色彩，因此确定网站的色彩搭配是相当重要的一步。一般来说，一个网站的标准色彩不应超过3种，太多则让人眼花缭乱。标准色彩用于网站的标志、标题、导航栏和主色块，给人以整体统一的感觉。

17.3.2　企业网站风格创意

- **绿色企业网站**

绿色在企业网站中也是使用较多的一种色彩。在使用绿色作为企业网站的主色调时，通常会使用渐变色过渡，使页面具有立体感、空间感。绿色在一些食品企业网站中使用得也非常多，一方面是因为绿色能够表现出食品的自然、无公害；另一方面也能够很好地提高消费者对企业的可信度，如图 17-1 所示为绿色的企业网站。

图 17-1　绿色的企业网站

● 蓝色企业网站

使用蓝色作为网站主色调的企业非常多。因为蓝色的沉稳、高科技和严肃的色彩内涵，使得蓝色页面能体现出企业的稳重大气与科技的主题。深蓝色与浅蓝色搭配，整体页面和谐美观，很适合高科技企业。在企业网站中，使用蓝色与白色或灰色等中性色彩搭配使用，能突出蓝色的色彩内涵，不至于过于沉闷。商务企业网站，采用蓝天白云背景作为页面的视觉中心，整体页面主次分明，重点突出，具有很强的商务性，如图 17-2 所示为蓝色的企业网站。

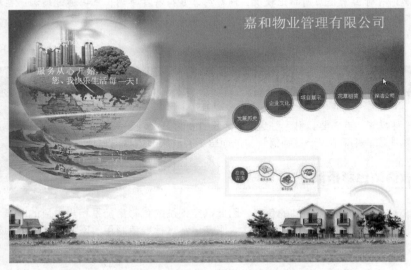

图 17-2　蓝色的企业网站

● 红色企业网站

使用红色作为页面色彩的主色调与其他色彩搭配，能有效地衬托企业网站的庄严，红色的活力使该企业网站具有蓬勃向上的朝气。企业网站的色彩可以选择蓝色、绿色、红色等，在此基础上再搭配其他色彩。另外可以使用灰色和白色，这是企业网站中最常见的颜色。因为这两种颜色比较中庸，能和任何色彩搭配，使对比更强烈，突出网站品质和形象，如图 17-3 所示为红色的企业网站。

图 17-3 红色的企业网站

17.4 设计网站首页

首页是一个网站的入口网页，即打开网站后看到的第一个页面。网站首页往往提供了网站的主要信息，并引导用户浏览网站中其他部分的内容，如图 17-4 所示为本实例的网站首页。

图 17-4 网站的首页

17.4.1 设计网站首页

下面介绍网站首页的制作，具体的操作步骤如下。

01 启动 Photoshop CC，执行"文件" | "新建"命令，弹出"新建"对话框，在该对话框中将"宽度"设置为 990，"高度"设置为 1000，如图 17-5 所示。

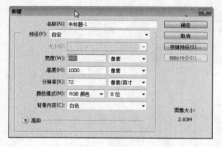

图 17-5 "新建"对话框

02 单击"确定"按钮，即可创建一个空白文档，将其保存为 qiye.psd，如图 17-6 所示。

图 17-6 新建文档

03 选择工具箱中的"渐变工具"，在选项栏中单击"点按可编辑渐变"按钮，弹出"渐变编辑器"对话框，在该对话框中设置渐变颜色，如图 17-7 所示。

图 17-7 "渐变编辑器"对话框

04 在舞台中绘制渐变颜色，如图 17-8 所示。

图 17-8 绘制渐变

05 选择"矩形工具"，在选项栏中将填充颜色设置为 #3b4220，在舞台中绘制矩形，如图 17-9 所示。

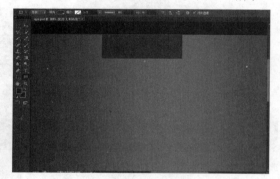

图 17-9 绘制矩形

06 执行"图层" | "图层样式" | "外发光"命令，弹出"图层样式"对话框，在弹出的对话框中设置相应的参数，如图 17-10 所示。

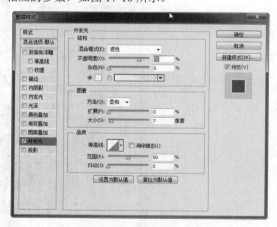

图 17-10 "图层样式"对话框

07 单击"确定"按钮，设置图层样式，如图 17-11 所示。

08 选择工具箱中的"横排文字工具"，在页面中输入相应的文字，在选项栏中将字体设置为"黑体"，大小设置为 60，颜色设置为 #f0ff00，如图 17-12 所示。

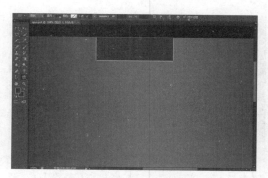

图 17-11　设置图层样式

图 17-12　输入并设置文本

09 选择"矩形工具"，在选项栏中将填充颜色设置为 #3b4220，在舞台中绘制矩形，如图 17-13 所示。

图 17-13　绘制矩形

10 执行"图层"｜"图层样式"｜"投影"命令，弹出"图层样式"对话框，在弹出的对话框中设置相应的参数，单击"确定"按钮，设置图层样式，如图 17-14 所示。

图 17-14　设置图层样式

11 选择工具箱中的"横排文字工具"，在页面中输

入相应的文字，在选项栏中将字体设置为"黑体"，大小设置为 20，颜色设置为 #f0ff00，如图 17-15 所示。

图 17-15　输入文本

12 执行"文件"｜"打开"，打开图像 bg.jpg，按 Ctrl+C 组合键复制图像，如图 17-16 所示。

图 17-16　打开图像

13 返回到 qiye.psd，执行"编辑"｜"粘贴"命令，将图像粘贴到页面中，并移动到相应的位置，如图 17-17 所示。

图 17-17　粘贴图像

14 选择工具箱中的"矩形工具"，在选项栏中将填充颜色设置为 #30341b，在舞台中绘制矩形，如图 17-18 所示。

图 17-18　绘制矩形

Dreamweaver+ASP动态网页开发课堂实录

15 在"图层"面板中选择"矩形3"图层，右击，在弹出的列表中选择"格式化图层"命令，格式化图层，选择工具箱中的"矩形选框工具"，在页面中绘制矩形选框，如图17-19所示。

图 17-19　绘制矩形选框

16 选择工具箱中的"渐变工具"，在选项栏中单击"点按可编辑渐变"按钮，在弹出的对话框中设置渐变颜色，在页面中填充矩形选框，如图17-20所示。

图 17-20　填充矩形选框

17 选择工具箱中的"圆角矩形工具"，在选项栏中将"填充颜色"设置为#3b4220，在页面中绘制圆角矩形，如图17-21所示。

图 17-21　绘制圆角矩形

18 选择工具箱中的"横排文字工具"，在选项栏中设置相应的参数，在页面中输入文字，如图17-22所示。

19 选择工具箱中的"矩形工具"，在选项栏中将填充颜色设置为#ffffff，描边颜色设置为#a0a0a0，设置形状描边宽度设置为1，在页面中绘制两个相同的矩形，如图17-23所示。

图 17-22　输入文字

图 17-23　绘制矩形

20 选择工具箱中的"矩形工具"，在选项栏中将填充颜色设置为# e5e5e5，描边颜色设置为#a0a0a0，设置形状描边宽度设置为1，在页面中绘制两个相同的矩形，如图17-24所示。

图 17-24　绘制矩形

21 选择工具箱中的"横排文字工具"，在页面中输入相应的文本，并在选项栏中将字体设置为"宋体"，大小设置为12，如图17-25所示。

图 17-25　输入并设置文本

288

22 选择工具箱中的"矩形工具",在选项栏中将设置相应的填充颜色和描边颜色,按住鼠标左键在舞台中绘制 8 个不等的矩形,如图 17-26 所示。

图 17-26 绘制矩形

23 同步骤 13~14 粘贴其余的图像,如图 17-27 所示。

图 17-27 粘贴图像

24 选择工具箱中的"横排文字工具",在页面中输入相应的文本,如图 17-28 所示。

图 17-28 输入文本

17.4.2 切割网站首页

下面介绍如何切割设置好的网站首页,效果如图 17-29 所示,具体的操作步骤如下。

图 17-29 切割网站首页

01 打开文档,选择工具箱中的"切片工具",如图 17-30 所示。

图 17-30 选择"切片工具"

02 按住鼠标左键,在舞台中绘制切片,如图 17-31 所示。

图 17-31 绘制切片

03 用同样的方法绘制其他的切片,如图 17-32 所示。

图 17-32 绘制其他的切片

04 执行"文件"｜"存储为 Web 和设备所用格式"命令，弹出"存储为 Web 和设备所用格式"对话框，在该对话框中设置相应的参数，如图 17-33 所示。

05 单击"存储"按钮，弹出"将优化结果存储为"对话框，选择要存储的文件路径，"格式"选择"HTML 和图像"选项，如图 17-34 所示。

图 17-33　"存储为 Web 和设备所用格式"对话框

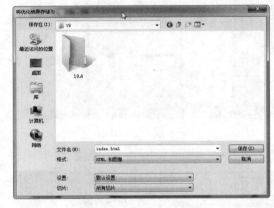

图 17-34　存储文件

06 单击"保存"按钮，即可将文档保存为 HTML 格式文件，如图 17-29 所示。

17.5　制作模板

　　在构建一个网站时，通常会根据网站的需要设计风格一致、功能相似的页面。Dreamweaver 提供了强大的模板功能，可以快速地创建大量风格一致的网页。

17.5.1　切割网站首页

　　顶部文件的效果如图 17-35 所示，具体操作步骤如下。

图 17-35　顶部文件效果

01 打开新建的空白文档 index.htm，如图 17-36 所示。

02 执行"插入"｜"表格"命令，弹出"表格"对话框，将"表格宽度"设置为 1007，"行数"设置为 3，"列表"设置为 1，"单元格边距"和"单元格间距"设置为 0，如图 17-37 所示。

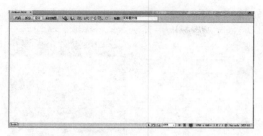

图 17-36 打开文档

图 17-37 Table 对话框

03 单击"确定"按钮,插入 3 行 1 列的表格,如图 17-38 所示。

图 17-38 插入表格

04 将光标置于第 1 行单元格中,执行"插入"|"图像"命令,弹出"选择图像源文件"对话框,在该对话框中选择图像 index_01.png,如图 17-39 所示。

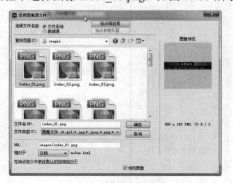

图 17-39 "选择图像源文件"对话框

05 单击"确定"按钮,插入图像,如图 17-40 所示。

图 17-40 插入图像

06 同步骤 04~05 插入图像 index_02.png,如图 17-41 所示。

图 17-41 插入图像

17.5.2 制作会员登录

下面介绍会员登录的制作方法,效果如图 17-42 所示,具体的操作步骤如下。

图 17-42 会员登录

01 打开网页文档,将光标置于顶部文件的下面,执行"插入"|"表格"命令,插入 3 行 3 列的表格,如图 17-43 所示。

图 17-43 插入 3 行 3 列的表格

02 将光标置于第 1 列第 1 行的单元格中，按住鼠标左键拖曳到第 3 行 3 列单元格中选择所有单元格，在属性面板中将"背景颜色"设置为 #3B4220，如图 17-44 所示。

如图 17-48 所示。

图 17-47　设置背景图像

图 17-44　设置背景颜色

03 将光标置于第 1 行第 1 列的单元格中，执行"插入" | "图像"命令，弹出"选择图像源文件"对话框，在该对话框中选择图像 index_03.png，如图 17-45 所示。

图 17-48　插入表格

07 在第 1 行第 1 列的单元格中输入文本"用户名"，在第 2 行第 1 列单元格中输入文本"密码"，如图 17-49 所示。

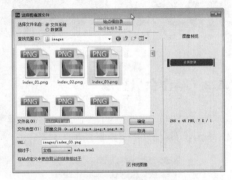

图 17-45　"选择图像源文件"对话框

04 单击"确定"按钮，插入图像，如图 17-46 所示。

图 17-49　输入文本

08 将光标置于第 1 行第 2 列的单元格中，执行"插入" | "表单" | "文本域"命令，如图 17-50 所示。

图 17-46　插入图像

05 将光标置于第 2 行第 1 列的单元格中，打开"拆分"视图，将代码修改为"background="images/index_10.png"，即可为单元格设置背景图像，如图 17-47 所示。

06 执行"插入" | "表格"命令，插入 3 行 3 列的表格，在属性面板中将"对齐"设置为"居中对齐"，

图 17-50　选择"文本域"命令

09 选择后插入文本域，在属性面板中将"字符宽度"设置为12，如图17-51所示。

10 在第2行第2列单元格中插入同样的文本域。将光标置于第3行第2列的单元格中，执行"插入"｜"表单"｜"按钮"命令，插入按钮，在属性面板中将"值"设置为"登录"，如图17-52所示。

图 17-51　插入文本域　　　　　　　　　图 17-52　插入按钮

11 将光标置于第3行第3列的单元格中，执行"插入"｜"表单"｜"按钮"命令，插入按钮，在属性面板中将"值"设置为"注册"，如图17-53所示。

12 将光标置于第3行第1列的单元格中，打开"代码"视图将背景图像设置为background="images/index_10.png"，如图17-54所示。

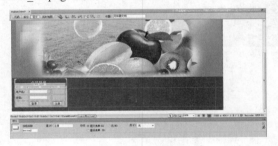

图 17-53　插入按钮　　　　　　　　　图 17-54　设置背景图像

17.5.3　制作园林动态

下面介绍园林动态的制作方法，效果如图17-55所示，具体的操作步骤如下。

园林动态

1、无公害蔬菜与绿色食品、有机食品
2、蔬菜安全概念的区分
3、绿色离百姓餐桌到底有多远？
4、有毒无公害蔬菜引发的话题
5、深圳：过"有机"农民瘾　吃原始

图 17-55　园林动态

01 打开网页文档，将光标置于第3行1列的单元格中，执行"插入"｜"图像"命令，插入图像index_06.png，如图17-56所示。

02 将光标置于第2列第2行的单元格中，插入一个1行1列的表格，在属性面板中将"背景颜色"设置为#5E6A17，如图17-57所示。

图 17-56　插入图像

图 17-57　设置背景颜色

03 将光标置于单元格中，输入相应的文本，如图 17-58 所示。

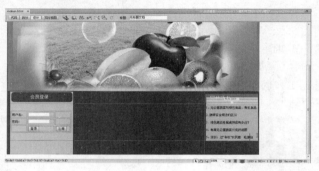

图 17-58　输入文本

17.5.4　制作友情链接

下面介绍友情链接的制作方法，效果如图 17-59 所示，具体的操作步骤如下。

图 17-59　友情链接

01 打开网页文档，将光标置于第 3 行 3 列的单元格中，执行"插入"｜"表格"命令，插入 2 行 1 列的表格，如图 17-60 所示。

02 将光标置于第 1 行第 1 列的单元格中，执行"插入"｜"图像"命令，插入图像 index13.png，如图 17-61 所示。

图 17-60　插入表格

图 17-61　插入图像

03 将光标置于第 2 行中，在属性面板中将"背景颜色"设置为 #B3D465，如图 17-62 所示。

04 将光标置于第 2 行的单元格中，输入相应的动态文本，如图 17-63 所示。

图 17-62 设置背景颜色

图 17-63 输入文本

17.5.5 制作版权

下面制作版权信息，效果如图 17-64 所示，具体的操作步骤如下。

版权所有: 华英丰农 地址: 临沂市兰山区北苑路55号 电话: 0539-1111 1111 0539-1111 1111 传真: 05391111 1111

图 17-64 底部版权信息

01 打开网页文档，将光标置于表格的右边，执行"插入"│"表格"命令，弹出"表格"对话框，插入 1 行 1 列的表格，如图 17-65 所示。

02 将光标置于表格中，执行"插入"│"图像"命令，插入图像 qiye_23.png，如图 17-66 所示。

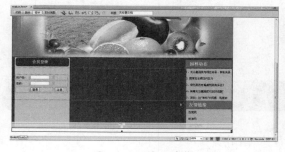

图 17-65 插入表格

图 17-66 插入图像

17.5.6 保存为模板

下面将其保存为模板，具体的操作步骤如下。

01 打开网页文档，选中第 2 列单元格，如图 17-67 所示。

02 在属性面板中单击"合并所选单元格，使用跨度"，合并单元格，如图 17-68 所示。

图 17-67 选中单元格

图 17-68 合并单元格

03 将光标置于单元格中，执行"插入"｜"模版对象"｜"可编辑区域"命令，如图 17-69 所示。

04 选择后打开"新建可编辑区域"对话框，如图 17-70 所示。

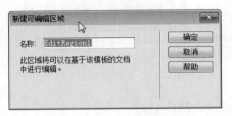

图 17-69　选择"可编辑区域"命令　　　　　图 17-70　"新建可编辑区域"对话框

05 单击"确定"按钮，创建可编辑区域，如图 17-71 所示。

06 执行"文件"｜"另存为模板"命令，打开"另存为模板"对话框，如图 17-72 所示。

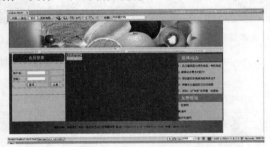

图 17-71　创建可编辑区域　　　　　　图 17-72　"另存模板"对话框

17.6　利用模板制作主页

下面通过模板制作主页，效果如图 17-73 所示，具体的操作步骤如下。

图 17-73　利用模板制作主页

01 执行"文件"｜"新建"命令，打开"新建文档"对话框，选择"模板中的页"｜"站点 19"｜moban，如图 17-74 所示。

02 单击"创建"按钮，新建一个文档，如图 17-75 所示。

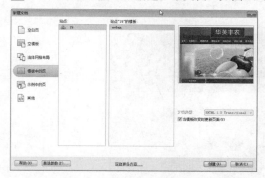

图 17-74　"新建文档"对话框

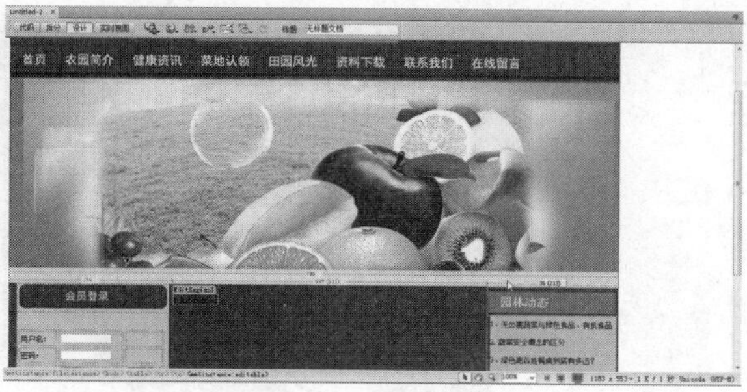

图 17-75　新建文档

03 将光标置于可编辑区中，执行"插入"｜"表格"命令，插入一个 2 行 1 列的表格，如图 17-76 所示。

04 将光标置于第 1 行单元格中，插入图像 tydjj.jpg，如图 17-77 所示。

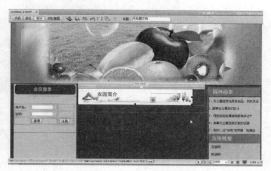

图 17-76　插入表格

图 17-77　插入图像

05 将光标置于第 2 行单元格中，在属性面板中将"背景颜色"设置为 #B3D465，如图 17-78 所示。

06 将光标置于第 2 行单元格中，输入相应的文本，如图 17-79 所示。保存文档，预览网页效果如图 17-74 所示。

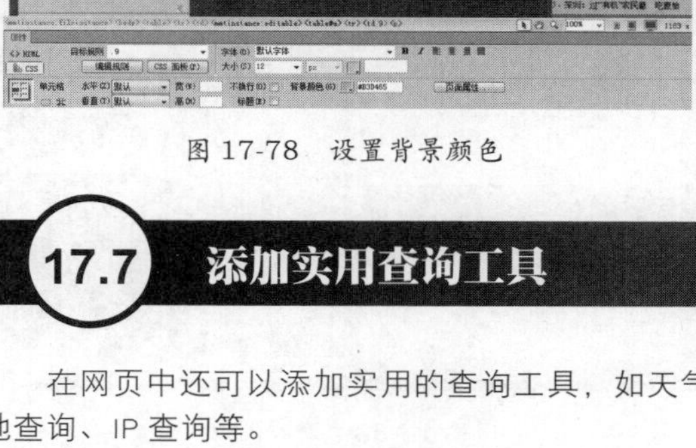

图 17-78　设置背景颜色

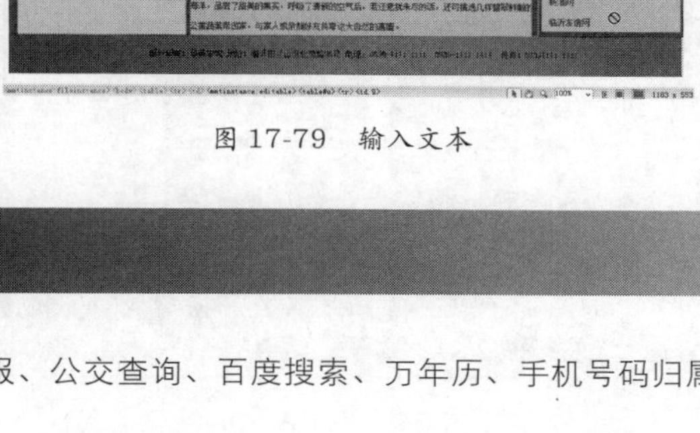

图 17-79　输入文本

17.7　添加实用查询工具

在网页中还可以添加实用的查询工具，如天气预报、公交查询、百度搜索、万年历、手机号码归属地查询、IP 查询等。

17.7.1 添加百度搜索

"百度搜索"是百度推出的一款方便用户随时随地使用搜索服务的应用。添加百度搜索的制作过程如下，效果如图17-80所示。

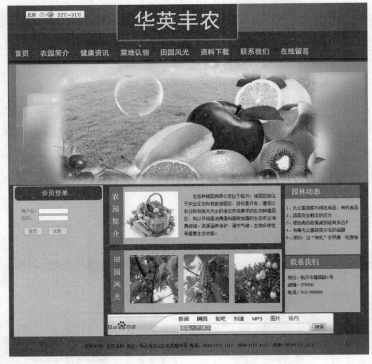

图 17-80 百度搜索的效果

01 打开制作好的文档index.htm，执行"插入"｜"布局对象"｜AP Div命令，插入AP Div，如图17-81所示。

02 将光标置于标签内，打开"拆分"视图，输入如下百度搜索代码，如图17-86所示。保存文档预览网页效果如图17-82所示。

```
    <iframe id="baiduframe" marginwidth="0" marginheight="0" scrolling="no"
        framespacing="0" vspace="0" hspace="0" frameborder="0" width="620"
height="60"
    src="http://unstat.baidu.com/bdun.bsc?tn=hulue_pg&cv=0&cid=1153966&csid=322&
bgcr=ffffff&ftcr=000000&urlcr=0000ff&tbsz=360&sropls=1,2,3,4,5,6,99&insiteurl=w
ww.baidu.com">
    </iframe>
```

图 17-81 插入 AP Div

图 17-82 输入代码

17.7.2 添加 IP 查询

添加 IP 查询的制作过程如下，效果如图 17-83 所示。

图 17-83 IP 查询效果

01 打开制作好的文档 index.htm，执行"插入"|"布局对象"| AP Div 命令，插入 AP Div，如图 17-84 所示。

02 将光标置于标签内，打开"拆分"视图，输入如下天气预报代码，如图 17-85 所示。保存文档预览网页效果如图 17-83 所示。

```
<iframe id="baiduframe" marginwidth="0" marginheight="0" scrolling="no"
    framespacing="0" vspace="0" hspace="0" frameborder="0" width="620"
height="60"   src="http://unstat.baidu.com/bdun.bsc?tn=hulue_pg&cv=0&cid=1153966
&csid=322&bgcr=ffffff&ftcr=000000&urlcr=0000ff&tbsz=360&sropls=1,2,3,4,5,6,99&in
siteurl=www.baidu.com">
    </iframe>
```

图 17-84 插入 AP Div

图 17-85 输入代码

第18章

设计制作在线购物系统

本章导读	网上购物系统是在网络上建立一个虚拟的购物商场，使购物过程变得轻松、快捷、方便，很适合现代人快节奏的生活，同时又能有效地控制"商场"运营的成本，开辟一个新的销售渠道。本章主要讲述购物网站的制作过程。

技术要点：

◆ 熟悉购物网站设计策划　　　　　　　　◆ 掌握制作购物系统后台管理页面的方法

◆ 掌握购物系统前台页面的制作方法

实例展示

制作商品分类展示页面

制作商品详细信息页面

制作管理员登录页面   制作商品管理页面

18.1 购物网站设计策划

　　网上购物系统使消费者的购物过程变得轻松、快捷、方便，极其适合现代人快节奏的生活，面对日益增长的电子商务市场，越来越多的企业建立了自己的购物网站。

18.1.1 基本网站概念

　　购物网站是电子商务网站的一种基本形式。电子商务在我国一开始出现的概念是电子贸易，电子贸易的出现简化了交易手续，提高了交易效率，降低了交易成本，很多企业竞相效仿。按电子商务的交易对象可分成4类。

- 企业对消费者的电子商务（B2C）。一般以网络零售业为主，例如经营各种书籍、鲜花、计算机等商品。B2C就是商家与顾客之间的商务活动，它是电子商务的一种主要商务形式，商家可以根据自己的实际情况，根据自己发展电子商务的目标，选择所需的功能系统，组成自己的电子商务网站。

- 企业对企业的电子商务（B2B），一般以信息发布为主，主要是建立商家之间的桥梁。B2B就是

商家与商家之间的商务活动，它也是电子商务的一种主要商务形式，B2B商务网站是实现这种商务活动的电子平台。商家可以根据自己的实际情况，根据自己发展电子商务的目标，选择所需的功能系统，组成自己的电子商务网站。

- 企业对政府的电子商务（B2G）。B2G是通过互联网处理两者之间的各项事物。政府与企业之间的各项事物都可以涵盖在此模式中，如政府机构通过互联网进行工程的招投标和政府采购；政府利用电子商务方式实施对企业行政事务的管理，如管理条例发布以及企业与政府之间各种手续的报批；政府利用电子商务方式发放进出口许可证，为企业通过网络办理交税、报关、出口退税、商检等业务。这类电子商务可以提高政府机构的办事效率，使政府工作更加透明、廉洁。

- 消费者对消费者的电子商务（C2C），如一些二手市场、跳蚤市场等都是消费者对消费者个人的交易。

18.1.2　购物网站设计要点

网上购物这种新型的购物方式已经吸引了很多购物者的注意。购物网站应该能够随时让顾客参与购买，商品介绍更详细、更全面。要达到这样的网站水平就要使网站中的商品有秩序、科学化的分类，便于购买者查询。把网页制作的更加美观，来吸引大批的购买者。

1．分类体系

一个好的购物网站除了需要销售好的商品之外，更要有完善的分类体系来展示商品。所有需要销售的商品都可以通过相应的文字和图片来说明。分类目录可以运用一级目录和二级目录相配合的形式来管理商品，顾客可以通过点击商品类别名称来了解这类的所有商品信息。

2．商品搜索

商品搜索在购物网站中也是一项很重要的功能，主要帮助用户快速地找到想要购买的商品。在一个规模较大的网站中，如果没有这项功能，用户将很难找到所需要的商品，这个网站的吸引力将会因此大大降低。可以利用数据库和信息检索技术为用户提供商品及其他信息的查询功能，查询功能可以包括关键字查询、分类查询、组合查询等。

3．购物车

对于很多顾客来讲，当他们从众多的商品信息中结束采购时，恐怕已经不清楚自己采购的东西了。所以他们更需要能够在网上商店中的某个页面存放所采购的商品，并能够计算出所有商品的总价格。购物车就能够帮助顾客通过存放购买商品的信息，将它们列在一起，并提供商品的总共数目和价格等功能，更方便顾客进行统一的管理和结算。

4．页面结构设计合理

设计购物网站时首先要抓住商品展示的特点，合理布局各个板块，显著位置留给重点宣传栏目或经常更新的栏目，以吸引浏览者的眼球，结合网站栏目设计在主页导航上突出层次感，使浏览者渐进接受。

为了将丰富的含义和多样的形式组织成统一的页面结构形式，应灵活运用各种手段，通过空间、文字、图形之间的相互关系建立整体的均衡状态，产生和谐的美感。点、线、面相结合，充分表达完美的设计意境，使用户可以从主页获得有价值信息。

5．大信息量的页面

购物网站中最为重要的就是商品信息，如何在一个页面中安排尽可能多的内容，往往影响着访问者对商品信息的获得。在常见的购物网站中，大部分都采用超长的页面布局，以此来显示大量的商品信息。

6. 商品图片的使用

图片的应用使网页更加美观、生动，而且图片更是展示商品的一种重要手段，有很多文字无法比拟的优点。使用清晰、色彩饱满、质量良好的图片可增强消费者对商品的信任感、引发购买欲望。在购物网站中展示商品最直观有效的方法是使用图片。

7. 网上支付

网上付款是指通过信用卡实现用户、商家与银行之间的结算。只有实现了网上付款，才标志着真正意义上的电子商务活动。既然在网上购买商品，顾客自然就希望能够通过网络直接付款。这种电子支付正受到人们更多的关注。

8. 安全问题

网上购物网需要涉及到很多安全性问题，如密码、信用卡号码及个人信息等。如何将这些问题处理得当是十分必要的。目前有许多公司或机构能够提供安全认证，如 SSL 证书。通过这样的认证过程，可以使顾客认为比较敏感的信息得到保护。

9. 顾客跟踪

在传统的商品销售体系中，对于顾客的跟踪是比较困难的。如果希望得到比较准确的跟踪报告，则需要投入大量的精力。网上购物网站解决这些问题就比较容易了。通过顾客对网站的访问情况和提交表单中的信息，可以得到很多更加清晰的顾客情况报告。

10. 商品促销

在现实购物过程中，人们更关心的是正在销售的商品，尤其是价格。通过网上购物网站中将商品进行管理和推销，使顾客很容易的了解商品的信息。

11. 创意分析

购物网站的色彩设计并没有任何限制，艳丽的色彩或淡雅的色调都可以在网站当中使用。可将商品内容、商品分类和消费者共性作为网站色彩设计的切入点。只要与结构设计结合严谨，都可以做到独特的风格。一般可选择稳重、明快的配色方案，并根据不同的商品类别和消费者定位来选取主题色。在结构上可以根据不同的主题，采用具有针对性的页面框架结构。

18.1.3 主要功能页面

购物类网站是一个功能复杂、花样繁多、制作烦琐的商业网站，但也是企业或个人推广和展示商品的一种非常好的销售方式。本章所制作的网站页面主要包括前台页面和后台管理页面。在前台显示浏览商品，在后台可以添加、修改和删除商品，也可以添加商品类别。

如图 18-1 所示是本章制作的在线购物系统的结构图。

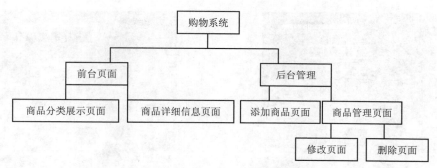

图 18-1　在线购物系统的结构图

商品分类展示页面 class.asp，如图 18-2 所示，在此页面中显示了商品的列表信息，可通过页面分类浏览商品，如商品名称、商品价格和商品图片等信息。

商品详细信息页面 detail.asp，如图 18-3 所示，在此页面中显示了商品的详细内容。

图 18-2　商品分类展示页面　　　　　　　图 18-3　商品详细信息页面

管理员登录页面 login.asp，如图 18-4 所示，在此页面中输入用户名和密码后即可进入后台页面。

添加商品分类页面 addfenlei.asp，如图 18-5 所示，在此页面中可以添加商品类别。

图 18-4　管理员登录页面　　　　　　　　　　图 18-5　添加商品分类页面

　　制作添加商品页面 addshp.asp，如图 18-6 所示，在此页面中可以添加商品，添加后即可提交到后台数据库表中。

　　商品管理页面 admin.asp，如图 18-7 所示，在此页面中可以查看所有的商品，还可以选择修改和删除商品记录。

图 18-6　添加商品页面　　　　　　　　　　　图 18-7　商品管理页面

18.2　创建数据库表

购物系统的数据库是比较大的，在设计的时候需要从使用的功能模块入手，可以分别创建不同命名的数据表，命名的时候也要与使用的功能命名相匹配，方便相关页面设计制作时的调用。

本章讲述的在线购物系统创建数据库 shop.mdb，其中包括 3 个表，分别是商品表 products、商品类别表 leibie 和管理员表 admin，其中的字段名称、数据类型和说明分别见表 18-1～表 18-3 所示。

表 18-1　商品表 products

字段名称	数据类型	说明
shpID	自动编号	自动编号
shpname	文本	商品名称
shichjia	数字	商品的市场价
huiyjia	数字	商品的会员价
leibieID	数字	商品分类编号
content	备注	商品介绍
image	文本	商品图片

表 18-2　商品类别表 leibie

字段名称	数据类型	说明
leibieID	自动编号	商品分类编号
leibiename	文本	商品分类名称

表 18-3　管理员表 admin

字段名称	数据类型	说明
ID	自动编号	自动编号
name	文本	用户名
pass	文本	用户密码

18.3　创建数据库连接

创建数据库连接的具体操作步骤如下。

01 打开要创建数据库连接的文档，执行"窗口"|"数据库"命令，打开"数据库"面板，在该面板中单击 ⊕ 按钮，在弹出的菜单中选择"数据源名称（DSN）"选项，如图 18-8 所示。

02 弹出"数据源名称（DSN）"对话框，在该对话框中的"名称"文本框中输入名称，在"数据源名称（DSN）"下拉列表中选择 shop，如图 18-9 所示。

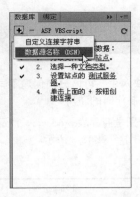

图 18-8 选择"数据源名称（DSN）"　　　　图 18-9 "数据源名称（DSN）"对话框

03 单击"确定"按钮，即可成功连接，此时"数据库"面板如图18-10所示，可以看到显示了数据库中的几个表，如 admin、leibie、products。

图 18-10 成功连接数据库

18.4 制作购物系统前台页面

购物网站是目前网络上流行的网络应用系统。本章将详细介绍网上购物系统的主要功能模块的实现方法，进而把握电子商务基本功能实现的一般流程。

前台页面主要是浏览者可以看到的页面，主要包括商品分类展示页面和商品详细信息页面，下面具体讲述其制作过程。

18.4.1 制作商品分类展示页面

商品分类展示页面效果如图 18-11 所示，它显示了商品的名称、商品价格和商品图片。主要利用创建记录集、绑定字段、重复区域、创建转到详细页面和记录集分页服务器行为制作，具体操作步骤如下。

图 18-11 商品分类展示页面效果

01 打开网页文档 index.htm，将其另存为 class.asp，如图 18-12 所示。

02 将光标置于相应的位置，执行"插入"｜"表格"命令。插入 1 行 1 列的表格 1，在表格 1 中插入 3 行 1 列的表格，此表格记为表格 2，在"属性"面板中将"填充"设置为 2，如图 18-13 所示。

图 18-12 另存文档

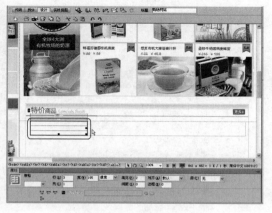

图 18-13 插入表格

03 将光标置于表格 2 的第 1 行单元格中，将"水平"设置为"居中对齐"，插入图像 images/shang1.jpg，如图 18-14 所示。

04 将光标置于表格 2 的第 3 行单元格中，输入相应的文字，如图 18-15 所示。

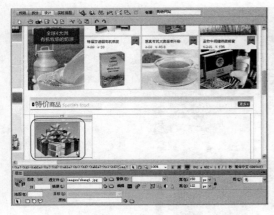

图 18-14　插入图像　　　　　　　　　　　　　　　　　图 18-15　输入文字

05 单击"绑定"面板中的 ➕ 按钮，在弹出的菜单中选择"记录集（查询）"选项，弹出"记录集"对话框，在该对话框中的"名称"文本框中输入 Rs1，"连接"下拉列表中选择 shop，"表格"下拉列表中选择 products，"列"中选中"全部"选项，"筛选"下拉列表中分别选择 leibieID、=、URL 参数和 leibieID，"排序"下拉列表中选择 shpID 和"降序"，如图 18-16 所示。

06 单击"确定"按钮，创建记录集，如图 18-17 所示。其代码如下所示。

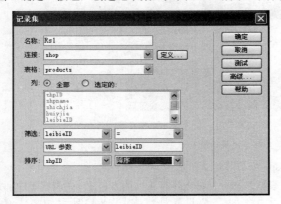

图 18-16　"记录集"对话框　　　　　　　　　　　　　图 18-17　创建记录集

```
<%
Dim Rs1
Dim Rs1_cmd
Dim Rs1_numRows
Set Rs1_cmd = Server.CreateObject ("ADODB.Command")
Rs1_cmd.ActiveConnection = MM_shop_STRING
' 使用 SELECT 语句从商品表 products 中按照商品类别读取记录
Rs1_cmd.CommandText = "SELECT * FROM products
WHERE leibieID = ? ORDER BY shpID DESC"
Rs1_cmd.Prepared = true
Rs1_cmd.Parameters.Append
Rs1_cmd.CreateParameter("param1", 5, 1, -1, Rs1__MMColParam) ' adDouble
Set Rs1 = Rs1_cmd.Execute
Rs1_numRows = 0
%>
```

代码解析

这段代码的核心作用是使用 SELECT 语句从商品表 products 中按照商品类别读取记录，并且按照商品编号降序排列。

07 选中图像，在"绑定"面板中展开记录集 Rs1，选中 image 字段，单击右下角的"绑定"按钮，绑定字段，如图 18-18 所示。

08 按照步骤 07 的方法，将 shpname、shichjia 和 huiyjia 字段绑定到相应的位置，如图 18-19 所示。

图 18-18　绑定图像

图 18-19　绑定字段

09 选中表格 2，单击"服务器行为"面板中的 按钮，在弹出的菜单中选择"重复区域"选项，弹出"重复区域"对话框，在该对话框中的"记录集"下拉列表中选择 Rs1，"显示"中选中"9 记录"选项，如图 18-20 所示。

10 单击"确定"按钮，创建重复区域服务器行为，如图 18-21 所示。

图 18-21　创建重复区域服务器行为

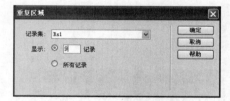

图 18-20　"重复区域"对话框

11 选中"服务器行为"面板中创建的"重复区域（R1）"，切换到代码视图，在代码中相应的位置输入以下代码，如图 18-22 所示。

```
If(Repeat1__index MOD 3 = 0) Then Response.Write("</tr></tr>")
```

12 选中 {R1.shpname}，单击"服务器行为"面板中的 按钮，在弹出的菜单中选择"转到详细页面"选项，弹出"转到详细页面"对话框，在该对话框中的"详细信息页"文本框中输入 detail.asp，"记录集"下拉列表中选择 Rs1，"列"下拉列表中选择 shpID，如图 18-23 所示。

图 18-22　输入代码

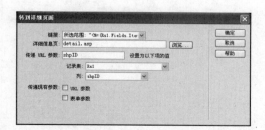

图 18-23　"转到详细页面"对话框

13 单击"确定"按钮,创建转到详细页面服务器行为,如图18-24所示。

14 将光标置于表格1的右边,执行"插入"|"表格"命令,插入1行1列的表格,此表格记为表格3,如图18-25所示。

图 18-24　创建转到详细页面服务器行为

图 18-25　插入表格

15 在"属性"面板中将"填充"设置为2,"对齐"设置为"右对齐",将光标置于表格3中,输入相应的文字,如图18-26所示。

16 选中文字"首页",单击"服务器行为"面板中的 按钮,在弹出的菜单中选择"记录集分页"|"移至第一条记录"选项,如图18-27所示。

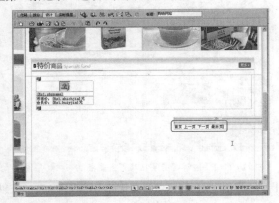
图 18-26　输入文字

图 18-27　"移至第一条记录"对话框

17 弹出"移至第一条记录"对话框,在该对话框中的"记录集"下拉列表中选择Rs1,单击"确定"按钮,创建移至第一条记录服务器行为,如图18-28所示。

18 按照步骤16～17的方法,分别为文字"上一页""下一页"和"最后页"创建"移至前一条记录""移至下一条记录"和"移至最后一条记录"服务器行为,如图18-29所示。

图 18-28　创建移至第一条记录服务器行为

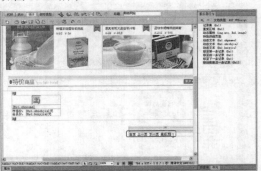
图 18-29　创建服务器行为

18.4.2 制作商品详细信息页面

商品详细信息页面效果如图 18-30 所示，它是在商品分类页面的基础上，进一步显示商品的信息资料。访问者只能通过单击商品分类页面中的商品标题链接才能进入该页面，因此在具体创建记录集定义的过程中，将商品分类列表页面传递而来的 URL 参数 shpID 的值作为筛选条件的变量。本页面主要利用创建记录集和绑定字段制作，具体操作步骤如下。

图 18-30　商品详细信息页面效果

01 打开网页文档，将其另存为 detail.asp，如图 18-31 所示。

02 将光标置于相应的位置，执行"插入"｜"表格"命令。插入 5 行 2 列的表格，在"属性"面板中将"填充"设置为 2，"对齐"设置为"居中对齐"，如图 18-32 所示。

图 18-31　保存文档

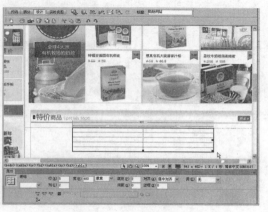

图 18-32　插入表格

03 将光标置于第 1 行第 1 列的单元格中，按住鼠标左键向下拖曳至第 3 行第 1 列的单元格中，合并单元格，在合并后的单元格中插入图像 images/shang1.jpg，如图 18-33 所示。

04 将光标置于第 1 行第 2 列的单元格中，将"高"设置为 40，将第 2 行第 2 列单元格的"高"设置为 30，分别在单元格中输入相应文字，如图 18-34 所示。

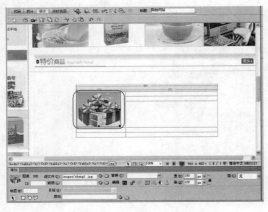

图 18-33　插入图像

图 18-34　输入文字

05 选中第 5 行单元格，合并单元格，在合并后的单元格中输入文字，如图 18-35 所示。

06 单击"绑定"面板中的"+"按钮，在弹出的菜单中选择"记录集（查询）"选项，弹出"记录集"对话框。在该对话框中的"名称"文本框中输入 Rs1，"连接"下拉列表中选择 shop，"表格"下拉列表中选择 products，"列"中选中"全部"选项，"筛选"下拉列表中选择 shpID、＝、URL 参数和 shpID，如图 18-36 所示。

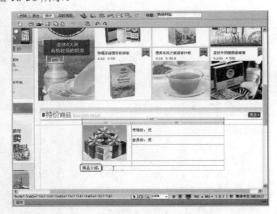

图 18-35　输入文字

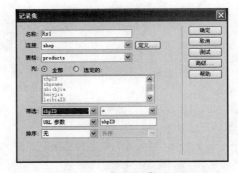

图 18-36　"记录集"对话框

07 单击"确定"按钮，创建记录集，如图 18-37 所示，其代码如下所示。

```
<%
Dim Rs2
Dim Rs2_cmd
Dim Rs2_numRows
Set Rs2_cmd = Server.CreateObject ("ADODB.Command")
Rs2_cmd.ActiveConnection = MM_shop_STRING
' 使用 SELECT 语句从商品表 products 中按照商品编号读取商品详细信息
Rs2_cmd.CommandText = "SELECT * FROM products WHERE shpID = ?"
Rs2_cmd.Prepared = true
Rs2_cmd.Parameters.Append
Rs2_cmd.CreateParameter("param1", 5, 1, -1, Rs2__MMColParam)
Set Rs2 = Rs2_cmd.Execute
```

```
Rs2_numRows = 0
%>
```

08 选中图像，在"绑定"面板中展开记录集 Rs1，选中 image 字段，单击右下角的"绑定"按钮，绑定字段，如图 18-38 所示。

图 18-37　创建记录集　　　　　　　　　　　　　　图 18-38　绑定 image 字段

09 按照步骤 08 的方法，分别将 shpname、shichjia、huiyjia 和 content 字段绑定到相应的位置，如图 18-39 所示。

图 18-39　绑定字段

18.5 制作购物系统后台管理

本节将讲述购物系统后台管理页面的制作方法。后台管理页面主要包括管理员登录页面、添加商品类别页面、添加商品信息页面、删除商品和商品管理主页面。

18.5.1 制作管理员登录页面

在购物网站中，管理员在进行添加、修改和删除商品之前，必须登录系统，进行用户信息的验证和登记。几乎所有的购物网站后台页面都需要具备管理员登录功能。管理员登录页面的效果如图 18-40 所示，主要利用插入表单对象和创建登录用户服务器行为制作，具体操作步骤如下。

Dreamweaver+ASP动态网页开发课堂实录

图 18-40　管理员登录页面效果

01 打开网页文档 index.htm，将其另存为 login.asp，如图 18-41 所示。

02 将光标置于相应的位置，按 Enter 键换行，插入表单，如图 18-42 所示。

图 18-41　另存文档

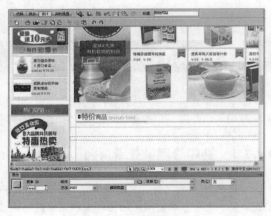

图 18-42　插入表单

03 将光标置于表单中，执行"插入"｜"表格"命令，插入 4 行 2 列的表格，在"属性"面板中将"填充"设置为 2，"对齐"设置为"居中对齐"，如图 18-43 所示。

04 选中第 1 行单元格，合并单元格，在合并后的单元格中输入文字，在"属性"面板中将"水平"设置为"居中对齐"，"高"设置为 50，"大小"设置为 14 像素，单击"加粗"按钮 **B** 对文字加粗，如图 18-44 所示。

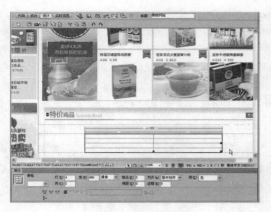

图 18-43　插入表格

图 18-44　输入文本

05 分别在其他单元格中输入文字，如图 18-45 所示。

06 将光标置于第 2 行第 2 列的单元格中，执行"插入"｜"表单"｜"文本域"命令。插入文本域，在"属性"面板中的"文本域"名称文本框中输入 name，"字符宽度"设置为 25，"类型"设置为"单行"，如图 18-46 所示。

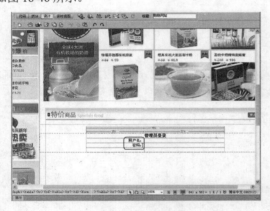

图 18-45　输入文本

图 18-46　插入文本域

07 将光标置于表第 3 行第 2 列单元格中插入文本域，在"属性"面板中的"文本域"名称文本框中输入 pass，"字符宽度"设置为 25，"类型"设置为"密码"，如图 18-47 所示。

08 将光标置于第 4 行第 2 列的单元格中，执行"插入"｜"表单"｜"按钮"命令，插入按钮，分别插入登录按钮和重置按钮，如图 18-48 所示。

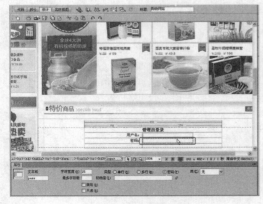

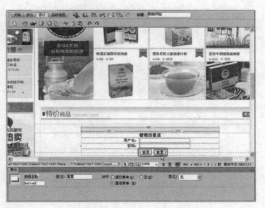

图 18-47　插入文本域

图 18-48　插入按钮

09 单击"服务器行为"面板中的⊞按钮，在弹出菜单中选择"用户身份验证"｜"登录用户"，弹出"登录用户"对话框，在该对话框中的"从表单获取输入"下拉列表中选择 form1，"使用连接验证"下拉列表中选择 shop，"表格"下拉列表中选择 admin，"用户名列"下拉列表中选择 name，"密码列"下拉列表中选择 pass，"如果登录成功，则转到"文本框中输入 admin.asp，"如果登录失败，则转到"文本框中输入 login.asp，如图 18-49 所示。

10 单击"确定"按钮，创建登录用户服务器行为，如图 18-50 所示，其代码如下所示。

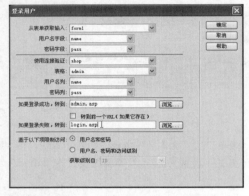

图 18-49　"登录用户"对话框　　　　　图 18-50　创建登录用户服务器行为

代码解析

下面这段代码的核心作用是验证从表单 form1 中获取的用户名和密码是否与数据库表中的 name 和 pass 一致，如果一致则转向后台管理主页面 admin.asp；如果不一致，则转向后台登录页面 login.asp。

```
    <%MM_LoginAction = Request.ServerVariables("URL")
    If Request.QueryString <> ""
    Then
    MM_LoginAction = MM_LoginAction + "?" + Server.htmlEncode(Request.
QueryString)
    MM_valUsername = CStr(Request.Form("name"))
    If MM_valUsername <> "" Then
      Dim MM_fldUserAuthorization
      Dim MM_redirectLoginSuccess
      Dim MM_redirectLoginFailed
      Dim MM_loginSQL
      Dim MM_rsUser
      Dim MM_rsUser_cmd
      MM_fldUserAuthorization = ""
      MM_redirectLoginSuccess = "admin.asp"
      MM_redirectLoginFailed = "login.asp"
    ' 使用 SELECT 语句读取用户名和密码
      MM_loginSQL = "SELECT name, pass"
      If MM_fldUserAuthorization <> ""
    Then MM_loginSQL = MM_loginSQL & "," & MM_fldUserAuthorization
      MM_loginSQL = MM_loginSQL & " FROM [admin] WHERE name = ? AND pass = ?"
      Set MM_rsUser_cmd = Server.CreateObject ("ADODB.Command")
      MM_rsUser_cmd.ActiveConnection = MM_shop_STRING
      MM_rsUser_cmd.CommandText = MM_loginSQL
       MM_rsUser_cmd.Parameters.Append MM_rsUser_cmd.CreateParameter("param1",
200, 1, 50, MM_valUsername) ' adVarChar
       MM_rsUser_cmd.Parameters.Append MM_rsUser_cmd.CreateParameter("param2",
200, 1, 50, Request.Form("pass")) ' adVarChar
      MM_rsUser_cmd.Prepared = true
      Set MM_rsUser = MM_rsUser_cmd.Execute
      If Not MM_rsUser.EOF Or Not MM_rsUser.BOF Then
```

```
            Session("MM_Username") = MM_valUsername
        If (MM_fldUserAuthorization <> "") Then
                Session("MM_UserAuthorization") = CStr(MM_rsUser.Fields.Item(MM_
fldUserAuthorization).Value)
        Else
            Session("MM_UserAuthorization") = ""
        End If
        if CStr(Request.QueryString("accessdenied")) <> "" And false Then
            MM_redirectLoginSuccess = Request.QueryString("accessdenied")
        End If
        MM_rsUser.Close
        Response.Redirect(MM_redirectLoginSuccess)
    End If
    MM_rsUser.Close
    Response.Redirect(MM_redirectLoginFailed)
    End If%>
```

18.5.2　制作添加商品分类页面

添加商品分类页面效果如图 18-51 所示，主要利用插入表单对象、创建记录集、创建插入记录和限制对页的访问服务器行为制作，具体操作步骤如下。

图 18-51　添加商品分类页面效果

01 打开网页文档 index.htm，将其另存为 addfenlei.asp。将光标置于相应的位置，按 Enter 键换行，执行"插入"｜"表单"｜"表单"命令，插入表单，如图 18-52 所示。

02 将光标置于表单中，插入 2 行 2 列的表格，在"属性"面板中将"填充"设置为 2，"对齐"设置为"居中对齐"，并在第 1 行第 1 列单元格中输入文字，如图 18-53 所示。

319

图 18-52　插入表单

图 18-53　插入表格和输入文字

03 将光标置于第 1 行第 2 列的单元格中,插入文本域,在"文本域"名称文本框中输入 leibiename,"字符宽度"设置为 25,"类型"设置为"单行",如图 18-54 所示。

04 将光标置于第 2 行第 2 列的单元格中,执行"插入"|"表单"|"按钮"命令,分别插入提交按钮和重置按钮,如图 18-55 所示。

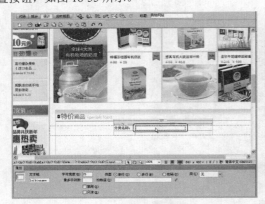

图 18-54　插入文本域

图 18-55　插入按钮

05 单击"绑定"面板中的 按钮,在弹出的菜单中选择"记录集(查询)"选项,弹出"记录集"对话框,在该对话框中的"名称"文本框中输入 Rs1,"连接"下拉列表中选择 shop,"表格"下拉列表中选择 leibie,"列"中选中"全部"选项,"排序"下拉列表中选择 leibieID 和"升序",如图 18-56 所示。

06 单击"确定"按钮,创建记录集,如图 18-57 所示。

图 18-56　"记录集"对话框

图 18-57　创建记录集

07 单击"服务器行为"面板中的 按钮,在弹出的菜单中选择"插入记录"选项,弹出"插入记录"对话框,在该对话框中的"连接"下拉列表中选择 shop,"插入到表格"下拉列表中选择 leibie,"插入后,转到"文本框中输入 addfenleiok.asp,"获取值自"下拉列表中选择 form1,如图 18-58 所示。

08 单击"确定"按钮，创建插入记录服务器行为，如图 18-59 所示，其代码如下所示。

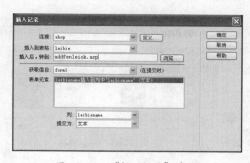

图 18-58 "插入记录"对话框

图 18-59 创建插入记录服务器行为

```
<%
If (CStr(Request("MM_insert")) = "form1")
Then
If (Not MM_abortEdit)
Then
    Dim MM_editCmd
    Set MM_editCmd = Server.CreateObject ("ADODB.Command")
    MM_editCmd.ActiveConnection = MM_shop_STRING
    ' 使用 INSERT INTO 语句将类别名称添加到类别表 leibie 中
    MM_editCmd.CommandText = "INSERT INTO leibie (leibiename) VALUES (?)"
    MM_editCmd.Prepared = true
    MM_editCmd.Parameters.Append MM_editCmd.CreateParameter("param1", 202,
1, 50, Request.Form("leibiename")) r
    MM_editCmd.Execute
    MM_editCmd.ActiveConnection.Close
    ' 添加成功后转到 addfenleiok.asp 页面
    Dim MM_editRedirectUrl
    MM_editRedirectUrl = "addfenleiok.asp"
If (Request.QueryString <> "")
Then
    If (InStr(1, MM_editRedirectUrl, "?", vbTextCompare) = 0)
Then
        MM_editRedirectUrl = MM_editRedirectUrl & "?" & Request.QueryString
    Else
        MM_editRedirectUrl = MM_editRedirectUrl & "&" & Request.QueryString
    End If
    End If
    Response.Redirect(MM_editRedirectUrl)
  End If
End If
%>
```

09 单击"服务器行为"面板中的 ➕ 按钮，在弹出的菜单中选择"用户身份验证"|"限制对页的访问"选项，弹出"限制对页的访问"对话框，在该对话框中的"如果访问被拒绝，则转到"文本框中输入 login.asp，如图 18-60 所示。

图 18-60 "限制对页的访问"对话框

10 单击"确定"按钮，创建限制对页的访问服务器行为。

11 打开网页文档 index.htm，将其另存为 addfenleiok.asp。将光标置于相应的位置，按 Enter 键换行，输入文字，并设置为"居中对齐"，如图 18-61 所示。

12 选中文字"添加商品分类页面"，在"属性"面板中的"链接"文本框中输入 addfenlei.asp，如图 18-62 所示。

图 18-61　输入文字

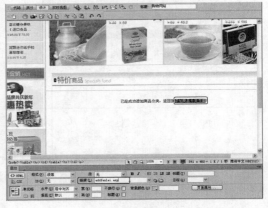
图 18-62　设置文字链接

18.5.3　制作添加商品页面

添加商品页面效果如图 18-63 所示，主要利用插入表单对象、插入记录和限制对页的访问服务器行为制作，具体操作步骤如下。

图 18-63　添加商品页面

01 打开网页文档 index.htm，将其另存为 addshp.asp。单击"绑定"面板中的⊞按钮，在弹出的菜单中选择"记录集（查询）"选项，弹出"记录集"对话框，如图 18-64 所示。

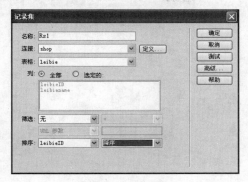

图 18-64　"记录集"对话框

02 在该对话框中的"名称"文本框中输入 Rs1，"连接"下拉列表中选择 shop，"表格"下拉列表中选择 leibie，"列"中选中"全部"选项，"排序"下拉列表中选择 leibieID 和"降序"，单击"确定"按钮，创建记录集，如图 18-65 所示。

图 18-65　创建记录集

03 单击"数据"插入栏中的"插入记录表单向导"按钮，弹出"插入记录表单"对话框，在该对话框中的"连接"下拉列表中选择 shop，"插入到表格"下拉列表中选择 products，"插入后，转到"文本框中输入 addshpok.asp，"表单字段"列表框中：选中 shpID，单击➖按钮将其删除，选中 shpname，"标签"文本框中输入"商品名称："，选中 shichjia，"标签"文本框中输入"市场价："，选中 huiyjia，"标签"文本框中输入"会员价："，选中 leibieID，"标签"文本框中输入"商品分类："，"显示为"下拉列表中选择"菜单"，单击 菜单属性 按钮，弹出"菜单属性"对话框，在该对话框的"填充菜单项"中选中"来自数据库"选项，如图 18-66 所示。

图 18-66　"菜单属性"对话框

04 在该对话框中单击"选取值等于"文本框右边的🖉按钮，弹出"动态数据"对话框，在该对话框的"域"列表中选择 leibiename，如图 18-67 所示。

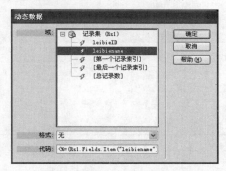

图 18-67　"动态数据"对话框

05 单击"确定"按钮，返回"菜单属性"对话框，单击"确定"按钮，返回到"插入记录表单"对话框，选中 content，"标签"文本框中输入"商品介绍："，"显示为"下拉列表中选择"文本区域"，选中 image，在"标签"文本框中输入"商品图片："，如图 18-68 所示。

图 18-68　"插入记录表单"对话框

06 单击"确定"按钮，插入记录表单，如图 18-69 所示。

07 单击"服务器行为"面板中的⊞按钮，在弹出的菜单中选择"用户身份验证"｜"限制对页的访问"选项，弹出"限制对页的访问"对话框，在该对话框的"如果访问被拒绝，则转到"文本框中输入 login.asp，如图 18-70 所示，单击"确定"按钮。

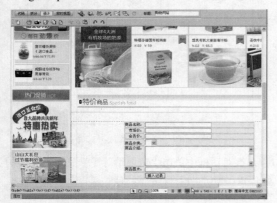

图 18-69　插入记录表单

图 18-72　商品管理页面效果

08 打开网页文档 index.htm，将其另存为 addshpok. asp。将光标置于相应的位置，按 Enter 键换行，输入文字，并设置为"居中对齐"，选中文字"添加商品页面"，在"属性"面板的"链接"文本框中输入 addshp.asp，如图 18-71 所示。

图 18-71　输入文字并添加链接

18.5.4　制作商品管理页面

　　商品管理页面效果如图 18-72 所示，主要利用创建记录集、绑定字段、重复区域、转到详细页面、创建记录集分页和显示区域服务器行为制作，具体操作步骤如下。

01 打开网页文档 index.htm，将其另存为 admin. asp。将光标置于相应的位置，插入 2 行 6 列的表格 1，在"属性"面板中将"填充"设置为 2，"对齐"设置为"居中对齐"，如图 18-73 所示。

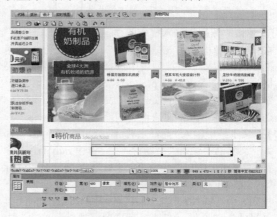

图 18-73　插入表格

02 分别在单元格中输入相应的文字，如图 18-74 所示。

图 18-70　"限制对页的访问"对话框

图 18-74　输入文字

03 单击"绑定"面板中的 ➕ 按钮，在弹出的菜单中选择"记录集（查询）"选项，弹出"记录集"对话框，在该对话框中的"名称"文本框中输入 Rs2，"连接"下拉列表中选择 shop，"表格"下拉列表中选择 products，"列"中选中"全部"选项，"排序"下拉列表中选择 shpID 和"降序"，如图 18-75 所示。

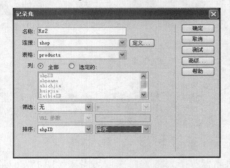

图 18-75　"记录集"对话框

04 单击"确定"按钮，创建记录集，如图 18-76 所示。

图 18-76　创建记录集

05 将光标置于表格 1 的第 2 行第 1 列单元格中，在"绑定"面板中展开记录集 Rs2，选中 shpID 字段，单击右下角的"插入"按钮，绑定字段，如图 18-77 所示。

图 18-77　绑定字段

06 按照步骤 05 的方法，分别将 shpname、shichjia 和 huiyjia 字段绑定到相应的位置，如图 18-78 所示。

图 18-78　绑定字段

07 选中表格 1 的第 2 行单元格，单击"服务器行为"面板中的 ➕ 按钮，在弹出的菜单中选择"重复区域"选项，弹出"重复区域"对话框，如图 18-79 所示。

图 18-79　"重复区域"对话框

08 在该对话框中的"记录集"下拉列表中选择 Rs2，"显示"中选中"20 记录"选项，单击"确定"按钮，创建重复区域服务器行为，如图 18-80 所示。

图 18-80　创建重复区域服务器行为

325

09 选中文字"修改",单击"服务器行为"面板中的➕按钮,在弹出的菜单中选择"转到详细页面",弹出"转到详细页面"对话框,在"详细信息页"文本框中输入 modify.asp,"记录集"下拉列表中选择 Rs2,"列"下拉列表中选择 shpID,如图 18-81 所示。

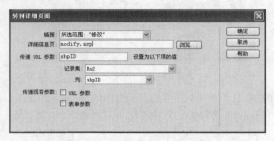

图 18-81 "转到详细页面"对话框

10 单击"确定"按钮,创建转到详细页面服务器行为,如图 18-82 所示。

图 18-82 创建转到详细页面服务器行为

11 选中文字"删除",单击"服务器行为"面板中的➕按钮,在弹出的菜单中选择"转到详细页面"选项,弹出"转到详细页面"对话框,在"详细信息页"文本框中输入 del.asp,"记录集"下拉列表中选择 Rs2,"列"下拉列表中选择 shpID,如图 18-83 所示。

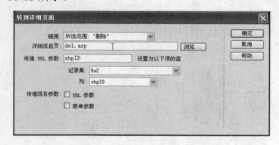

图 18-83 "转到详细页面"对话框

12 单击"确定"按钮,创建转到详细页面服务器行为,如图 18-84 所示。

图 18-84 创建转到详细页面服务器行为

13 将光标置于表格 1 的右边,按 Enter 键换行,执行"插入"|"表格"命令,插入 1 行 1 列的表格 2,在"属性"面板中将"填充"设置为 2,"对齐"设置为"居中对齐",如图 18-85 所示。

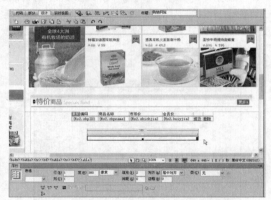

图 18-85 插入表格

14 将光标置于表格 2 中,输入文字,如图 18-86 所示。

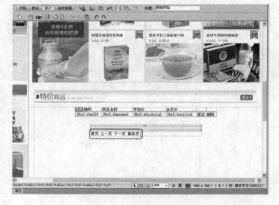

图 18-86 输入文字

15 选中文字"首页",单击"服务器行为"面板中的➕按钮,在弹出的菜单中选择"记录集分页"|"移至第一条记录"选项,弹出"移至第一条记录"对话框,在该对话框的"记录集"下拉列表中选择 Rs2,如图 18-87 所示。

16 单击"确定"按钮,创建移至第一条记录服务器行为,如图18-88所示。

图18-87 "移至第一条记录"对话框　　　　　图18-88 创建移至第一条记录服务器行为

17 按照步骤15～16的方法,分别对文字"上一页""下一页"和"最后页"创建"移至前一条记录""移至下一条记录"和"移至最后一条记录"服务器行为,如图18-89所示。

18 选中文字"首页",单击"服务器行为"面板中的 ⊞ 按钮,在弹出的菜单中选择"显示区域"|"如果不是第一条记录则显示区域"选项,弹出"如果不是第一条记录则显示区域"对话框,在"记录集"下拉列表中选择Rs2,如图18-90所示。

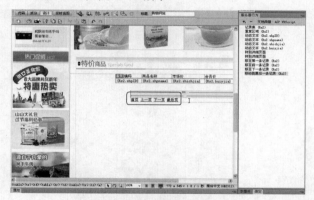

图18-89 创建服务器行为　　　　　图18-90 "如果不是第一条记录则显示区域"对话框

19 单击"确定"按钮,创建如果不是第一条记录则显示区域服务器行为,如图18-91所示。

20 按照步骤18～19的方法,分别对文字"上一页""下一页"和"最后页"创建"如果为最后一条记录则显示区域""如果为第一条记录则显示区域"和"如果不是最后一条记录则显示区域"服务器行为,如图18-92所示。

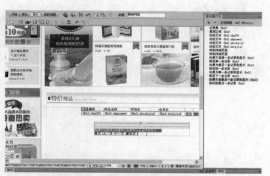

图18-91 创建如果不是第一条记录则显示区域服务器行为　　　图18-92 创建服务器行为

18.5.5 制作修改页面

修改页面效果如图 18-93 所示，主要利用创建据记录集、绑定字段和创建更新服务器行为制作，具体操作步骤如下。

图 18-93 修改页面效果

01 打开网页文档 addshp.asp，将其另存为 modify.asp。在"服务器行为"面板中选中"插入记录（表单"form1"）"，单击 ⊟ 按钮删除，如图 18-94 所示。

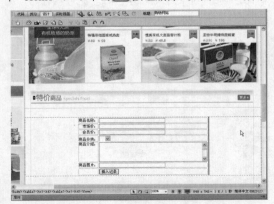

图 18-94 另存文档

02 单击"绑定"面板中的 ⊞ 按钮，在弹出的菜单中选择"记录集（查询）"选项。弹出"记录集"对话框，在该对话框中的"名称"文本框中输入 Rs3，"连接"下拉列表中选择 shop，"表格"下拉列表中选择 products，"列"中选中"全部"选项，"筛选"下拉列表中分别选择 shpID、=、URL 参数和shpID，如图 18-95 所示。

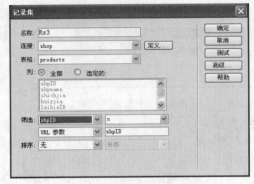

图 18-95 "记录集"对话框

03 单击"确定"按钮，创建记录集，如图 18-96 所示。

图 18-96 创建记录集

04 选中"商品名称："右边的文本域，在"绑定"面板中展开记录集 Rs3，选中 shpname 字段，单击"绑定"按钮，绑定字段，如图 18-97 所示。

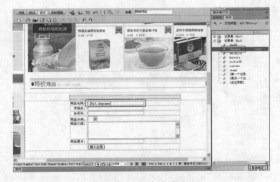

图 18-97 绑定字段

05 按照步骤 04 的方法,分别将 shichjia、huiyjia、content 和 image 字段绑定到相应的位置,如图 18-98 所示。

06 单击"服务器行为"面板中的⊞按钮,在弹出的菜单中选择"更新记录"选项,弹出"更新记录"对话框,在该对话框的"连接"下拉列表中选择 shop,"要更新的表格"下拉列表中选择 products,"选取记录自"下拉列表中选择 Rs3,"唯一键列"下拉列表中选择 shpID,"在更新后,转到"文本框中输入 modifyok. asp,"获取值自"下拉列表中选择 form1,如图 18-99 所示。

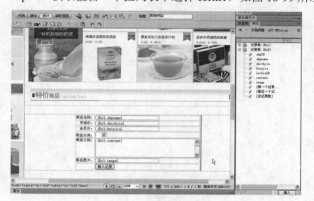

图 18-98 绑定字段　　　　　　　　　　图 18-99 "更新记录"对话框

07 单击"确定"按钮,创建更新记录服务器行为,如图 18-100 所示,其代码如下所示。

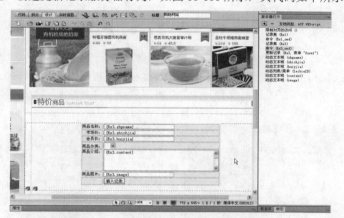

图 18-100 创建更新记录服务器行为

```
<%
If (CStr(Request("MM_update")) = "form1") Then
  If (Not MM_abortEdit) Then
    Dim MM_editCmd
    Set MM_editCmd = Server.CreateObject ("ADODB.Command")
    MM_editCmd.ActiveConnection = MM_shop_STRING
    ' 使用 UPDATE 语句更新商品表 products 中的记录信息
    MM_editCmd.CommandText = "UPDATE products SET shpname = ?,
  shichjia = ?, huiyjia = ?, leibieID = ?, content = ?, image = ? WHERE shpID
= ?"
    MM_editCmd.Prepared = true
      MM_editCmd.Parameters.Append MM_editCmd.CreateParameter("param1", 202,
1, 50, Request.Form("shpname")) ' adVarWChar
      MM_editCmd.Parameters.Append MM_editCmd.CreateParameter("param2", 5, 1,
-1, MM_IIF(Request.Form("shichjia"), Request.Form("shichjia"), null)) ' adDouble
      MM_editCmd.Parameters.Append MM_editCmd.CreateParameter("param3", 5, 1,
-1, MM_IIF(Request.Form("huiyjia"), Request.Form("huiyjia"), null)) ' adDouble
      MM_editCmd.Parameters.Append MM_editCmd.CreateParameter("param4", 5, 1,
-1, MM_IIF(Request.Form("leibieID"), Request.Form("leibieID"), null)) ' adDouble
```

```
        MM_editCmd.Parameters.Append MM_editCmd.CreateParameter("param5", 203,
1, 536870910, Request.Form("content")) ' adLongVarWChar
        MM_editCmd.Parameters.Append MM_editCmd.CreateParameter("param6", 202,
1, 50, Request.Form("image")) ' adVarWChar
        MM_editCmd.Parameters.Append MM_editCmd.CreateParameter("param7", 5, 1,
-1, MM_IIF(Request.Form("MM_recordId"), Request.Form("MM_recordId"), null)) '
adDouble
      MM_editCmd.Execute
      MM_editCmd.ActiveConnection.Close
      ' 更新修改产品资料后转到 modifyok.asp 页面
      Dim MM_editRedirectUrl
      MM_editRedirectUrl = "modifyok.asp"
      If (Request.QueryString <> "") Then
        If (InStr(1, MM_editRedirectUrl, "?", vbTextCompare) = 0) Then
          MM_editRedirectUrl = MM_editRedirectUrl & "?" & Request.QueryString
        Else
          MM_editRedirectUrl = MM_editRedirectUrl & "&" & Request.QueryString
        End If
      End If
      Response.Redirect(MM_editRedirectUrl)
    End If
  End If
%>
```

代码解析

这段代码的核心作用是使用 UPDATE 语句更新新闻表 products 中的字段，更新成功后转到后台管理页面 modifyok.asp。

08 打开网页文档 index.htm，将其另存为 modifyok.asp。将光标置于相应的位置，按 Enter 键换行，输入文字，设置为"居中对齐"，选中文字"商品管理页面"，在"属性"面板中的"链接"文本框中输入 admin. asp，如图 18-101 所示。

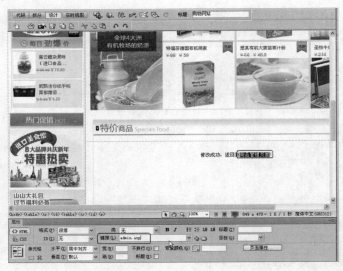

图 18-101　设置链接

18.5.6　制作删除页面

删除页面效果如图 18-102 所示，主要利用创建记录集、绑定字段和创建删除记录服务器行为制作，具体操作步骤如下。

图 18-102　删除页面效果

01 打开网页文档 index.htm，将其另存为 del.asp，如图 18-103 所示。

图 18-103　另存文档

02 将光标置于相应的位置，执行"插入"｜"表格"命令。插入 4 行 1 列的表格，在"属性"面板中将"填充"设置为 2，"对齐"设置为"居中对齐"，如图 18-104 所示。

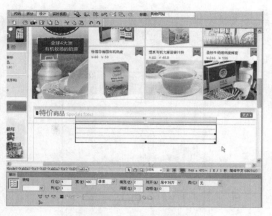

图 18-104　插入表格

03 分别在表格中输入相应的文字，如图 18-105 所示。

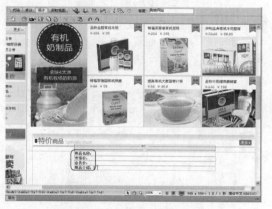

图 18-105　输入文字

04 单击"绑定"面板中的 ➕ 按钮，在弹出的菜单中选择"记录集（查询）"选项，弹出"记录集"对话框，在该对话框的"名称"文本框中输入 Rs2。"连接"下拉列表中选择 shop，"表格"下拉列表中选择 products，"列"中选中"全部"选项，"筛选"下拉列表中分别选择 shpID、=、URL 参数和 shpID，如图 18-106 所示。

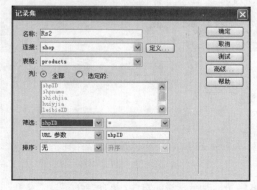

图 18-106　"记录集"对话框

05 单击"确定"按钮，创建记录集，如图 18-107 所示。

图 18-107　创建记录集

06 将光标置于第 1 行单元格文字"商品名称："的后面。在"绑定"面板中展开记录集 Rs2，选中 shpname 字段，单击右下角的"插入"按钮，绑定字段，如图 18-108 所示。

图 18-108　绑定字段

07 按照步骤 06 的方法，分别将 shichangjia、huiyuanjia、content 和 image 字段绑定到相应的位置，如图 18-109 所示。

图 18-109　绑定字段

08 将光标置于表格的右边，执行"插入"｜"表单"｜"表单"命令，插入表单，如图 18-110 所示。

图 18-110　插入表单

09 将光标置于表单中，执行"插入"｜"表单"｜"按钮"命令，插入按钮，在"属性"面板中的"值"文本框中输入"删除商品"，"动作"设置为"提交表单"，如图 18-111 所示。

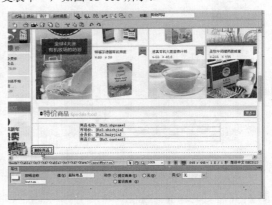

图 18-111　插入按钮

10 单击"服务器行为"面板中的＋按钮，在弹出的菜单中选择"删除记录"选项，弹出"删除记录"对话框。在该对话框中的"连接"下拉列表中选择 shop，"从表格中删除"下拉列表中选择 products，"选取记录自"下拉列表中选择 Rs2，"唯一键列"下拉列表中选择 shpID，"提交此表单以删除"下拉列表中选择 form1，"删除后，转到"文本框中输入 delok.asp，如图 18-112 所示。

图 18-112　"删除记录"对话框

11 单击"确定"按钮，创建删除记录服务器行为，如图 18-113 所示，其代码如下所示。

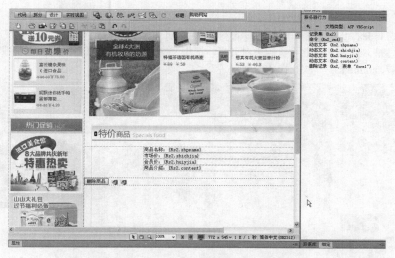

图 18-113　创建删除记录服务器行为

```
    <%If (CStr(Request("MM_delete")) = "form1" And CStr(Request("MM_recordId"))
<> "")
    Then
    If (Not MM_abortEdit) Then
     ' 使用 DELETE 语句从商品表中删除商品记录
     Set MM_editCmd = Server.CreateObject ("ADODB.Command")
     MM_editCmd.ActiveConnection = MM_shop_STRING
     MM_editCmd.CommandText = "DELETE FROM products WHERE shpID = ?"
     MM_editCmd.Parameters.Append MM_editCmd.CreateParameter("param1", 5, 1,
-1, Request.Form("MM_recordId")) ' adDouble
     MM_editCmd.Execute
     MM_editCmd.ActiveConnection.Close
     ' 修改成功后转到 delok.asp 页面
     Dim MM_editRedirectUrl
     MM_editRedirectUrl = "delok.asp"
     If (Request.QueryString <> "") Then
       If (InStr(1, MM_editRedirectUrl, "?", vbTextCompare) = 0) Then
         MM_editRedirectUrl = MM_editRedirectUrl & "?" & Request.QueryString
       Else
         MM_editRedirectUrl = MM_editRedirectUrl & "&" & Request.QueryString
       End If
     End If
     Response.Redirect(MM_editRedirectUrl)
    End If
    End If%>
```

12 单击"服务器行为"面板中的 ⊞ 按钮，在弹出的菜单中选择"用户身份验证"｜"限制对页的访问"选项，弹出"限制对页的访问"对话框，在该对话框中的"如果访问被拒绝，则转到"文本框中输入 login.asp，如图 18-114 所示。

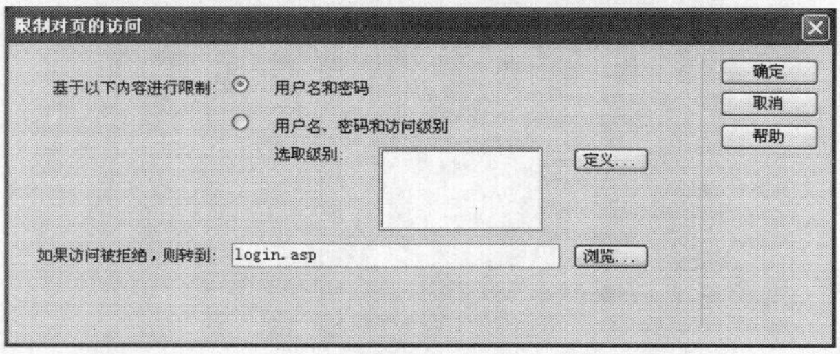

图 18-114　"限制对页的访问"对话框

Dreamweaver+ASP动态网页开发课堂实录

13 单击"确定"按钮，创建限制对页的访问服务器行为。

14 打开网页文档 index.htm，将其另存为 delok.asp，这个页面是删除成功页面。将光标置于相应的位置，按 Enter 键换行，输入文字，设置为"居中对齐"，选中文字"商品管理页面"，在"属性"面板中的"链接"文本框中输入 admin.asp，如图 18-115 所示。

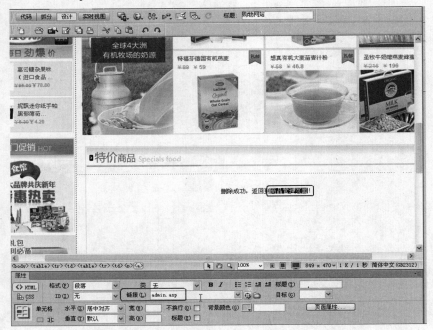

图 18-115 设置链接